Kauf und Bau eines Fertighauses

oder eines schlüsselfertigen Massivhauses

1. Auflage, April 2014, 6.000 Exemplare

ISBN 978-3-86336-042-9

Printed in Germany, gedruckt auf 100 % Recyclingpapier

Einführung

Das Bauen mit dem Fertighaus- bzw. Massiv-Fertighausanbieter ist eine interessante Alternative zum klassischen Hausbau und Hauskauf. Die Möglichkeit einer vorherigen Besichtigung der Häuser, der hohe Vorfertigungsgrad und die festen Preise und Termine sind Vorteile gegenüber dem konventionellen Planen und Bauen. Demgegenüber steht der Aufwand, sich zunächst einmal einen Überblick über den Markt zu verschaffen und sinnvolle Vergleiche zwischen den Angeboten zu ziehen. Darüber hinaus gibt es auch bei Holz-Fertighäusern bzw. Massiv-Fertighäusern eine ganze Reihe teilweise hoher und schwer kalkulierbarer Nebenkosten, die man von Anfang an im Auge behalten muss.

Der Ratgeber setzt sich mit den wichtigsten Fragen auseinander, die für Hauskäufer beim Erwerb eines Fertighauses oder schlüsselfertigen Massivhauses auftauchen und unterstutzt sie in ihren Entscheidungsprozessen. Der Einfachheit halber wird dabei im Buch durchgängig von Holz- oder Massiv-Fertighaus gesprochen.

Das Kapitel „Voraussetzungen“ informiert Sie über die baurechtlichen und bautechnischen Voraussetzungen, die ein Grundstück erfüllen muss, und zeigt Ihnen, wie Sie dessen Eignung für den Bau eines bestimmten Fertighauses prüfen können. Darüber hinaus finden Sie hier Tipps für den Kauf eines Grundstücks. Im Kapitel „Konstruktionsarten im Fertighausbau“ erfahren Sie mehr über die Konstruktionsarten im Fertighausbau und über die Unterschiede zwischen Holz-Fertighäusern und Massiv-Fertighäusern. Mehr über die Möglichkeiten einer zielorientierten Suche nach dem für Sie passenden Fertighaus finden Sie im Kapitel „Welches Fertighaus für wen?“. Das Kapitel „Der Baustoff Holz“ befasst sich intensiv mit dem Baustoff Holz als meistgenutztem Hauptbaustoff für Fertighäuser. Das Kapitel „Herstellersuche, Vertragsverhandlungen, Vertragsabschluss“ behandelt die Auswahl des Herstellers und gibt Hilfestellung bei der Vertragsgestaltung. Da der Keller häufig nicht zum Leistungsumfang eines Fertighausanbieters gehört, befasst sich das sechste Kapitel speziell mit dem Kellerbau. Im Kapitel „Die Baudurchführung“ wird anschließend der weitere Weg von der Baueingabe bis zum Bauablauf beschrieben. Das letzte Kapitel befasst sich mit der Hausabnahme und stellt hierzu ausführliche Checklisten bereit.

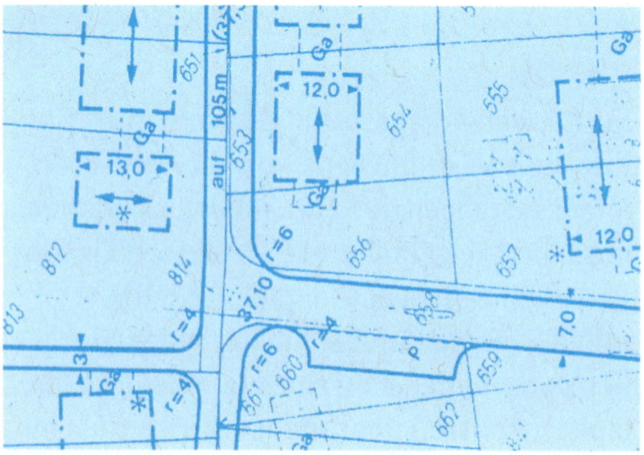

Inhalt

WR
II
0,4
SD
WH ≤ 4,0 m
FH ≤ 10,0 m
Ga
13,0
12,0
7,0
6,0
auf 105 m
r=6
r=4
37,10

Voraussetzungen

Um ein Holz- oder Massiv-Fertighaus erstellen zu können, benötigen Sie ein eigenes Grundstück. Nur in den seltensten Fällen wird Ihnen ein Fertighausanbieter auch ein Grundstück zur Verfügung stellen.

Wenn Sie bereits ein Grundstück besitzen und dieses auch für den Bau des Fertighauses verwenden wollen, dann werden Ihnen durch die Art der zulässigen Bebauung dieses Grundstücks und durch die Eigenschaften des Grundstücks selbst (z. B. Topografie, Baugrundbeschaffenheit) Grenzen vorgegeben: Nicht jeder Haustyp kann auf jedem Grundstück errichtet werden.

Die rechtlichen Grundlagen für die Bebauungsmöglichkeiten eines Grundstücks

Grundstücke unterliegen in Deutschland in der Regel einer Bebauungsordnung, die in einem sogenannten Bebauungsplan von den Kommunen festgelegt wird. Auch wenn das Grundstück Ihnen gehört, können Sie also hinsichtlich der Bebauung nicht frei darüber verfügen.

Im Bebauungsplan ist meist Folgendes geregelt:

- die Geschossflächenzahl (GFZ),
- die Grundflächenzahl (GRZ),
- die Dachneigung (DN),
- die Dachform (z. B. Satteldach: SD),
- die vorgeschriebene Firstrichtung,
- die Zahl der Vollgeschosse sowie
- das Baufenster, innerhalb dessen gebaut werden darf.

Der Korpus Ihres zukünftigen Hauses wird hauptsächlich über diese sieben Kenndaten definiert. Hinsichtlich der Festlegung des Standortes des Hauses auf dem Grundstück sind vor allem zwei Begriffe wichtig: Bebauungsgrenzen und Bebauungslinien. Was man unter all den Begriffen versteht, finden Sie in dem nachfolgenden Glossar.

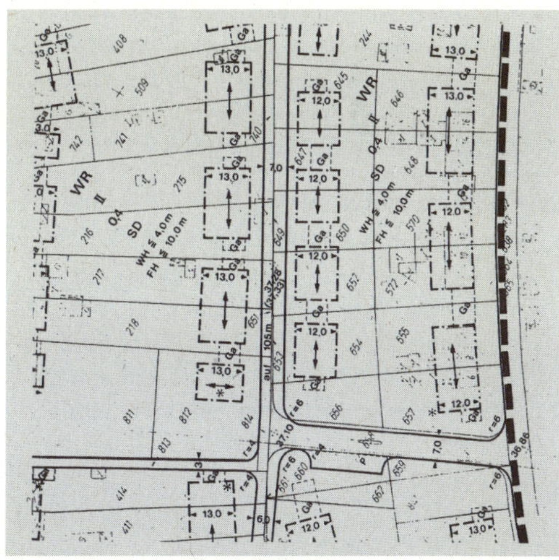

Ausschnitt eines Bebauungsplans

Glossar

GFZ

Die Geschossflächenzahl sagt aus, wie groß die Grundfläche aller Geschosse in der Summe im Verhältnis zur Grundstücksfläche sein darf. Beispiel: Die GFZ eines 400 m² großen Grundstücks ist mit 1,0 angegeben, das heißt, dass alle Geschosse zusammen eine Fläche von 400 m² aufweisen dürfen. Lautet die GFZ 0,5 heißt dies, dass alle Geschosse zusammen eine Fläche von 200 m² aufweisen dürfen. Die Geschossflächenzahl kann entweder als Höchstmaß (z. B. GFZ 0,5) oder als Mindest- und Höchstmaß angegeben werden (z. B. GFZ 0,5 bis 0,8).

GRZ

Die Grundflächenzahl sagt aus, wie groß die Grundfläche des überbauten Grundstücksteils im Verhältnis zum Gesamtgrundstück sein darf. Beispiel: Die GRZ eines 1.000 m² großen Grundstücks beträgt 0,4, das heißt, dass maximal 400 m² des Grundstücks überbaut werden dürfen.

DN

DN ist eine gebräuchliche Abkürzung für Dachneigung. Sie umschreibt die vorgeschriebene Dachneigung entweder exakt in Grad oder aber die Variationsbreite. Beispiel: Sie lesen DN 30, dann heißt dies, dass Ihr Dach eine vorgeschriebene Dachneigung von 30° haben muss. DN 30–45 bedeutet, dass Sie die Dachneigung in einem Bereich zwischen 30 und 45° frei wählen können.

SD

Ist eine gebräuchliche Abkürzung für die Gestaltdefinition des Daches. SD bezieht sich auf die Formgebung des Daches als Satteldach. Auch andere Dachformen wie z. B. Pultdächer oder Flachdächer können im Bebauungsplan vorgeschrieben sein.

Firstrichtung

Der First ist die oberste Dachlinie, die Linie also, wo sich beide Dachflächen treffen. Die Firstrichtung umschreibt die vorgeschriebene Laufrichtung der Hauptfirstlinie Ihres Hauses, das heißt, ob der Dachfirst Ihres Hauses beispielsweise parallel zur Straße verlaufen muss oder auf die Straße zu. Dies wird zunächst oft übersehen, hat aber große Auswirkungen z. B. auf die Belichtung Ihres Dachgeschosses.

Zahl der Vollgeschosse

Diese ist zumeist als römische Zahl direkt auf dem Grundstück eingetragen. Sie gibt Auskunft darüber, wie viele Vollgeschosse Ihr Haus haben darf. Beispiel: Sie sehen eine II. Dies heißt, dass Ihr Haus maximal zwei Vollgeschosse haben darf. Sie können darüber hinaus dann nur noch beispielsweise einen Dachausbau in der Weise vornehmen, dass dieser Dachausbau vom Flächenumfang nicht mehr unter die Definition Vollgeschoss fällt. Diese ist nach den unterschiedlichen Landesbauordnungen in der Bundesrepublik Deutschland unterschiedlich geregelt. Die zulässige Anzahl der Vollgeschosse kann als Höchstmaß, als Mindest- und Höchstmaß oder als zwingendes Maß angegeben werden. Ist eine bestimmte Anzahl an Vollgeschossen zwingend gefordert, steht die römische Ziffer in einem Kreis.

Baugrenzen

Die Baugrenzen geben Auskunft über die maximal mögliche Ausdehnung eines Gebäudes, sie definieren das so genannte Baufenster, also die Fläche, auf der innerhalb des Grundstücks gebaut werden darf. Eine Gebäudefront kann bis zu einer Baugrenze gehen oder dahinter zurückbleiben.

Baulinien

Die Baulinien hingegen schreiben eine verbindliche Platzierung einer Gebäudefront auf einer bestimmten Linie vor, also beispielsweise die zwingende Errichtung einer Hauswand exakt zwei Meter vom Gehweg entfernt.

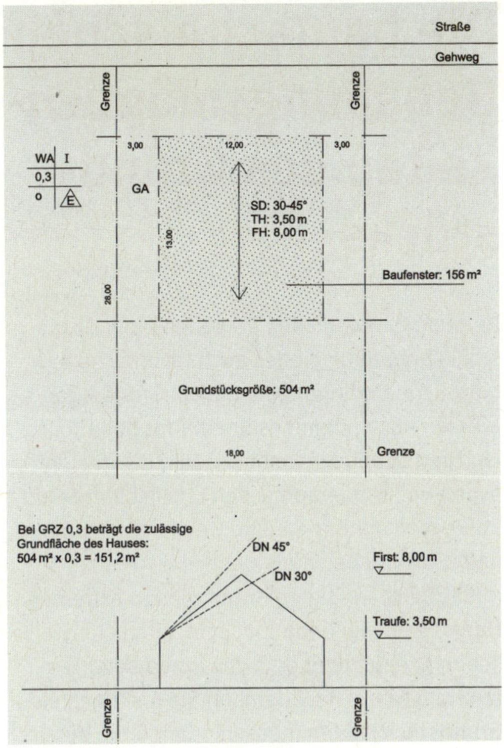

Bebaubarkeit eines Grundstücks

Der erste Schritt vor der Suche nach einem Fertighaus besteht also darin, herauszufinden, was genau auf dem in Frage kommenden Grundstück gebaut werden darf. Wenn Sie hierzu den Bebauungsplan bei einer Gemeinde einsehen, fragen Sie dort unbedingt nach, ob Ihnen der aktuellste Stand mit allen Nachträgen vorliegt.

Trotz der Vorgaben im Bebauungsplan kann es sein, dass Sie Ihr eigenes Grundstück oder das, das Sie erwerben wollen, nicht in der durch den Bebauungsplan möglichen Weise bebauen können, weil eine so genannte Baulast auf dem Grundstück liegt. Das heißt, dass einer der früheren Eigentümer des Grundstücks dem Nachbarn zum Beispiel gestattet hat, mit seinem Bauvorhaben weiter an die Grundstücksgrenze zu gehen, als eigentlich erlaubt. Hierfür hat der frühere Eigentümer evtl. eine Ausgleichszahlung erhalten. Er musste im Gegenzug aber die von der Kommune geforderte Abstandsfläche zwischen beiden Häusern komplett auf seinem Grundstück unterbringen. Damit liegt eine so genannte Baulast auf dem Grundstück. Das bedeutet für Sie, dass Sie nicht mehr völlig frei gemäß Bebauungsplan über das Grundstück verfügen können. Achten Sie daher darauf, dass Sie vor dem Kauf eines Grundstücks alle diesbezüglichen Dokumente einsehen, also das Baulastenverzeichnis und das Grundbuch.

Informieren Sie sich in diesem Zusammenhang unbedingt auch über den vorhandenen Baumbestand auf dem Grundstück und in welcher Weise dieser geschützt ist. Nicht immer darf ein Baum gefällt werden, nur weil er einem Bauvorhaben im Wege steht.

Wenn Sie noch kein Grundstück besitzen, dann können Sie Ihre Grundstückssuche auch mit der Suche nach einem geeigneten Fertighaustyp verbinden und versuchen, beides zusammenzubringen. Dies wird jedoch mitunter nur schwer umzusetzen sein. Da schön gelegene und bezahlbare Grundstücke schwerer zu finden sind als Fertighaustypen, die Ihnen gefallen, werden Sie in der Regel der Haussuche eine nachgeordnete Stellung einräumen müssen und mit der Suche nach dem Grundstück beginnen.

Es gibt in Deutschland auch Siedlungsgebiete, für die es keinen Bebauungsplan gibt. Hier findet dann allerdings fast immer § 34 BauGB

(Baugesetzbuch) Anwendung. Er umschreibt die „Zulässigkeit von Vorhaben innerhalb der im Zusammenhang bebauten Ortsteile", kurz, er kommt überall dort zum Tragen, wo in zur Bebauung zugelassenen Gebieten, z. B. am Rande einer kleinen Gemeinde oder im Zentrum einer Großstadt oder auch in historischen Ensembles von Dörfern etc., gebaut wird und wo aus irgendwelchen Gründen kein Bebauungsplan existiert, z. B. weil dies zum Zeitpunkt der Erschließung noch nicht üblich war.

In § 34 BauGB heißt es wörtlich: „Innerhalb der im Zusammenhang bebauten Ortsteile ist ein Vorhaben zulässig, wenn es sich nach Art und Maß der baulichen Nutzung, der Bauweise und der Grundstücksfläche, die überbaut werden soll, in die Eigenart der näheren Umgebung einfügt und die Erschließung gesichert ist."

Nun ist ein Fertighaus nicht ohne Weiteres seiner Umgebung anpassbar, es sei denn, man findet von vornherein einen Fertighaustyp, der sich in die spezielle Umgebung hinsichtlich der Baukörper-Proportionen, der Gliederung und Gestaltung insgesamt einfügt.

Wichtig ist also, dass Sie sich die für Ihr Grundstück geltenden Rahmenbedingungen klar machen und wissen, welche Baukörpertypen Sie darauf errichten können und welche nicht. Dies erspart Ihnen von vornherein die Beschäftigung mit Häusern, die auf Ihrem Grundstück schlicht nicht realisierbar sind.

Die bautechnischen Bebauungsmöglichkeiten des Grundstücks

Neben den rechtlichen Vorgaben einer Grundstücksbebauung gibt es auch technische bzw. natürliche Bedingungen, die ein Grundstück erfüllen muss, damit es überhaupt bebaubar ist. Hierbei spielen insbesondere die geologischen und topographischen Eigenschaften eine Rolle, also die Boden- und Geländebeschaffenheit. So kann beispielsweise ein Grundstück mit äußerst sandigem Untergrund in extremer Hanglage kaum bebaubar sein, möglicherweise schon gar nicht mit dem von Ihnen bevorzugten Haustyp. Je nachdem, ob Sie erst noch ein Grundstück kaufen müssen oder ob Sie bereits im Besitz eines Grundstückes sind, müssen Sie entweder Ihre Kaufentscheidung auch an geologischen und topographischen Kriterien festmachen oder aber schlimmstensfalls Ihr ungeeignetes Grundstück zur Finanzierung eines aneren Grundstücks, das geeignet ist, veräußern.

Vor einem Grundstückskauf ist es immer sinnvoll, auch einmal bei den Nachbarn nach der Bodenbeschaffenheit auf deren Grundstück nachzufragen. Mit welcher Bodenart hat man es zu tun, wie problematisch waren Aushub und Gründung, was ist mit dem Grundwasserstand? Das ist besonders wichtig, wenn ein Keller geplant ist. Außerdem: Liegt das Grundstück z. B. in einem ehemaligen Bergbaugebiet, so dass mit Setzungen oder Ausgasungen zu rechnen ist?

Nach der DIN 1054 unterscheidet man zwischen gewachsenem Boden, Fels und geschüttetem Boden. Gewachsene Böden unterteilen sich nochmals in nicht bindige Böden (Kiesböden, Sandböden etc.), bindige Böden (Lehmböden, Tonböden) und organische Böden (Schlammböden, Torfböden). Letztere sind als Baugrund ungeeignet. Felsböden bestehen aus festem Gesteinsuntergrund. Hier ist der Aushub zwar sehr aufwändig und teuer, aber die Gründungsvoraussetzungen sind sehr gut. Geschütteter Boden schließlich ist künstlich aufgeschütteter Boden (z. B. durch das Aufschütten von Geländevertiefungen oder Gruben). Er ist nur bedingt als Baugrund geeignet.

Falls Sie sich nicht sicher sind, ob ein Boden sich als Baugrund eignet, sollten Sie in jedem Falle ein Bodengutachten erstellen lassen. Dies kostet in der Regel zwischen 800 Euro und 1.500 Euro, gibt Ihnen aber Sicherheit, mit welchem Untergrund Sie es zu tun haben und welche Probleme Sie erwarten. Manche Kommunen haben auch Grundwassermessstellen, die die Grundwasserstände aufzeichnen. Fragen Sie bei der betreffenden Kommune nach.

Bezüglich der Topographie eines Grundstückes sollten Sie bedenken, dass die Bebauung eines Hanggrundstückes zwar sehr attraktiv sein kann, dass aber nur sehr wenige Fertighausanbieter spezielle Typen hierfür anbieten. Viele Hersteller benötigen zum Aufstellen des Fertighauses eine ebene Bodenplatte, die bei einem Hanggrundstück z. B. durch einen zusätzlichen Kellerbau erstellt werden kann, aber nicht jeder Anbieter bietet auch einen Keller an. Hinzu kommt, dass das Bauen am Hang rein baustellentechnisch und baukonstruktiv teurer ist als das Bauen in der Ebene. In Extremfällen besteht sogar die Gefahr eines Hangabrutsches. Sofern Spezialverankerungen der Fundamente notwendig werden, kann das Bauen am Hang sehr teuer werden.

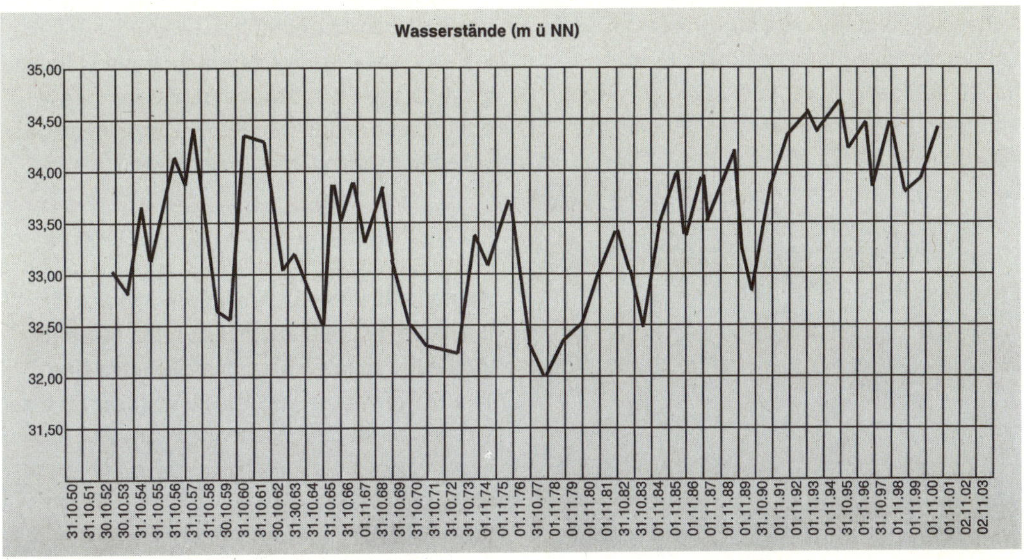

Messung Grundwasserstände im Jahresverlauf

Der Grundstückskauf

Falls Sie noch nicht im Besitz eines Grundstücks sind, sondern ein Grundstück kaufen wollen, sollten Sie neben den weiter oben aufgeführten geologischen und topographischen Kriterien auch auf die im Folgenden genannten Aspekte achten.

Altlasten

Sie müssen in jedem Fall sicherstellen, dass auf Ihrem zukünftigen Grundstück keine Altlasten vorhanden sind. Da in letzter Zeit immer häufiger ehemalige Kasernenanlagen oder Fabrikgelände in Bauland umgewandelt werden, sollten Sie sich dies in jedem Falle von der verkaufenden Person bzw. Institution schriftlich zusichern und die Altlastenfreiheit des Grundstücks in den Kaufvertrag aufnehmen lassen.

Auflassungsvormerkung im Grundbuch

Lassen Sie sich unbedingt über die sogenannte Auflassungsvormerkung ins Grundbuch eintragen. Vom Zeitpunkt Ihres Erwerbs des Grundstücks bis zur Eintragung des Besitzerwechsels im Grundbuch kann es Wochen, mitunter Monate dauern. In dieser Zeit könnte das Grundstück theoretisch ein weiteres Mal verkauft werden, da nach wie vor nur der ursprüngliche Besitzer im Grundbuch eingetragen ist. Dies können Sie durch die Eintragung einer Auflassungsvormerkung im Grundbuch verhindern. Diese kann binnen weniger Tage eingetragen werden. Alle Verfügungen des Verkäufers, die das Recht des Käufers beeinträchtigen würden, sind nach der Eintragung der Auflassungsvormerkung unwirksam.

Altlasten auf dem Grundstück?

Freistellungserklärungen von Grundrechteinhabern

Sofern für das von Ihnen bevorzugte Grundstück irgendwelche Grundrechteinhaber existieren, sollten diese eine notarielle Freistellungserklärung abgeben, bevor Sie das Grundstück kaufen.

Verzichtserklärungen von Vorkaufsberechtigten

Falls es Vorkaufsberechtigte für das von Ihnen gewünschte Grundstück gibt, müssen diese auf dieses Vorkaufsrecht verzichten, und zwar schriftlich und notariell beglaubigt.

Teilungsgenehmigungen bei Mehrfachbebauungen

Insofern Sie überlegen, ein Grundstück z. B. mit einem Doppelhaus zu bebauen, sollten Sie unbedingt sicherstellen, dass Sie auch eine Teilungsgenehmigung des Grundstücks für eine Doppelhausbebauung erhalten können.

Baulasten

Stellen Sie sicher, dass auf Ihrem Wunschgrundstück keine Baulasten liegen. An solche Ihr zukünftiges Grundstück betreffende Einschränkungen sind Sie nämlich ebenfalls gebunden.

Baugrunduntersuchung

Fragen Sie den Verkäufer des Grundstücks nach Unterlagen zur Baugrunduntersuchung. Falls diese nicht vorhanden sind, Sie aber unmittelbar vor der Entscheidung für den Kauf des Grundstücks stehen, können Sie entweder einen Kaufvertrag vorbehaltlich der Baugrunduntersuchung aufsetzen oder aber das Ergebnis noch abwarten. Im Zweifelsfall können Sie auch bei Nachbarn anfragen, ob Baugrunduntersuchungen vorgenommen wurden. Die Baugrunduntersuchung dient der Analyse der geophysikalischen Gegebenheiten Ihres Grundstücks, also u.a. der Tragfähigkeit des Untergrundes, der Bodenart und der Höhe des Grundwasserstandes. Eine eventuell notwendig werdende temporäre Grundwasserabsenkung, um den Bau eines Kellers zu ermöglichen, kann durchaus 10.000 Euro bis 15.000 Euro kosten oder unter Umständen gar nicht möglich sein, weil z. B. die Wassermengen zu groß sind, um abgeführt werden zu können. Ein solcher Umstand, der z. B. einen Kellerbau unwirtschaftlich macht, sollte sich auch in einem niedrigeren Kaufpreis für das Grundstück niederschlagen.

Erschließung des Grundstücks

Überprüfen Sie, inwieweit die kommunalen Erschließungsgebühren für das von Ihnen bevorzugte Grundstück schon abgegolten sind oder noch anfallen. Ob Kanalisationserschließung, Straßenerschließung, Strom- oder Gaserschließung, hier kann noch einiges an Kosten auf Sie zukommen und damit die Gesamtkosten erhöhen.

Konstruktionsarten im Fertighausbau

Alle Konstruktionsarten von Fertighäusern sind von ihrer baulichen Qualität heutzutage auf ähnlichem Niveau. Was Sie über die möglichen Konstruktionsarten wissen müssen, um Ihre Entscheidung treffen zu können, zeigt Ihnen das folgende Kapitel.

Zunächst werden die einzelnen Grundtypen genauer erläutert und dann die wesentlichen Bauteile und Konstruktionsdetails miteinander verglichen.

Auf dem Markt der Fertighäuser können Sie zwischen drei Grundtypen wählen:

- dem Holz-Fertighaus,
- dem Massiv-Fertighaus,
- dem Holz- oder Massivhaus als Selbstbau- oder Bausatzhaus.

Adressen von Fertighausherstellern und Musterhausausstellungen im Internet:

- www.bdf-ev.de (Bundesverband Deutscher Fertigbau)
- www.dfv.com (Deutscher Fertighausverband)
- www.guete-gemeinschaft.de (Gütegemeinschaft Deutscher Fertigbau)
- www.musterhaus-online.de
- www.zmh.com

Angebote können Sie auch schriftlich per Post anfordern. Wählen Sie dabei nur die Unternehmen aus, die Häuser an Ihr Grundstück liefern.

Holz-Fertighäuser

Holz-Fertighäuser werden in der Regel schlüsselfertig oder in verschiedenen Ausbaustufen ab Oberkante Bodenplatte angeboten. Das bedeutet, dass ein Keller oder die Bodenplatte, auf die das Haus gestellt wird, häufig nicht im Leistungsumfang enthalten sind. In einem solchen Fall müssen Sie für diese Leistungen separate Verträge mit Bauunternehmen oder Kellerbaufirmen schließen. Im Kapitel „Der Keller“ finden Sie daher ausführliche Informationen zum Thema Kellerbau.

Beim Holz-Fertigbau gibt es vorrangig drei Bauweisen bzw. Konstruktionsarten, die sich vor allem in der Art und Weise unterscheiden, wie der Baustoff Holz als Tragelement eingesetzt wird:

- die Tafel- oder Rahmenbauweise,
- die Skelett- oder Holzständerbauweise und
- die Blockbauweise.

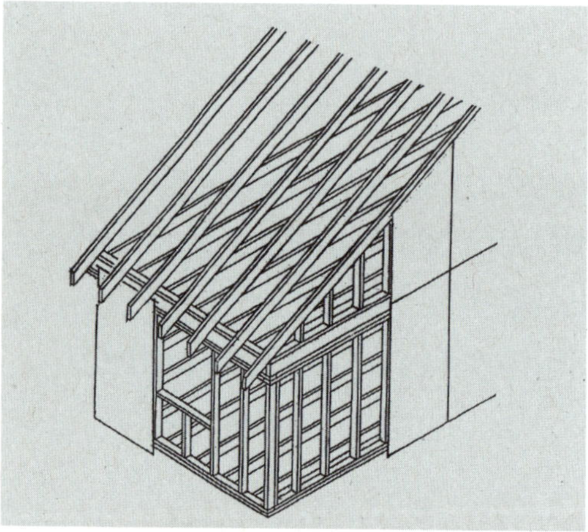

Fertighäuser in Holztafel- oder Holzrahmenbauweise

Bei der Holztafel- oder Holzrahmenbauweise werden einzelne Wandelemente aus einer Kombination aus Holztafeln und einem dazwischen montierten Holzbalkenrahmen hergestellt. Diese Wandelemente werden dann nebeneinander montiert und ergeben so Wände beliebiger Länge. In der Höhe werden sie jeweils geschossweise übereinander montiert, wobei die eingesetzte Zwischendecke aus einer Balkenlage zugleich immer auch die Arbeitsplattform für das Stellen der jeweiligen Geschosswände ist. Die Holztafel- oder -rahmenbauweise ist mit Abstand die geläufigste Konstruktionsart im modernen Holzbau von Ein- oder Mehrfamilienhäusern, da sie von der Produktionstechnik und -zeit die einfachste und günstigste ist.

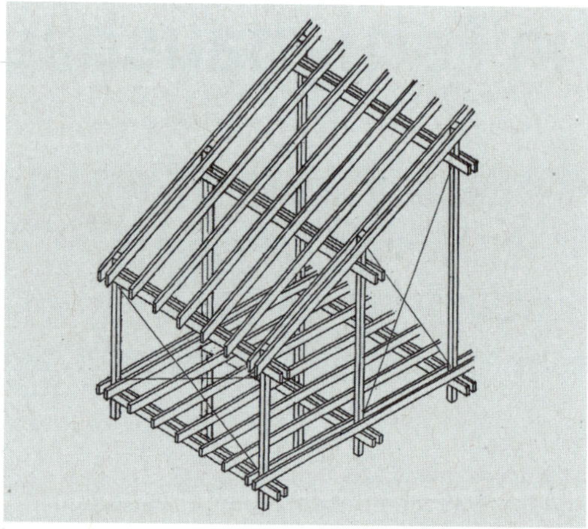

Fertighäuser in Holzskelettbauweise

Bei der Skelett- bzw. Holzständerbauweise werden Holzbalken in waagerechter und senkrechter Stellung zu einem Traggerüst verschraubt, im Sinne eines Stützen- und Balkensystems, in das später Wandausfachungen und Bodeneinsätze montiert werden.

Die Skelettbauweise wird dementsprechend vorwiegend dort eingesetzt, wo es um eine hohe Variabilität des Wandausbaus geht, beispielsweise bei halb geöffneten Gebäudetypen wie Lagerhallen oder auch ganz geöffneten Gebäudetypen wie z. B. reinen Parkierungsüberdachungen.

Holzskelettbauweisen werden aber auch überall dort eingesetzt, wo zur späteren Ausfachung keine selbsttragenden Bauelemente zur Ausführung kommen. Ähnlich wie bei einem klassischen Dachstuhl ist die Skelettkonstruktion in sich tragfähig und biegesteif, sodass die Ausbauelemente keine Tragwirkung mehr erbringen müssen. Auf diese Weise kann beispielsweise Glas in einem Holzskelettbau großflächig als Ausfachung eingesetzt werden.

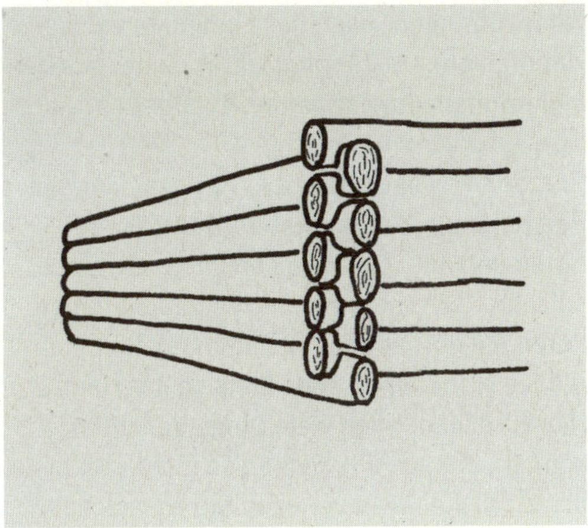

Fertighäuser in Holzblockbauweise

Bei der Blockbauweise werden die Wände eines Hauses aus liegenden und an den Ecken ineinander verfachten Balken oder auch Stämmen errichtet. Diese Bauweise ist insbesondere bei historischen Holzbauten, z. B. in den Alpen, aber auch in Skandinavien und Nordamerika angewandt worden. Bis heute gehalten hat sich diese Bauweise für kleine Geräte- oder Schutzhütten. Sie findet aber auch im heutigen modernen Holzbau ihre Anhänger. Die Außenwände von Blockhäusern bestehen aus speziell geformten massiven oder geleimten Rundblockbohlen oder Vierkantblockbohlen, zwischen denen sich zusätzliche Dichtungsbänder befinden. Die Blockwände werden mit zusätzlichen Gewindestangen verspannt. Sie können entweder einschalig ausgeführt sein, oder innenliegend eine zusätzliche Dämmung zwischen einer Ständerwand haben. Manche Hersteller verwenden Kiefernholz aus nordischen Ländern, da dieses aufgrund des raueren Klimas langsamer wächst als heimisches Holz. Es ist dadurch wetterbeständiger und härter und verzieht sich weniger.

Massiv-Fertighäuser

Das Massiv-Fertighaus ist eine Alternative zum klassischen Holz-Fertighaus. Unter der Massiv- bzw. Steinbauweise versteht man normalerweise die Stein-auf-Stein-Baumethode, zum Beispiel mit Hochlochziegeln oder Porenbetonsteinen oder Kalksandstein etc. Die Zwischendecken bestehen bei diesen Haustypen meist aus Fertigteil-Betonplatten, die mit einem Aufbeton vor Ort vergossen werden.

Verbreitet ist inzwischen auch die Plattenbauweise. Hierbei werden große Wandelemente, z. B. aus Porenbeton, vorgefertigt an die Baustelle gebracht und dort direkt montiert. Die Zwischendecken werden hierbei ähnlich gebaut wie bei den Stein-auf-Stein-Häusern.

Massiv-Fertighäuser werden sowohl von regionalen Bauunternehmungen angeboten, wie auch von überregionalen Firmen. Zwischenzeitlich sind sogar einige Baustoffhersteller in diesen Markt eingestiegen. Beim schlüsselfertigen Massivhaus scheint der Zwang aufgehoben, dass man auf dem eigenen Grundstück entweder ein Fertighaus aus Holz schlüsselfertig errichten konnte oder aber dort mit dem Architekten ein Massivhaus baute. Mit dem Modell des Massiv-Fertighauses kann man auf dem eigenen Grundstück ein Massivhaus schlüsselfertig errichten, ohne einen Architekten einschalten zu müssen.

Bausatzhäuser

Das Bausatz- oder Selbstbau-Haus ist ein Haustyp, den Sie im Grunde selber errichten. Sie erhalten bei diesem Haustyp alle Materialien in regelmäßigen Abständen auf die Baustelle geliefert und errichten dann Stück für Stück Ihr Haus selber. Bei guten Bausatzhauslieferanten steht Ihnen ein regionaler Bauleiter zur Verfügung, der regelmäßig oder bei Bedarf Ihre Baustelle aufsucht und Sie mit allen Handgriffen vertraut macht. Er begleitet Sie durch alle Bauphasen, bis Ihr Haus steht.

In der Regel sind Bausatzhäuser Massivhäuser, deren Steinverbund aber nicht zwingend vermörtelt wird. Es gibt auch die verschiedensten Stecksysteme, bei denen die einzelnen Steine und Steinlagen ineinander gesteckt werden.

Nur für kritische Gewerke, wie bestimmte Betonarbeiten oder die Elektroausstattung, benötigen Sie fachliche Hilfe.

Sie können durch Bausatz- bzw. Selbstbau-Häuser zwar sehr viel Geld sparen (Personalkosten machen längst einen größeren Posten aus als die Materialkosten am Bau), andererseits ist die Errichtung eines solchen Hauses nicht immer ganz so einfach wie in den Prospekten beschrieben. Für Bausatz- bzw. Selbstbau-Häuser sollten Sie sich nur dann entscheiden, wenn Sie handwerklich begabt sind und wenn Sie genügend freie Zeit haben, um eine Baustelle einigermaßen zügig voranzubringen. Es kann sehr ermüdend sein, wenn man jeden Feierabend, jedes Wochenende und jeden Ferientag auf dem Bau zubringen muss, bei Wind und Wetter, um den eigenen Hausbau voranzubringen. Auch das Einbinden von Verwandten oder Bekannten will bei einer solchen mehrmonatigen Maßnahme gut überlegt sein.

Gerade bei diesem Haustyp ist es ratsam, die Hersteller um Kunden-Referenzadressen zu bitten und mit Leuten zu sprechen, die einen solchen Hausbau hinter sich gebracht haben. Rufen Sie dort aber nicht nur an, sondern fahren Sie vorbei und sehen Sie sich das Haus an. Hier wird man Ihnen viele Dinge berichten können, die aus Prospekten so nicht ersichtlich sind. Vielleicht verlegen Sie ein solches Gespräch auf einen Freitagabend, nehmen eine gute Flasche Wein mit und lassen sich Zeit, um in Ruhe nach den Erfahrungen mit einem Bausatz- bzw. Selbstbau-Haus zu fragen.

Wichtige Bauteile und Konstruktionsdetails

Egal mit welchem Anbieter und in welcher Weise Sie bauen, genauso wichtig wie der Hauptbaustoff sind vor allem auch zahlreiche Bauteile und Konstruktionsdetails. In der nachfolgenden Liste finden Sie einige der wichtigsten Bauteile und was Sie hierbei beachten sollten.

Gründung und Keller

Die Gründung eines Hauses wie auch der Keller insgesamt werden von vielen Fertighausanbietern nicht mit angeboten. Darum müssen Sie sich oft selber kümmern. Nur beim Bauen mit dem Massiv-Fertighausanbieter wird man Ihnen diese Leistung häufig mit anbieten, denn sie ist eine klassische Rohbauleistung. Aushub, Gründung und Keller werden – wie bereits erwähnt – in einem eigenen Kapitel des vorliegenden Buches separat behandelt, denn sie sind neben dem Grundstückskauf und dem eigentlichen Hausbau der größte Einzeletat, der auf Sie zukommt. Es kann auch sein, dass Ihnen der Hersteller zwar einen Keller anbietet, dieser Ihnen aber zu teuer ist und Sie einen separaten Kelleranbieter oder Rohbauunternehmer zur Errichtung des Kellers wählen.

Außenwandaufbau

Der Außenwandaufbau ist je nach Konstruktionsart sehr unterschiedlich: So führt das Konstruktionsmaterial von Holz-Fertighäusern und Massiv-Fertighäusern z. B. zu unterschiedlichen Wanddicken, um die erforderlichen Dämmwerte zu erreichen. Hier sind Holzkonstruktionen im Vorteil, da die Dämmung zwischen der Tragkonstruktion Platz findet und der Wandquerschnitt dünner ist. Bei Häusern in Massivbauweise sitzt die Dämmung häufig in Form eines Wärmedämmverbundsystems vor der Fassade. Der Außenwandaufbau und die damit erzielte Dämmung Ihres Hauses wird sich direkt in Ihren Heizkosten niederschlagen. Sie sollten sich also intensiv mit dieser Thematik auseinandersetzen. Um vergleichen zu können, benötigen Sie von den einzelnen Anbietern Angaben zum Wandaufbau und zu den verwendeten Materialien, also beispielsweise welche Dämmung mit welchen Materialeigenschaften verwendet wird, wie dick diese ist und welchen Wärmedurchgangskoeffizienten (U-Wert) die Außenwand hat.

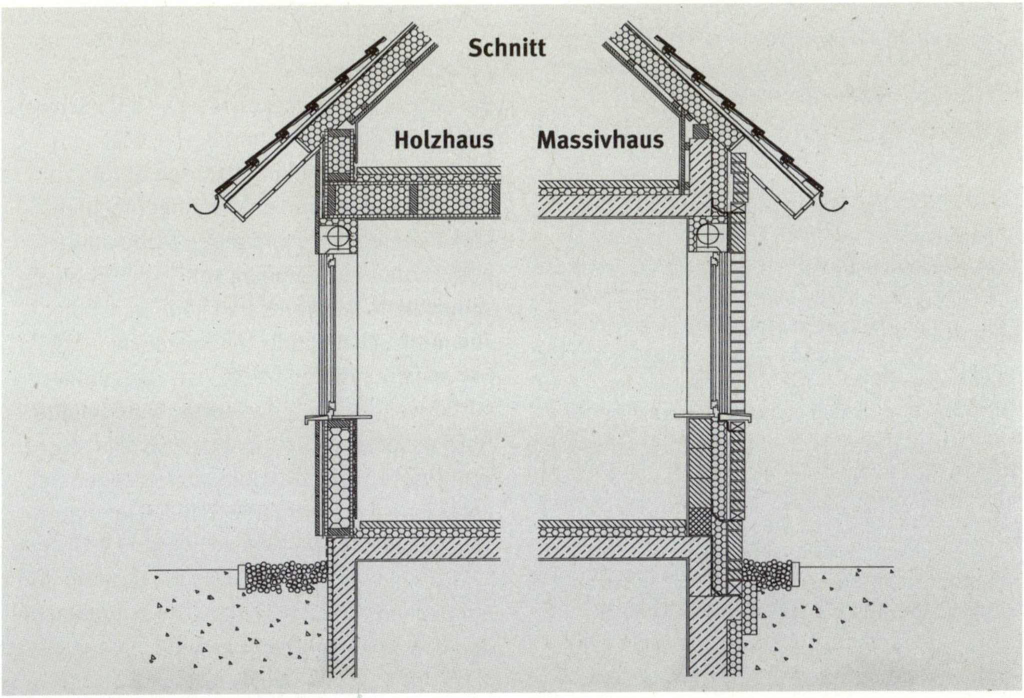

Glossar

Was ist der Wärmedurchgangskoeffizient?

Um die Wärme in einem Körper zu halten, muss sein beheiztes Volumen gegen die unbeheizte Umgebung möglichst optimal gedämmt werden. Dies gilt für eine Thermoskanne genauso wie für ein Gebäude.

Der Wärmedurchgangskoeffizient, der sogenannte U-Wert, heißt vollständig Umkehr-Wert. Er gibt den Wärmedurchgang durch ein Bauteil an, den sogenannten Wärmedurchgangskoeffizienten, das heißt wie viel Wärme unter bestimmten Bedingungen durch ein Bauteil gelangt. Er ist der Umkehr-Wert (früher k-Wert von Kehrwert) des Wärmedurchlasswiderstandes. Der Wärmedurchlasswiderstand wiederum gibt an, wie viel Widerstand ein Bauteil dem Wärmedurchgang entgegensetzt.

Wie setzt sich der U-Wert zusammen?

Der U-Wert wird berechnet, indem man die Zahl 1 dividiert durch die Summe der Wärmeleitfähigkeit der einzelnen Schichten des Bauteils sowie der beiden Wärmeübergangskoeffizienten „α" zu beiden Seiten des Bauteils α_i (innen) und α_a (außen).

Die Wärmeleitfähigkeit von Bauteilen wird mit dem Begriff „λ" (kleines Lambda) angegeben. Sie besagt, welche Wärmemenge „Q" (Einheit Ws) pro Sekunde (s) und pro Quadratmeter (m^2) durch eine einen Meter dicke Schicht (m) eines Stoffes hindurchgeht, wenn der Wärmeunterschied zwischen beiden Temperaturflächen, also Innenfläche und Außenfläche, 1 Kelvin (K) beträgt.

Die beiden Wärmeübergangskoeffizienten α_i (innen) und α_a (außen) beschreiben den Wärmeübergang vom beheizten Innenraum in das Außenbauteil und vom Außenbauteil in den kühlen Außenraum. Sie sind festgelegte Konstanten.

Rohmontage der Wandelemente

Sie brauchen sich die komplizierten Berechnungsmethoden des U-Werts aber nicht zu merken. Es reicht, wenn Sie sich für den U-Wert Richtwerte einprägen. Ein guter U-Wert z. B. für eine Außenwand liegt bei 0,28 bis 0,25, ein sehr guter bei 0,2 bis 0,1. Je kleiner also der U-Wert ist, desto besser.

Zwischendecken

Bei den Zwischendecken lässt sich im Schwerpunkt zwischen Holz- und Betonzwischendecken unterscheiden. Während Betonzwischendecken mit einem aufgebrachten, sogenannten schwimmenden Estrich unter dem Fußbodenoberbelag sehr gute Schallschutzwerte gewährleisten können, ist die Thematik Schallschutz bei Holzdecken bis heute nicht problemfrei gelöst. Zwar gibt es mittlerweile sogar aufwändige, sandgefüllte Holzkassettendecken, um den Schallschutz zu verbessern, doch der Holzbau leidet generell unter einem schlechteren Schallschutz als der Massivbau.

Bei Decken zu unbeheizten Kellern sollte man den U-Wert dieser Decke kennen.

Innendämmung

Fenstereinbau

Zwischenwände

Zwischenwände, die als nichttragende Wände ausgebildet sind, sind häufig nur 11 bis 12 cm dick. Der Schallschutz solcher Wände ist entsprechend gering. Interessanterweise haben Massivbauwände dieser Stärke gegenüber Leichtbauwänden einen schlechteren Schallschutz, wenn die Leichtbauwände aus einem Ständerwerk mit darauf montierten biegeweichen Gipskarton-Schalen bestehen und die Zwischenräume noch eine Weichfaserdämmung haben.

Treppen

Treppen werden in der Regel entweder aus Holz, aus Metall oder als Betonfertigteil angeboten. Wichtig bei diesem Bauelement ist, dass es an seinen Auflagern auf dem Rohboden der Geschossdecken schalldämmend gelagert ist. Treppen dürfen auch nicht fest mit parallel laufenden Wänden verbunden sein. Hier muss unbedingt eine schalltechnische Trennung vorgesehen sein.

Dach

In der Regel besteht das Dach aus einem Holzdachstuhl mit einer Außendeckung und einer Innenverkleidung. Von innen nach außen ergibt sich häufig folgender Aufbau: Gipskartonplatten, Dampfsperre, Wärmedämmung, Luftraum, Unterspannbahn, Konterlattung, Lattung, Dachziegel.

Wichtig ist es, die einzelnen zum Verbau kommenden Elemente genau zu erfahren, also z. B. welches Holz mit welchem Feuchtegehalt verbaut wird, welche Gipskartonplatten verbaut werden, welche Wärmedämmung gewählt wird, welche Dampfsperre gewählt wird, welche Dachpappe und welcher Dachziegel eingesetzt werden, damit offengelegt wird, ob Qualitätsprodukte verbaut werden oder einfachste Produkte. Und wichtig ist natürlich auch hier, dass Sie erfahren, welchen U-Wert der zum Einsatz kommende Dachaufbau insgesamt hat.

Kamin

Soweit die Heizanlage im Keller stehen wird, benötigen Sie zur Abgasführung einen Kamin. Bei vielen Anbietern sitzt die Heizzentrale heutzutage allerdings direkt unter dem Dach, sodass kein Kamin nötig ist. Trotzdem wird auch für diese Häuser mitunter ein Kaminzug angeboten, damit man bei Bedarf z. B. im

Maschineller Außenputz

Fertige Wandelemente

Wohnzimmer einen Kachelofen oder einen offenen Kamin einbauen kann. Der Kaminzug ist dann in der Regel nur gegen Aufpreis zu haben. Die Integration eines Kaminzuges in einen Fertigbau ist mit zusätzlichem Aufwand verbunden, und Sie sollten daher gut überlegen, ob Sie einen solchen wirklich benötigen oder das Geld lieber an anderer Stelle investieren.

Es ist allerdings so, dass ein Kaminzug nur sehr aufwändig nachträglich in ein bereits fertiggestelltes Haus eingebaut werden kann, während Sie z. B. einen Balkon immer relativ einfach vor ein bestehendes Haus setzen können.

Fenster

Bei den Fenstern gibt es die unterschiedlichsten Varianten: Kunststoff-, Holz- oder Metallfensterrahmen, zweifach- oder dreifachverglast als Isolier- oder Wärmeschutzverglasung. Wichtig ist für Sie zu wissen, dass Holzfenster eher pflegeintensiv sind, auch wenn sie sehr schön aussehen. Kunststofffenster hingegen sind zwar einfach zu pflegen, sehen aber nicht so schön aus und sind oft auch nicht so stabil wie Holzfenster. Auch Metallfenster kommen manchmal zum Einsatz. Dies allerdings meist nur im Kellerbereich.

Auf dem Markt sind aber auch Materialkombinationen erhältlich, also Fenstersysteme, die z. B. außen aus Metall sind und innen aus Holz. Auch dies kann eine Alternative sein. Wichtig ist, immer auf einen kleinen U-Wert des Gesamtelements (Verglasung und Rahmen) zu achten. Außerdem sollten Rahmen stabil und die Beschläge und Schließmechanismen robust sein. Dies ist umso wichtiger, je größer die Fensterelemente und damit deren Gewicht ist.

Türen

Bei den Türen ist zu unterscheiden zwischen Außentüren und Innentüren. Außentüren können z. B. die Haustür, ein Kellerausgang oder eine Balkon-/Terrassentür sein. Letztere ist wie ein Fenster zu betrachten und daher gemäß den Ausführungen zum Fensterbau zu sehen. Hauseingangstüren können ebenfalls aus Kunststoff, Holz oder auch Metall sein, häufig auch aus einer Kombination dieser Materialien mit Glasflächen. Wichtig bei einer Haustür ist eine robuste Ausführung mit stabilen Beschlägen und einer guten Schließanlage. Auch sollte

Fertige Dachelemente

Giebelelemente

eine Haustür an mindestens drei Stellen über stabile Bänder aufgehängt sein, mehrere Falze und einen Wetterschenkel haben. Da eine eventuelle Kelleraußentür die gleichen Bedingungen erfüllen muss wie eine Haustür, sollte sie in der Art der Ausführung identisch sein. Und auch hier gilt: Der U-Wert der Tür sollte möglichst klein sein.

Innentüren werden in vielen verschiedenen Holzarten und Stilrichtungen geliefert. Das Innenleben der Türblätter besteht meist aus Aushöhlungen in Form von Röhren (Röhrenspantür) oder Waben (Wabentür), um Material und Gewicht zu sparen. Für die Türblattoberfläche wird in der Regel ein Furnier verwendet, häufig auch ein einfacher Kunststoffüberzug.

Terrassen und Balkone

Sofern Terrassen keine kellerüberdeckenden Bauteile eines Fertighaustyps sind, sind sie meist nicht im Kaufpreis enthalten. Dann müssen Sie nach der Errichtung des Hauses selber für die Erdaufschüttung und Anlegung einer Terrasse sorgen.

Sofern Terrassen im Hausangebot enthalten sind, ist es wichtig, dass sie an keiner Stelle Wärmebrücken zum Hauskorpus bilden, wenn z. B. die Terrassen-Bodenplatte direkt in die Kellerabschlussdecke übergeht ohne wärmetechnische Trennung. Falls die Terrasse gleichzeitig eine den Kellerraum überdeckende Abschlussdecke bildet, ist sorgfältig darauf zu achten, dass diese Decke gut wärmegedämmt und absolut wasserdicht mit guten Wasserabführungen ausgebildet ist. Gleiches gilt für das Angebot etwaiger Dachbalkone.

Bei den übrigen Systemen gibt es in der Regel entweder angehängte oder vorgestellte Balkone. Angehängte Balkone sollten wärmetechnisch von den übrigen Hauszwischendecken abgekoppelt sein. Die vorgestellten Balkone bieten den Vorteil, dass sie sozusagen auf „ihren eigenen Füßen stehen“, nämlich auf einem Holz-, Stahl- oder Betongerüst, und damit keinen direkten Kontakt zum Hauskorpus haben, jedoch eigene Fundamente benötigen.

Welches Fertighaus für wen? Die zielorientierte Suche

Im Gegensatz zum Bauen mit dem Architekten können Sie beim Bauen mit dem Holz-Fertighaus- oder Massiv-Fertighausanbieter die zur Verwendung kommenden Baumaterialien nicht frei wählen. Sie sind hier in der Regel an die Vorgaben des jeweiligen Hausanbieters gebunden.

Holz oder Stein

Es kommt nicht selten vor, dass man bei einem bestimmten Hersteller genau den Haustyp findet, dessen Grundriss und Geschossaufteilung man für ideal hält, dessen Hauptbaustoff (Holz oder Stein) man allerdings nicht bevorzugt. So könnte es sein, dass Sie den von der Innenaufteilung her idealen Haustyp nur in Holztafelbauweise, aber nicht in Massivbauweise erhalten oder umgekehrt.

Diese grundsätzlichen Konstruktionsmerkmale können Sie als Kunde kaum beeinflussen. Mitunter haben Sie zwar die Möglichkeit, gegen Aufpreis einen anderen Wandaufbau zu wählen (z. B. Klinker statt Außenputz), und auch bei der Steinart an sich kann es Wahlmöglichkeiten geben, hat sich aber ein Hersteller auf einen hohen Vorfertigungsgrad durch Holztafelbauweise spezialisiert, wird er Ihr Haus nicht in Stein-auf-Stein-Bauweise anbieten.

Die Beschäftigung mit den zur Verwendung kommenden Baumaterialien und Konstruktionsweisen wird Sie bei Ihrer Haussuche mithin die meiste Zeit kosten, soweit Sie sich in der notwendigen Tiefe hiermit befassen. Wichtig für Sie als Käufer sind also nicht die schönen Fassaden auf Fertighausausstellungen, sondern das, was sich dahinter verbirgt.

Beim Holz-Fertighaus- und Massiv-Fertighausbau in Deutschland kann man in der Regel von zwei bis drei grundlegende Varianten ausgehen, die angeboten werden. Im Fertighausbau findet vor allem die Holztafelbauweise Anwendung, im Massiv-Fertighausbau die Stein- bzw. Plattenbauweise.

Bei der Auseinandersetzung mit den Hauptbaustoffen sollten Sie Ihr Augenmerk auf die Langlebigkeit und Qualität sowie die Nachhaltigkeit richten.

Beide Baustoffe, Stein und Holz, haben ihre Vor- und Nachteile, es lässt sich aber nicht sagen, dass die eine Bauweise der anderen überlegen ist. Es ist jedoch so, dass oft auch emotionale Gründe bei der Entscheidungsfindung eine Rolle spielen. So ist zum Beispiel die Holzbauweise in den skandinavischen Ländern und in Nordamerika eine der klassischen Bauweisen, die auch kulturell tief verwurzelt ist. Dies ist z. B. in Mitteleuropa völlig anders.

Hier konnte sich der Holzbau nie wirklich flächendeckend durchsetzen. Aus diesem Grund ist die klassische Massivbauweise in Deutschland auch wesentlich verbreiteter als die Holzbauweise.

Während viele Menschen mit der Massivbauweise sofort etwas verbinden, also das solide Haus, Stein auf Stein gebaut, sieht dies bei der Holzbauweise anders aus: Nur wenige kennen die Vorteile der Holzbauweise. So bietet beispielsweise der Baustoff Holz hervorragende Dämmwerte, darüber hinaus ist er ein nachwachsender Rohstoff und führt in einer nachhaltig betriebenen Forstwirtschaft, wie sie z. B. in Deutschland seit über 200 Jahren betrieben wird, keinesfalls zu Kahlschlag, sondern unterstützt eine gesunde Waldwirtschaft. Auch international ändert sich seit der Einführung spezieller Holzsiegel, wie vor allem des FSC-Siegels, langsam etwas (www.fsc-deutschland.de). Trotzdem fällt es vielen Käufern schwer, sich mit dem Gedanken anzufreunden, ein Haus aus Holz zu erwerben, weil für sie der Inbegriff eines Hauses der Mauerstein ist. Je länger und je intensiver Sie sich allerdings mit den Baustoffen beschäftigen, umso vorurteilsfreier und differenzierter werden Sie die Dinge sehen.

Da sehr viele Fertighausangebote Angebote in Holzbauweise sind, geht es im Kapitel „Der Baustoff Holz“ ausschließlich um den Holzbau und seine Besonderheiten.

Die persönliche Bedarfsermittlung

Wenn Sie für sich grundsätzlich entschieden haben, ob Sie ein Holz-Fertighaus, ein Massiv-Fertighaus oder gar ein Bausatzhaus kaufen möchten, haben Sie damit automatisch die Anzahl der möglichen Anbieter schon eingegrenzt. Die Konstruktionsweise bei Holz-Fertighäusern beeinflusst die äußere Gestaltung des Hauses. Ein Fertighaus in Blockbauweise unterscheidet sich erheblich von einem Fertighaus in Holzskelettbauweise.

Durch die Bebauungsmöglichkeiten Ihres Grundstücks können Sie eine weitere Eingrenzung des Angebotes vornehmen. Nicht jeder Fertighaustyp kann in der vorgeschriebenen Dachform oder Dachneigung geliefert werden.

Bei den dann noch in Frage kommenden Herstellern wird Ihnen zwar oft ein komplettes Hausprogramm angeboten, gerade aber deshalb ist es wichtig, dass Sie sich mit den einzelnen Angeboten besonders intensiv befassen. Es stellen sich Ihnen drei wichtige Fragen:

- Welchen Raumbedarf haben Sie?
- Welche Ausbaustufe bevorzugen Sie?
- Welche technische Ausstattung wünschen Sie?

Diese drei Themengebiete bestimmen von der haus- und bautechnischen Seite her wesentlich den Haustyp, der für Sie geeignet ist. Wenn Sie z. B. wissen, welche Anzahl an Räumen in welcher Größe und Zuordnung Sie benötigen, ob Sie ggf. beim Dachgeschossausbau selbst Hand anlegen möchten und ob Sie hinsichtlich der technischen Ausstattung z. B. eine erdgasbetriebene Heizung und Warmwasserbereitung installieren wollen oder aber gerne die Passivhaustechnologie (keine Heizungsanlage, dafür eine Lüftungsanlage mit Wärmerückgewinnung) umsetzen würden, haben Sie bereits wesentliche Punkte für eine gezielte Haustypensuche abgesteckt. Dies wird Ihnen eine Menge Zeit ersparen. Trotzdem sollten Sie aber offen bleiben für noch Unentdecktes, Neues, das Ihnen ganz andere Entscheidungsimpulse geben kann.

Beginnen Sie zunächst damit, Ihren persönlichen Bedarf zu ermitteln. Anhaltspunkt hierfür ist zunächst immer Ihre gegenwärtige Wohnsituation, aus der heraus Sie sich ja verändern wollen. Prüfen Sie diese eingehend und halten Sie fest, was Ihnen dort fehlt oder was Sie gerne anders hätten. Listen Sie konsequent alle Räume auf, die Sie für unentbehrlich halten und gehen Sie dabei z. B. geschossweise vor (⇢ Checkliste, Seite 28).

Bei der Ermittlung der benötigten Quadratmeterzahl der Räume können Sie z. B. ganz einfach Ihre gegenwärtige Wohnung ausmessen und abgleichen, ob diese Raumgrößen für Sie ausreichend sind. Nachdem Sie alle Räume geschossweise aufgelistet haben, können Sie dann die Gesamtquadratmeterzahlen der einzelnen Geschosse ermitteln und sich sowohl hinsichtlich der benötigten Räume wie auch hinsichtlich der benötigten Quadratmeter einen Bedarfsplan erstellen, mit dem Sie auf die Suche nach geeigneten Fertig- bzw. Massiv-Fertighaustypen gehen können.

In diesen Bedarfsplan können Sie auch Überlegungen miteinbeziehen, wie die einzelnen Zimmer zueinander ausgerichtet sein sollten, also z. B. Küche zu Esszimmer oder Wohnzimmer zu Arbeitszimmer oder Schlafzimmer zu Bad etc. Bedenken Sie dabei auch die Frage, ob es wichtig sein könnte, zwei Bäder zu haben, z. B. ein Kinderbad und ein Elternbad oder eine zusätzliche Gästetoilette und Ähnliches.

Nicht vergessen sollten Sie bei der Bedarfsermittlung auch, dass Sie ein Haus in unterschiedlichen Lebensphasen unterschiedlich nutzen werden. Auch wenn Sie älter werden, wollen Sie sicher in Ihrem Haus bleiben, oder wenn Sie einmal – vielleicht nur auf Zeit – auf einen Rollstuhl angewiesen sind, wollen Sie sicher nicht umziehen. Es ist dann wichtig, dass Sie zumindest in einem Geschoss ein barrierefreies Wohnumfeld haben, also z. B. auch mit einem Rollstuhl Bad und WC nutzen können und durch alle Flure und Zimmer kommen. Vielleicht sollte das Haus auch später einmal relativ einfach teilbar sein. Sei es, dass ein Appartement für Kinder oder die Großeltern eingerichtet werden kann, sei es, dass Sie dieses Appartement später selbst nutzen wollen, um den Rest des Hauses einem Ihrer Kinder zu überlassen etc. Je flexibler ein Haus nutzbar ist, desto besser ist es Ihrer jeweiligen Lebenssituation anpassbar.

Wenn Sie Zeit haben, können Sie auch in diesem frühen Stadium Ihrer Überlegungen schon einmal eine Fertighausausstellung besuchen und sich von dort ausgestellten Typenhäusern inspirieren lassen. Es ist allerdings so, dass in vielen Fertighausausstellungen z. B. der Haustyp des Massiv-Fertigbaus noch nicht angemessen repräsentiert ist. Sie erhalten auf Fertighausausstellungen immer nur einen begrenzten Einblick in das Angebot des gesamten Marktes.

Checkliste für die Bedarfsermittlung

	Größe	Lage	Orientierung
Vorratsraum	z. B. 12 m^2	z. B. Keller	z. B. Nord
Hobbyraum			
Werkkeller			
Fahrradkeller			
Heizungszentrale			
Archiv			
Sauna/Fitness			
Windfang			
Diele/Garderobe			
Abstellraum			
Gäste-WC			
Küche			
Hauswirtschaft			
Esszimmer			
Wohnzimmer			
Arbeitszimmer			
Gästezimmer			
Elternbad			
Kinderbad			
WC			
Duschbad			
Schlafzimmer			
Ankleide			
Kinderzimmer 1			
Kinderzimmer 2			
Kinderzimmer 3			
Kinderzimmer 4			
Spielzimmer			
Studio/Lesen			
Terrasse			
Balkon/Loggia			
Gesamtfläche			

Die Ausbaustufen und die Ausstattung

Die überwiegende Zahl der Holz-Fertighaus- und Massiv-Fertighausanbieter bietet für identische Haustypen unterschiedliche Ausbaustufen und Ausstattungen an. Der Ausstattungsgrad zwischen den Anbietern schwankt jedoch sehr stark. So gibt es beispielsweise Häuser mit grundsätzlich ausgebauten Dachgeschossen und solche mit nicht ausgebauten Dachgeschossen, es gibt bezugsfertige Angebote, also Angebote, bei denen bis einschließlich fertig gestrichener Tapezierung alles inbegriffen ist, und es gibt Angebote, bei denen nicht einmal das Verlegen der Fliesen inbegriffen ist. Daher ist es beim Vergleich von Angeboten erforderlich, identische Ausbaustufen zu vergleichen.

Schriftlich festgehalten werden diese in der Baubeschreibung, die Teil des Kaufvertrages ist. Es ist daher überaus wichtig, dass Sie die sogenannte Bemusterung, also die Festlegung, welche Hausausstattung des von Ihnen bevorzugten Haustyps Sie wünschen, vor der Unterzeichnung des Kaufvertrages abgeschlossen haben. Normalerweise können Sie die unterschiedlichen Ausbaustufen und Ausstattungsqualitäten in einer Bemusterungsausstellung des Fertighaus-Herstellers sehen und vergleichen.

Ausbaustufen

Sehr wichtig für die zukünftige Nutzung Ihres Hauses sind die verschiedenen Ausbaustufen, die angeboten werden. Hier geht es insbesondere um Sonderwünsche wie Keller oder ausbaufähiges Dachgeschoss u. Ä. Verzichten Sie beispielsweise auf einen angebotenen Keller oder auf einen – durch einen Kniestock – leicht erhöhten Dachstuhl, ist dies später nicht mehr revidierbar. Durch die Entscheidung für solche Maßnahmen halten Sie sich spätere Nutzungsoptionen offen. Sie steigern darüber hinaus auch den Wiederverkaufswert Ihres Hauses, haben aber natürlich zunächst auch Mehrkosten. Es kann jedoch sinnvoll sein, stattdessen bei einigen Ausstattungsdetails der Oberflächengewerke zu sparen, die später dann durch andere ersetzt werden können, um bei grundlegenden Dingen die richtigen Investitionsentscheidungen treffen zu können.

Kleinere Zusatzausbauten wie Gauben, Erker oder Balkone sind auch später noch relativ einfach umsetzbar. Hinsichtlich Balkonen kann es aber z. B. günstig sein, bereits von vornherein in bestimmten Räumen Fenster-türen vorzusehen, die direkt bis auf den Boden laufen und bis zur Brüstungshöhe von außen mit einem Schutzgeländer versehen sind. Dann müssen Sie später, bei Montage eines Balkons vor dem Haus, nur die Schutzgeländer der Fenster demontieren, um Durchgänge zum Balkon zu haben. Beim nachträglichen Einbau eines offenen Kamins oder eines Kachelofens wiederum sollte mindestens bereits ein Kaminschacht vorhanden sein.

Ausstattung

Während viele Kunden sich für die Bemusterung der Oberflächengewerke viel Zeit nehmen (z. B. Bodenbeläge oder Sanitärgegenstände), fällt eine ganze Reihe wichtiger hauskonstruktiver Entscheidungen, die später nicht mehr revidierbar sind, fast nebenbei. Hierzu gehören vor allem Überlegungen zum Außenwandaufbau, zur Wärmedämmung, zum Schallschutz

(Trittschall und Luftschall), zum Feuchteschutz (unter anderem im Kellerbereich), zur Heizungs-, Wasser- und Elektroinstallation. Dies sind jedoch Entscheidungen, über die Sie gründlich nachdenken sollten.

Heizungs- und Sanitärtechnik

Sowohl bei der Heizungstechnik als auch bei der Sanitärtechnik geht es im Grunde nur um das Aufheizen und den Transport des Mediums Wasser, einmal zur indirekten Nutzung des Wassers als Wärmespeichermedium, z. B. in Heizkörpern, und einmal zur direkten Nutzung als Warmwasser, z. B. zum Duschen. Die eigentliche Heizanlage, der sogenannte Brenner, ist das Gerät, in dem zumeist Erdöl oder Erdgas, immer öfter aber auch pflanzliche Öle (z. B. Rapsöl) oder Holzschnitzel bzw. Holzpellets verbrannt werden, um mit dieser Hitze das Speicher- und Trägermedium (Wasser) zu erwärmen.

Interessant für Sie ist neben den peripheren Einrichtungen, wie Rohrleitungen und -materialien, Heizkörperarten und -formen, also insbesondere das „technische Herz" Ihrer Wärmeversorgung im Haus.

Bei der Auswahl der technischen Gebäudeausrüstung im Bereich Heizungsbrenner können Sie sich eventuell auch durch Ihre Kommune oder die ortsansässigen Stadtwerke beraten lassen. Bei Ihren Überlegungen sollten Sie in jedem Fall drei Dinge beachten:

- die ökologische Seite der Anlage (z. B. die Frage, ob Erdöl noch zeitgemäß ist und ob sich später ggf. regenerative und konventionelle Systeme miteinander verbinden lassen),
- die ökonomische Seite der Anlage (z. B. wie teuer und wie sparsam welche Anlage ist) und
- die lokalen Gegebenheiten (z. B. ob ein Fernwärmeanschluss möglich ist).

Nun ist es so, dass bereits durch das Gebiet, in dem Sie bauen, eine bestimmte Energieart bestimmt wird. Beispielsweise wenn das Gebiet einen Fernwärmeanschluss hat und Sie an dem System partizipieren können oder sogar müssen oder aber wenn es eine durchgängige Gasversorgung bietet oder gar wenn z. B. beide Möglichkeiten in dem betreffenden Gebiet überhaupt nicht angeboten werden. Bevor Sie sich also auf irgendwelche grundlegenden Dinge festlegen, müssen Sie die speziellen Gegebenheiten vor Ort kennen.

Erst dann stellt sich die Frage, welche Art von sogenannten wärmeabgebenden Flächen Sie bevorzugen. Hier gibt es die verschiedensten Varianten, vom herkömmlichen Heizkörper über die Fußbodenheizung und die Wandheizung bis hin zu Deckenstrahlern. Alle Systeme haben ihre Vor- und ihre Nachteile, wobei der klassische Wandheizkörper sich gegenüber so manchem neuen System in vielerlei Hinsicht durchaus bewährt hat. So ist beispielsweise eine Fußbodenheizung am besten in Kombination mit bestimmten Bodenbelägen, wie z. B. Fliesenbelag, zu verwenden. Bei Parkettböden mit Fußbodenheizung besteht die Gefahr der Wölbung und Rissbildung des Parkettbelags aufgrund des direkten Wärmeeintrags. Bei Teppichböden mit Fußbodenheizung wird der Teppichstaub durch die warme, aufsteigende Luft vermehrt in den Raum gewirbelt. Sehr wichtig für Sie als Käufer ist nicht zuletzt auch, dass die Systeme fehlertolerant sind, das heißt, dass im Falle einer Reparatur nicht ganze Böden und Estriche abgetragen werden müssen. Gleiches gilt übrigens auch für die Wasserversorgung.

Auch hier ist es sinnvoll, eine Fertighausausstellung zu besuchen und sich einmal intensiv nur auf die Gebäudetechnik zu konzentrieren, zu fragen und zu vergleichen. Der Ratgeber „Heizung und Warmwasser“ der Verbraucherzentrale informiert ebenfalls umfassend über das Thema (⇢ www.vz-ratgeber.de).

Elektrotechnik

Im Elektrobereich gibt es ebenfalls eine große Variationsbreite an Ausstattungsmöglichkeiten. Dies hängt natürlich auch davon ab, wie weit Sie Ihr Haus ausstatten wollen, z. B. mit elektrischen Rollläden, Alarmanlage, Klimaanlage etc. Eine normale Standardelektroausführung eines Einfamilienhauses ist sehr gut planbar und überschaubar. Eine Übersicht hierüber können Sie sich hervorragend über die Auflistung der von Ihnen benötigten elektrischen Geräte verschaffen, also Lampen, Steckdosen (Wo? Wie viele?), Waschmaschine, Fernseher, Radio (Wo? Wie viele?), Elektroherd, Kühlschrank etc. Hierzu gehören auch Überlegungen, ob für bestimmte Stromkreise wie z. B. in den Schlafzimmern eine Netzfreischaltung vorgesehen werden soll (Reduzierung von Elektrosmog). Daraus können Sie einen ersten Elektroplan entwickeln, indem Sie einfach Ihre spezifischen Wünsche in die Grundrisspläne der Kaufimmobilie einzeichnen. Daraus lässt sich dann sehr einfach die endgültige Elektroplanung entwickeln.

Hinsichtlich der Ausstattung der Elektroinstallation gibt es unterschiedliche Möglichkeiten: Zum einen die einfachen, herkömmlichen Elektroausstattungsvarianten und zum anderen sogenannte BUS-Systeme, die Ihnen eine integrative Elektroplanung ermöglichen, bei der die verschiedenen Geräte, z. B. auch in Abhängigkeit voneinander bzw. Zuordnung zueinander, gesteuert werden können. So ist es beispielsweise möglich, elektrisch herunterfahrende Rollläden mit der Aktivierung der Innenbeleuchtung zu kombinieren. Oder aber eine Stehlampe, die in einer beliebigen Steckdose steckt, über einen jeweils neu zugeordneten Wandschalter an- und auszuschalten. Dies kann Vorteile haben, wenn Sie z. B. eine zentrale Schaltstelle für verschiedene Geräte haben wollen oder komplexe Elektroeinrichtungen planen. Diese Anlagen sind für den einfachen Hausnutzer aber nicht zwingend notwendig.

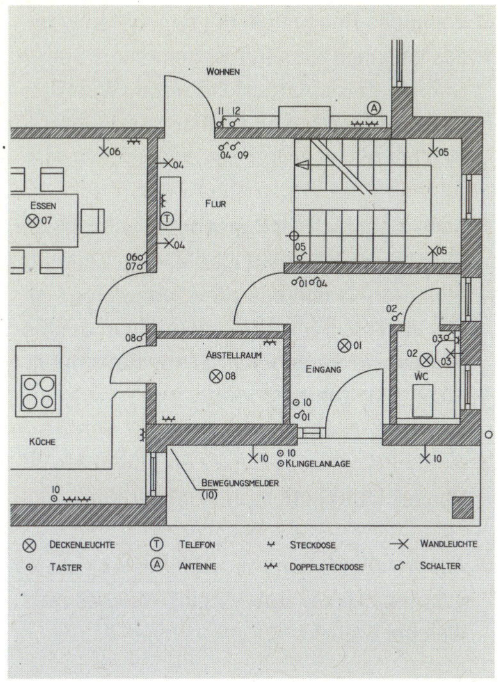

Elektroplanung

So vergleichen Sie richtig

Grundsätzlich ist es bei der Suche und dem Vergleich von Fertighausangeboten wichtig, dass Sie darauf achten, dass das, was Sie miteinander vergleichen, auch tatsächlich vergleichbar ist. Bei der Vielzahl der Angebote auf dem Markt ist es fast unmöglich, ein Haus mit einem anderen 1:1 zu vergleichen. Nachfolgend finden Sie die wichtigsten Punkte, die auf Ihrer Vergleichsliste auf keinen Fall fehlen sollten.

- Wird das Haus mit Keller oder mit Bodenplatte angeboten?
- Wenn das Haus mit Keller angeboten wird, aus welchem Baustoff ist der Keller? Stein? Gefügte Betonplatten? Ortbeton? Wie ist er gegen Erdfeuchte und aufsteigendes Wasser geschützt?
- Soweit ein Keller mitangeboten wird: Ist der Aushub der Baugrube und das Abfahren des Erdmaterials im Kellerpreis inbegriffen? Ist das anschließende Wiederverfüllen des Geländes und Anmodellieren ans Haus mit im Angebot enthalten?
- Ist die Baueingabe des zu errichtenden Hauses im Angebotspreis inbegriffen?
- Aus welchem Hauptbaustoff besteht das angebotene Haus? Holz? Stein? Welches Holz? Welcher Stein?
- Welche Dämmwerte (U-Wert) haben Außenwände, Dächer und Fensterflächen?
- In welcher Ausbaustufe wird das Haus angeboten? Ist es fix und fertig, z. B. mit Hauseingangstreppe und tapezierten Wänden, oder wird es Ihnen z. B. nur tapezierfähig mit provisorischer Hauszugangstreppe übergeben?
- Wie ist die Ausstattung des Hauses, z. B. hinsichtlich Bodenbelägen, Tür- und Fenstermaterialien, Fliesen und Sanitärgegenständen etc.? Werden hier eindeutige und unzweifelhafte Markenzuordnungen und Baustoffbenennungen gemacht, oder heißt es bloß „hochwertige deutsche Markenprodukte“?
- Wie ist die technische Ausstattung? Zwischen welchen Heizsystemen können Sie wählen, welche Sanitärinstallation (Rohrmaterialien etc.) und welche Elektroausstattung?
- Wie lange wird der betreffende Haustyp schon am Markt angeboten und welche Referenzobjekte gibt es, bei denen man die Kundenzufriedenheit unabhängig abfragen kann?

Erst wenn Sie bei diesen Checkpunkten Übereinstimmung zwischen verschiedenen Haustypen feststellen, können Sie sie annähernd vergleichen. Die nachfolgende Checkliste soll Ihnen hierbei helfen.

Richtig vergleichen: Hierin unterscheiden sich die Hausanbieter

		Anbieter 1 Ja	Anbieter 2 Ja	Anbieter 3 Ja	Anbieter 4 Ja	Anbieter 5 Ja
1 Der Keller ist im Preis enthalten.		☐	☐	☐	☐	☐
Die Bodenplatte ist im Preis enthalten.		☐	☐	☐	☐	☐
Weder Keller noch Bodenplatte ist im Preis enthalten.		☐	☐	☐	☐	☐
2 **Wenn Keller im Preis enthalten, aus welchem Baustoff?**	Beton	☐	☐	☐	☐	☐
	Mauerwerk	☐	☐	☐	☐	☐
Die Kellerabdichtung gegen Erdfeuchte ist im Preis enthalten.		☐	☐	☐	☐	☐
3 Der Aushub ist bei Kellerausführung im Preis enthalten.		☐	☐	☐	☐	☐
Die Wiederverfüllung des Arbeitsraumes ist im Preis enthalten.		☐	☐	☐	☐	☐
Die Abfuhr überschüssigen Erdmaterials ist im Preis enthalten.		☐	☐	☐	☐	☐
Die Geländemodulation ans Haus ist im Preis enthalten.		☐	☐	☐	☐	☐
4 Die komplette Baueingabe inkl. Gebühren ist im Preis enthalten.		☐	☐	☐	☐	☐
5 **Aus welchem Hauptbaustoff besteht das Haus?**	Holz	☐	☐	☐	☐	☐
	Stein	☐	☐	☐	☐	☐
6 **Welche Dämmwerte haben die Außenbauteile?**						
Außenwand	U-Wert ‹ 0,2	☐	☐	☐	☐	☐
Dach	U-Wert ‹ 0,15	☐	☐	☐	☐	☐
Fenster	U-Wert ‹ 1,0	☐	☐	☐	☐	☐
Dachflächenfenster	U-Wert ‹ 1,0	☐	☐	☐	☐	☐
Haustüre	U-Wert ‹ 1,5	☐	☐	☐	☐	☐
Kellerdecke und Wände gegen unbeheizte Räume	U-Wert ‹ 0,3	☐	☐	☐	☐	☐
7 **In welcher Ausbaustufe wird das Haus angeboten?**						
Inklusive aller Leistungen, fix und fertig		☐	☐	☐	☐	☐
Bodenbeläge, Malerarbeiten in Eigenleistung		☐	☐	☐	☐	☐
Dachgeschossausbau in Eigenleistung		☐	☐	☐	☐	☐
Keller bewohnbar und beheizbar mit Estrich		☐	☐	☐	☐	☐
Außenanlage, Terrasse, Zugangstreppen enthalten		☐	☐	☐	☐	☐

	Anbieter 1 Ja	Anbieter 2 Ja	Anbieter 3 Ja	Anbieter 4 Ja	Anbieter 5 Ja
8 Welche Bauqualität und Markenzuordnungen gibt es?					
Alle Baustoffe und Gegenstände werden genau bezeichnet.	☐	☐	☐	☐	☐
Ein Großteil der Baustoffe und Gegenstände ist definiert.	☐	☐	☐	☐	☐
Baustoffe und Gegenstände werden nicht exakt beschrieben.	☐	☐	☐	☐	☐
9 Gibt es Auswahlmöglichkeiten in der technischen Ausstattung?					
Es stehen verschiedene Sanitärausstattungen zur Auswahl.	☐	☐	☐	☐	☐
Es stehen verschiedene Elektroausstattungen zur Auswahl.	☐	☐	☐	☐	☐
Es stehen verschiedene Heizsysteme zur Auswahl.	☐	☐	☐	☐	☐
10 Wie lange ist der Haustyp schon auf dem Markt? länger als 1 Jahr	☐	☐	☐	☐	☐
länger als 3 Jahre	☐	☐	☐	☐	☐
länger als 5 Jahre	☐	☐	☐	☐	☐
Können Sie Referenzobjekte besichtigen und mit Besitzern sprechen?	☐	☐	☐	☐	☐

Hinweis

Neben diesem ersten Vergleich von Hausangeboten erfahren Sie ab Seite 107 auch, wie Sie die Ihnen vorgelegten Bau- und Leistungsbeschreibungen genau vergleichen können.

Wenn Sie die mühevolle Arbeit des Angebotsvergleichs nicht nur selbst durchführen wollen, können Sie auch auf eine andere Möglichkeit zurückgreifen: Die Verbraucherzentrale bietet über den Ratgeber „Kostenfallen beim Immobilienkauf" (ab Ende 2014 „Kosten- und Vertragsfallen beim Immobilienkauf") sehr umfassende Checklisten an, die einem Hausanbieter einfach zum Ausfüllen vorgelegt werden können (eine entsprechende Download-Funktion ist mit dem Kostenfallen-Ratgeber verbunden). Durch sehr einfache „Ja"- und „Nein"-Antworten kann ein Hausanbieter dann in kürzester Zeit umfangreiche Auskunft geben, was in seinem Hauspreis enthalten ist und was nicht.

Auf Basis dieser ausgefüllten Checklisten können Sie dann mittels des Kostenfallen-Ratgebers jede einzelne fehlende Leistung und ihre voraussichtlichen Kosten abgleichen. So erhalten Sie sehr früh ein sehr detailliertes Bild der möglichen Zusatzkosten, die neben den reinen Hauskaufkosten noch auf Sie zukommen. Sie finden den Ratgeber im Internet ganz einfach unter:

www.ratgeber-verbraucherzentrale.de/kostenfallen-beim-immobilienkauf

Der Baustoff Holz

Fertighausanbieter bieten heutzutage nicht mehr nur Häuser von der Stange. Viele Anbieter sind auch in der Lage, sehr individuelle Häuser zu produzieren, die sogar von einem freien Architekten geplant sein können.

Die Zimmereibetriebe, die sich beispielsweise im Qualitätsverband Zimmermeisterhaus (www.zmh.com) zusammengeschlossen haben, erstellen generell sehr individuelle Gebäude. Um Überlegungen für den Bau eines individuellen Holzhauses anzustellen, sollte man Kenntnisse über wichtige Grundlagen des Holzbaus haben. Das nachfolgende Kapitel geht daher intensiver hierauf ein. Wenn Sie von einem Fertighausanbieter ein Standardhaus kaufen, ist dieses Kapitel für Sie von geringerer Relevanz. Sie können dann auch direkt im Kapitel „Herstellersuche, Vertragsverhandlungen, Vertragsabschluss“ weiterlesen.

Holzarten und Klassifizierungen

Grundsätzlich kann unterschieden werden in Laub- und Nadelhölzer (LH und NH) sowie in Weich- und Harthölzer. Nachfolgend finden Sie eine Liste der in Deutschland verbreiteten Holzarten und ihrer Härteklassifizierungen:

Nadelhölzer	Fichte, Tanne, Kiefer, Lärche
Laubhölzer	Pappel, Linde, Eiche, Esche, Buche (Rot- und Weißbuche), Ahorn, Birke
Sehr weiches Holz	Pappel
Weiches Holz	Fichte, Tanne, Kiefer, Lärche, Linde
Hartes Holz	Eiche, Esche, Rotbuche, Ahorn, Birke
Sehr hartes Holz	Weißbuche

Neben den natürlichen Eigenschaften, die das Holz mitbringt, kommen weitere Klassifizierungen hinzu, die das Holz durch seine Bearbeitung erfährt. Im Besonderen sind dies die Trocknungs-, Schnitt- und Güteklassen.

Trocknung

Nach dem Fällen muss das Holz getrocknet werden. Zum einen gibt es hier natürliche Trocknungsmethoden, in denen das Holz, geschützt vor Regen und Schnee, über mehrere Jahre gelagert wird und so natürlich austrocknet. Je länger es liegt und je intensiver es austrocknen konnte, umso geringer ist sein Feuchtegehalt. Daneben kann Holz künstlich getrocknet werden, indem es in sogenannten Trockenkammern hohen, künstlichen Temperaturen ausgesetzt wird und dadurch in erheblichem Umfang Feuchtigkeit abgibt. Die künstliche Holztrocknung ist heute Standard, weil mit ihr der Trocknungsgrad des Holzes sehr viel genauer vorauszubestimmen ist. Vor allem aber bedeutet sie eine erhebliche Zeit- und Lagerplatzersparnis.

Zum Bauen wird für die jeweiligen Einsatzgebiete Holz mit unterschiedlichem Feuchtegehalt benötigt. Der Feuchtegehalt des Holzes wird in Prozent bezogen auf das sogenannte Darrgewicht (Nassgewicht) des Holzes angegeben. Konstruktionsholz im Hausbau sollte nicht mehr als 18 % Holzfeuchte besitzen.

Güteklassen

Unter den Holzgüteklassen versteht man im weitesten Sinne die Holzqualität. Die Holzqualität kann z. B. durch Krümmung, Astansätze, Insekten- oder auch Pilzbefall beeinträchtigt werden. Diese Qualitätsminderung bleibt nicht ohne Auswirkungen auf die Tragfähigkeit des Holzes. Die DIN 4074 unterscheidet dementsprechend drei Güteklassen der Tragfähigkeit von Holz:

Güteklasse I: Baurundholz mit hoher Tragfähigkeit

Güteklasse II: Baurundholz mit gewöhnlicher Tragfähigkeit

Güteklasse III: Baurundholz mit geringer Tragfähigkeit

Die gewünschte Güteklasse wird dann beispielsweise folgendermaßen festgelegt: NH GK II, also Nadelholz Güteklasse II.

Sortierklassen des Schnittholzes

Nach DIN 68 252 sind alle Hölzer, die durch das Sägen des Rundholzes parallel zur Stammachse (also in der Laufrichtung des Holzstammes) zu Latten, Brettern, Bohlen, Balken oder Kanthölzern verarbeitet werden, sogenannte Schnitthölzer. Die DIN 4074 Teil 1 wiederum führt anhand der Kantenmaße des betreffenden Schnittholzes im Einzelnen auf, wann ein Holz als Latte, Brett, Bohle oder Kantholz zu bezeichnen ist. Entscheidend ist dabei, ob eine Latte aus dem Kernbereich eines Stammes oder aus seinem Zwischenbereich oder gar aus seinem Randbereich geschnitten wurde. Man spricht hier von Herzbrettern (Stammkern mit stehenden Jahresringen), Seitenbrettern (Zwischenbereich mit liegenden Jahresringen) und Schwarten (Randbereich mit ebenfalls liegenden Jahresringen). Dementsprechend teilt die DIN in Sortierklassen, die sich nach der Tragfähigkeit, nach der zulässigen Biegefestigkeit und nach der Güteklasse des Holzes richten.

Neben der besonderen Sortierklasse MS 17 (Schnittholz mit besonders hoher Tragfähigkeit) unterscheidet man hier vor allem die drei Klassen S 7, S 10 und S 13, die den drei Güteklassen zugeordnet sind:

Sortierklasse S 7: ~ Güteklasse III
Sortierklasse S 10: ~ Güteklasse II
Sortierklasse S 13: ~ Güteklasse I

Je nachdem, für welchen Zweck ein Schnittholz verwendet werden soll, muss auch seine Einschnittart möglichst exakt bestimmt werden. So ist beispielsweise bei hohen Balkenquerschnitten kernfreies Holz unbedingt empfehlenswert. Kerngetrenntes Holz, also Holz, das exakt in der Stammmitte in Längsrichtung zersägt wird, kann sich leicht im Querschnitt verziehen, wenn die Trennung nicht genau im Stammkern erfolgt ist.

Oberflächen-Verarbeitungsqualität

Zusätzlich zu den oben genannten Güteklassen und Schnittklassen gibt es auch definierte Oberflächen-Verarbeitungsqualitäten des Holzes. In der Regel werden die drei Varianten von grob zu fein verwendet:

- gesägt,
- gehobelt und
- geschliffen.

Je nachdem, wo ein Holz zum Einsatz kommt, wird man entsprechende Oberflächenanforderungen stellen, die auch noch sehr viel weiter ausdifferenziert werden können, z. B. indem ein Hobelmesser-Kreissägeschnitt mit gerundeten Kanten verlangt wird.

Brandschutz

Der Brandschutz ist im Holzbau kein Problem, solange es sich um überschaubare Gebäudetypen handelt. Sie werden hier bei einer freistehenden, zweigeschossigen Einzel-, Mehrfamilien- oder Reihenhausbauweise maximal mit der Forderung nach F90-Brandschutz für einzelne Bauteile konfrontiert. F90 bedeutet, dass z. B. eine Stütze dem Feuer 90 Minuten standhalten muss, ohne die Tragfähigkeit zu verlieren. Dieser Schutz ist mit den Mitteln der Holzrahmenbauweise erreichbar. Den F30-Schutz (30 Minuten) erreicht bereits eine einfache Holzrahmenbauwand, die mit einer außenliegenden Spanplatte von ca. 13 mm Stärke, einer dahinter sitzenden Mineralfaserdämm-Matte von ca. 80 mm und einer innenliegenden GKF-Platte von 12,5 mm aufgebaut ist. In der DIN 4102, Teil 4, Tabelle 49 sind verschiedene Wandaufbau-Varianten und ihre zugehörigen Feuerwiderstandsklassen benannt. Dies verdeutlicht, dass durch geeignete zusätzliche Beplankung aus einer F30-Wand eine F90-Wand entstehen kann.

Die Angst vor der Feuergefahr im Holzbau ist weitverbreitet und nur schwer zu entkräften. Während jedoch Stahl unter Hitzeeinwirkung sehr plötzlich nachgibt und sich schlagartig verformt, ist dies bei Holz nicht der Fall.

Bei Balken mit entsprechender Stärke bleibt der innere Kern sogar meistens extrem lange erhalten. Hinzu kommt, dass bei Ausbruch eines Feuers nicht nur die Brennbarkeit von Materialien ausschlaggebend ist, sondern vor allem auch die sich entwickelnden Gase, die lebensbedrohlich wirken können. Bricht beispielsweise in einem Massivhaus mit einem Innenausbau aus Kunststoffböden und Hartschaumdecken ein Feuer aus, dann kann sich aufgrund der Gasentwicklung durch die verbrennenden Kunststoffe sehr viel schneller eine lebensbedrohliche Situation entwickeln, als dies in einem Holzbau ohne Kunststoffelemente der Fall wäre.

Feuchteschutz

Bei einem Haus aus Holz muss der Feuchteschutz unter zwei Aspekten gesehen werden, unter dem Gesichtspunkt des internen Feuchteschutzes und unter dem Gesichtspunkt des externen Feuchteschutzes.

Interner Feuchteschutz

Der interne Feuchteschutz betrifft insbesondere kritische Nassbereiche wie Küchen und Bäder. Hier sind Vorkehrungen gegen Spritz- und Putzwasser zu treffen. Dieser Schutz wird dadurch erreicht, dass auf die Innenwandbeplankungen eine Abdichtungsmasse aufgebracht wird, bevor die Fliesen geklebt werden. Hierbei kommen in der Regel vor allem zwei Abdichtungsvarianten zum Einsatz: die Bitumen-Kautschuk-Emulsion, die mit mindestens 800 g/m² in drei Arbeitsgängen auf die Wandbeplankung aufgetragen werden muss, und das Aufbringen (in Streifen waagerecht, nie senkrecht) eines elastifizierten, hydraulisch abbindenden Dünnbettmörtels mit abdichtenden Eigenschaften. Für beide Abdichtungsvarianten muss der Untergrund sauber und fettfrei sein. Dann werden die Abdichtungen vollflächig in mehreren Arbeitsgängen aufgebracht. Die Mörteldicke sollte eine Mindeststärke von 2 mm haben. Die Raumecken müssen sorgsam durch Fugenbänder geschützt sein, Wand-Bodenübergänge auch durch spezielle Eckprofile.

Auf Bodenabläufe im Badezimmer sollte weitestgehend verzichtet werden, da die Dichtigkeit dieser Abflüsse nur schwer zu kontrollieren ist.

Externer Feuchteschutz

Der externe Feuchteschutz eines Holzgebäudes besteht aus verschiedenen Vorkehrungen, die getroffen werden sollten. Richtig angewandt garantieren sie eine lange Lebensdauer des Holzes. Zu nennen sind hier vorrangig:

- Regen- und Schlagregenschutz
- ausreichende Hinterlüftungen überall sowie
- Vermeidung von Wärmebrücken und Luftundichtigkeiten der Konstruktion (Gefahr von Tauwasserbildung im Bauteil).

Soweit für die Außenwandbekleidungen eines Holz-Fertighauses Sichtholz als Schalung gewählt wird (z. B. als Stülpschalung oder als Deckbrettschalung), sind diese Holzverschalungen den verschiedensten Witterungsbedingungen ausgesetzt, wie Regen, Schlagregen, hoher Luftfeuchte und auch Schnee und Graupel. Holz kann diesen Bedingungen grundsätzlich trotzen, wenn es von der Konstruktionsweise der Bauteile hierbei unterstützt wird. So ist es zum einen wichtig, einen nicht zu geringen Dachüberstand zu wählen, um die Außenhaut dadurch grundsätzlich und schon rein bautechnisch vor allzu heftigem Schlagregen zu schützen. Auch die Sockelausbildung sollte ausreichenden Feuchtigkeitsschutz bieten. Holz darf keinen direkten Bodenkontakt haben und ein hausumlaufender Kiesstreifen hilft, Spritzwasser an der Hausfassade zu unterbinden.

Wichtig ist vor allem aber auch, die Außenwandverkleidung des Holzbaus mit einer ausreichenden Hinterlüftung zu versehen, sodass die Luft von allen Seiten an das Schalungsholz dringen kann, um es nach einem Regen gut auslüften lassen zu können. Dies ist extrem wichtig und wird in der Regel dadurch erreicht, dass die Konstruktionstiefe der Konterlattung und Lattung, auf die die abschließende Holzverschalung aufgebracht wird, den entsprechenden Hinterlüftungsraum freihält.

Ebenso wichtig ist es, jedwede eventuelle Wärmebrücke im Holzbau zu vermeiden. Als Wärmebrücken werden Bauteile bezeichnet, die vom Innern eines Hauses nach außen durchlaufen und aus einem sehr wärmeleitfähigen Material bestehen, wie z. B. aus Metall. Ist etwa eine durchgehende Metalltürschwelle an der Eingangstür eines Hauses eingebaut, wird dies früher oder später zu Feuchteschäden führen, weil sich im Innenbereich des Hauses aufgrund des Differenzklimas Kondenswasser bildet und dann von der Schwelle in angrenzende Bauteile fließen kann.

Für den Holzbau können solche Details verheerende Folgen haben, weil die angrenzenden Bauteile meist nicht über ausreichende Belüftungsmöglichkeiten verfügen, da sie als reine Innenbauteile konzipiert sind. Hier kommt es dann sehr rasch zu Schimmel- und Fäulnisbildung.

Holz muss für einen ausreichenden Schutz vor Feuchtigkeit nicht zwingend mit chemischen Holzschutzmitteln behandelt werden. Eine falsche Behandlung kann die Lebensdauer von Holzkonstruktionen sogar verkürzen. Solange Holz ausreichend be- und hinterlüftet ist, über weite Dachüberstände gegen allzu heftigen Schlagregen geschützt ist und keine riskanten Baudetails Wärmebrücken und zweifelhafte Materialkombinationen bringen, kann Holz auch unbehandelt verbaut werden.

Eine Behandlung mit chemischen Holzschutzmitteln ist dementsprechend vom Gesetzgeber auch nur hinsichtlich des Insekten- bzw. Pilzbefalls für tragende Bauteile vorgeschrieben. Unbehandeltes Holz kann sogar sehr reizvoll sein und eine schöne Patina annehmen, die dem Haus einen ganz eigenen Charakter gibt.

Wärmeschutz

Einen ausreichenden Wärmeschutz zu erreichen ist im Holzbau überhaupt kein Problem. Es ist hier im Gegenteil sehr viel leichter als bei den meisten anderen Bauweisen und Baustoffen.

Hinsichtlich der rechtlichen Verordnungen zum Wärmeschutz gilt seit Anfang 2002 die Energieeinsparverordnung (EnEV). Sie legt unter anderem Grenzwerte für den maximal zulässigen U-Wert eines Bauteils fest.

Der Außenwandaufbau eines Holz-Fertighauses als Holzrahmenkonstruktion besteht in der Regel von außen nach innen aus folgenden Schichten:

- Außenschalung,
- Lattung und Konterlattung,
- dampfdurchlässige Folie,
- Sperrholzplatte/Hartfaserplatte,
- Mineralwolle oder auch andere Dämmstoffe, wie zum Beispiel Zellulosedämmstoffe etc., in beliebiger Stärke, abgestimmt auf die Stärke der Holzständer, die den Rahmen zwischen äußerer Sperrholzplatte und innerer Gipskartonplatte bilden und zwischen denen die Dämmung eingebracht wird,
- Polyethylen(PE)-Folie als Dampfbremse,
- Sperrholzplatte,
- Gipskartonplatte als Innenverkleidung.

Eher selten sind Massivholzwände.

Je nachdem, welches Dämmmaterial Sie hier verwenden und in welcher Stärke Sie es einsetzen, können Sie im Holzbau hervorragende Dämmwerte erreichen. Sie sollten sich in dieser Hinsicht unbedingt Zeit nehmen und die verschiedenen Möglichkeiten z. B. auf Fertighausausstellungen, auf Messen oder auch im Gespräch mit Fachleuten genau in Augenschein nehmen. Gebräuchliche Dämmmaterialien sind neben mineralischen und pflanzlichen Faserdämmstoffen auch Zellulosedämmstoffe (in Wandkammern eingeblasenes Recyclingmaterial aus Papier), Holzwolle-Leichtbauplatten und Holzfasern. Polystyrol-Hartschaum-Dämmstoffe (z. B. Styropor) sind im Holzbau eher seltener vertreten.

Es ist sinnvoll, von den verschiedensten Holzhausanbietern Unterlagen anzufordern und die Wandaufbauten zu vergleichen. In jedem Fall sollten Sie sich vor dem Kauf eines Hauses den kompletten Energiebedarfsnachweis gemäß EnEV vorlegen lassen, einschließlich sämtlicher Berechnungsgrundlagen sowie der Berechnung selbst.

Windschutz und Luftdichtigkeit

Beim Bauen mit Holz ist dem Windschutz und der Luftdichtigkeit der Gebäudehülle besondere Aufmerksamkeit zu schenken. Dies unterscheidet Holzbauten von den meisten Stein- bzw. Betongebäuden. Ein ausreichender Windschutz wird im Holzbau vor allem durch zwei Dinge erreicht: eine sorgsame Verarbeitung der Materialien auf der Baustelle und konsequent dicht abschließende Folienlagen im Wandaufbau. Die innere PE-Folie dient vorrangig als Dampfbremse, um Luftfeuchtigkeit aus dem Rauminnern nicht in die Außenwandkonstruktion gelangen zu lassen (u.a. Gefahr der Durchfeuchtung der Wärmedämmlage), die eventuelle äußere Folienlage ist ein zusätzlicher Wasser- und Windschutz.

Folien müssen an Stoßstellen ausreichend überlappt und insgesamt gut gesichert sein gegen Abrutschen innerhalb der Konstruktion. Im Fußpunkt des Außenwandanschlusses sind Folien bis hinunter auf die Oberkante des Rohfußbodens zu ziehen und dort dicht zu montieren.

Bei Tür- und Fensteranschlägen sind die Folien sorgsam um die Aussparungen herum zu legen und bündig und dicht mit diesen zu montieren. Sämtliche Dachanschlüsse oder andere individuelle und kritische Details sind hinsichtlich aller Anschlussdetails auch in Bezug auf die Folienführungen genau zu prüfen.

Viele Bauschäden beispielsweise im Dachbereich entstehen durch Leckagen in der Dampfbremse, durch die feuchte Raumluft in die Dämmung eindringen kann und diese unbrauchbar macht. Durch Leckagen entstehen aber auch unangenehme Zugerscheinungen, was die Wohnqualität mindert. Die Aufheizung der Dachgeschossräume im Sommer wird ebenfalls durch Lecks in der Dampfbremse begünstigt, weil warme Außenluft eindringen kann.

Mit bloßem Auge sind Ausführungsfehler kaum zu erkennen. Die Dichtigkeit einer Dampfbremse kann jedoch durch einen Blower-Door-Test überprüft werden. Hierbei wird künstlich ein Über- bzw. Unterdruck im Haus erzeugt. Bei geschlossenen Fenstern und Haustüre wird die Luftmenge gemessen, die innerhalb einer Stunde durch ungewollte Öffnungen nachströmt. Ein guter Wert ist bei Einfamilienhäusern das 1- bis 1,5-fache Luftvolumen des Innenraums. Schlechte Werte liegen bei einem 3- bis 4-fachen Luftvolumen, was in der Gesamtheit einem permanent offenen kleinen Fenster entspricht. Selbst kleinste Luftlecks lassen sich mit dem Blower-Door-Test aufspüren. Häufig finden sich Undichtigkeiten an folgenden Stellen:

- die Stöße der Dampfbremse im Dachgeschoss,
- der Anschluss der Dampfbremse an Wandflächen,
- Durchdringungen der Dampfbremse durch Leitungsrohre, Kamin usw.,
- der Anschluss der Dampfbremse an Dachflächenfenster,
- die Revisionsklappe der Rollläden,
- Steckdosen und Schalter in der Außenwand,
- unterer Anschluss der Haustüre,
- Fensteranschluss an seitliche Laibungen.

Legen Sie bereits im Kaufvertrag fest, dass ein Blower-Door-Test durchgeführt wird. Empfehlenswert ist ein maximaler Austausch des Gebäude-Luftvolumens einmal pro Stunde (n_{50} = 1,0 je Stunde). Unabhängig von einem solchen Blower-Door-Test kann als Zwischenschritt auch ein einfacherer Luftdichtigkeitstest dann durchgeführt werden, wenn die Gebäudehülle vom Bauablauf her noch nachzubessern ist. Eine luftdichte Gebäudehülle ist im Übrigen seit Jahren Stand der Technik und gehört damit ohnehin zum Leistungsumfang des Handwerks.

Folientür mit Gebläse beim Blower-Door-Test

Schallschutz

Der Schallschutz in Wohngebäuden aus Holz unterscheidet sich hinsichtlich der betreffenden DIN-Normen (DIN 4109) nicht vom allgemein üblichen Schallschutz in Wohngebäuden. Allerdings ist ein guter Schallschutz in Holzbauten nicht immer so einfach zu verwirklichen wie in Massivbauten.

Beim Schallschutz ist zwischen internem und externem Schalleintrag zu unterscheiden. Des Weiteren wird unterschieden zwischen Luftschall und Körperschall.

Externer Schall

Externer Schall ist der Schall, der von der Umgebung/Umwelt in das Haus hineingetragen wird, z. B. durch Auto-, Bahn- oder Flugverkehr oder aber durch Fabriken, Großveranstaltungen und anderes.

Interner Schall

Interner Schall ist jener Schall, der im Haus selbst durch die Bewohner bzw. Geräte und Maschinen erzeugt wird.

Vergleich Körperschall und Luftschall

Luftschall

Als Luftschall wird der Schall bezeichnet, bei dem zwischen der Schallquelle und dem schwingungsaufnehmenden Bauteil ausschließlich Luft als Übertragungsmedium liegt.

Ein typisches Beispiel dafür ist eine sehr laut eingestellte Hi-Fi-Anlage oder ein Musikinstrument, das die Luft zum Schwingen bringt, die ihrerseits wiederum die Wände in Schwingungen versetzt und in anderen Räumen sehr störend wirkt.

Körperschall

Unter Körperschall versteht man denjenigen Schall, bei dem zwischen Schallquelle und dem schwingungsaufnehmenden Bauteil ein direkter Materialkontakt vorliegt. Ein typisches Beispiel wäre hier z. B. das Laufen auf einer Geschossdecke, durch das direkt über den Materialkontakt Schuh – Decke Schwingung in die Decke eingebracht wird.

Die Annahme, dass ein Massivbau grundsätzlich einen besseren Schallschutz hat als ein Holzbau, ist unbegründet. Es kommt auf eine sorgsame Schallschutzausführung an, sowohl im Massivbau als auch im Holzbau.

Bei Massivbauten kann ein guter Schallschutz von Wänden durch ein hohes Gewicht dieser Wände erreicht werden. Eine 24 cm dicke Wand aus Beton hat einen wesentlich besseren Schallschutz als eine 24 cm dicke Wand aus Hochlochziegeln.

Im Holzbau wird ein guter Schallschutz von Wänden durch den Wandaufbau erreicht. Es handelt sich meist um sogenannte zweischalige Wände mit biegeweichen Schalen. Das heißt, die Außenflächen der Wände bestehen aus einer oder mehreren dünnen Platten (Gipskarton, Holzspanplatten), die auf eine Unterkonstruktion (Holz- oder Metallständer) geschraubt werden. Der Hohlraum zwischen den Bekleidungen kann z. B. mit Mineralwolle ausgefüllt sein. Mit zweischaligen Wänden können sehr gute Schalldämmwerte erreicht werden.

Nun ist ein komplettes Gebäude eine sehr viel komplexere Einrichtung als nur eine errichtete Wandschale, und dementsprechend müssen

Schallschutzvorkehrungen an vielen Punkten getroffen werden bei:

- Installationsführungen (interner Schalleintrag vor allem als Körperschall),
- Sanitäreinrichtungen wie WCs und Badewannenkörper (interner Schalleintrag vor allem als Körperschall),
- Geschossdecken (interner Schalleintrag vor allem als Körperschall),
- Trennwänden (interner Schalleintrag als Luft- und Körperschall),
- Treppen (interner Schalleintrag, vor allem als Körperschall),
- Hauszwischenwänden (interner Schalleintrag als Luft- und Körperschall),
- Außenwänden (externer Schalleintrag als Luftschall),
- Haustrennwänden (externer Schalleintrag als Körperschall und Luftschall).

Installationen

Installationen sind grundsätzlich mit Schallschutzklemmen zu versehen und vollständig zu ummanteln, um z. B. im Falle von Heizungsrohren keine Ausdehnungsgeräusche der Rohre und keine Fließgeräusche des Wassers zu übertragen.

Sanitäreinrichtungen

Sanitäreinrichtungen sollten nach Möglichkeit mit schalldämpfenden Befestigungen montiert werden. Wo dies aufgrund von Ein- oder Abdichtungsproblematiken nicht geht, sollten sie nach Möglichkeit nicht über Wohnräumen eingebaut werden.

Geschossdecken

Geschossdecken sollten zwischen Balkenlage und Bodenbrettauflage eine Trittschalldämmung als Zwischenlage haben oder einen schwimmenden Estrich. Holzkastendecken können neben einer vollflächigen Trittschallschutzauflage an der Oberseite zusätzlich auch mit Sand gefüllt werden. Dies kann allerdings ein erhebliches Mehrgewicht in die Decke bringen und ist auch nicht ganz unproblematisch hinsichtlich eventueller Leitungsführungen in der Decke.

Trennwände

Trennwände sollten im Falle sehr dünnwandiger Ausführungen soweit möglich mit einem schallabsorbierenden Material als Hohlraumdämpfung gefüllt sein (Holzwolle, Sand etc.). Zusätzlich kann eine Mehrfachbeplankung erfolgen.

Treppen

Treppen sollten nicht fest an seitlichen Wänden montiert sein und an ihren Auflagerpunkten auf den jeweiligen Geschossdecken oder Podesten unbedingt mit einer schalldämmenden Zwischenlage versehen sein.

Hauszwischenwände

Hauszwischenwände sollten zweischalig ausgeführt werden und so wenig gemeinsame Konstruktionsverbindungspunkte wie möglich haben. Sie sollten unabhängig voneinander frei schwingen können.

Außenwände

Außenwände können mit zusätzlichen Schallschutzplatten beplankt werden, um einen höheren Schallschutz zu erreichen.

Insgesamt lassen sich mit dem Holzbau durchaus gute Schalldämmwerte erreichen. Bei einem Massivbau sind aufgrund der Konstruktionsweise zwar in der Regel bessere Werte zu erreichen, dies gilt aber auch nur dann, wenn diesem Thema beim Massivbau eine erhöhte Aufmerksamkeit geschenkt wird. Beim modernen Holzbau können auch erhöhte Schalldämmwerte eingehalten werden.

Insekten- und Pilzschutz

Sofern Holz durch ausreichende Dachüberstände, gute Hinterlüftung, sichere Sockeldetails und ausreichende Kontrollmöglichkeiten etc. natürlich geschützt ist, besteht kein zwingender Grund, Holz zusätzlich zu schützen in Bezug auf Insekten- oder Pilzbefall.

Die überarbeitete DIN 68 800 legt zudem in Teil 1 fest, dass baulicher Holzschutz Vorrang hat vor chemischem Holzschutz. Nur wenn mit baulichem Holzschutz keine ausreichende Schutzwirkung erreicht werden kann, soll chemischer Holzschutz erfolgen.

Dies präzisieren die Landesbauordnungen der 16 Bundesländer insoweit, als in allen Landesbauordnungen folgende Regelung so oder in ähnlicher Form enthalten ist:

„Bauliche Anlagen müssen so angeordnet, beschaffen und gebrauchstauglich sein, dass durch Wasser, Feuchtigkeit, pflanzliche und tierische Schädlinge sowie andere chemische, physikalische oder biologische Einflüsse Gefahren oder unzumutbare Belästigungen bei sachgerechtem Gebrauch nicht entstehen.“

Das heißt, wenn diese Anforderungen mit baulichem Holzschutz alleine nicht erfüllt werden können, dann muss ggf. chemischer Holzschutz erfolgen. Es kann auch sein, dass Ihr Fertighausanbieter bei Verzicht auf chemischen Holzschutz von Ihnen eine Haftungsfreistellung haben möchte, weil er für sein Produkt nicht haften will, wenn er keinen chemischen Holzschutz einsetzen soll. Wenn dies der Fall ist, sollte er die Gründe dafür im Detail darlegen, sodass Sie mögliche Risiken besser einschätzen können. Denn ganz grundsätzlich sollte das Hausangebot so beschaffen sein, dass es die Anforderungen der DIN 68 800 und auch der Landesbauordnungen einhält, also guten baulichen Holzschutz bietet ohne zwingenden Einsatz von chemischen Schutzmitteln bei gleichzeitiger Einhaltung der Vorgaben der Landesbauordnungen.

Statik und Maße

Neben seinen grundsätzlichen bauphysikalischen und bauchemischen Eigenschaften kommt beim Baustoff Holz noch eine ganze Reihe weiterer Bedingungen hinsichtlich Nachbearbeitung und Montage hinzu, die das Planen und Bauen mit Holz wesentlich bestimmen. Hierzu gehören Statik und Vorfertigungsmaße, aber auch grundsätzliche Montagetechniken und Anschlüsse.

Statik

Da es sich bei Fertighäusern um Serienprodukte handelt, ist die Statik eines solchen Gebäudes in der Regel ausgereift. Wände, Decken und Dächer werden beim Bauen allgemein jeweils unterschiedlich beansprucht: Entsprechend unterschiedlich muss hierauf reagiert werden. Während Decken z. B. hauptsächlich Vertikallasten aus der Beanspruchung durch die Bewohner oder durch die gestellten Möbel etc. tragen, trägt ein Dach neben dem Eigengewicht auch z. B. Schnee- und Windlasten (Druck- und Sogkräfte). Diese unterschiedlichen Lasten erfordern unterschiedliche Tragsysteme zur Lastabfangung. Die einzelnen Tragsysteme müssen untereinander abgestimmt sein.

Beim Holzrahmenbau wird in der Regel ein Geschoss auf das nächste gesetzt. Dabei werden die tragenden Wände übereinander montiert und die Geschossdecken meist frei gespannt, von einer tragenden Wand zur nächsten. Eine tragende Wand muss nicht zwangsläufig eine Außenwand sein, sondern kann auch eine Innenwand sein. Sie wird dann z. B. entsprechend direkt über eine andere tragende Wand im Geschoss darunter montiert.

Die Standard-Wandkonstruktion im Holzbau besteht aus Kantholz-Ständern mit den Kantenmaßen ca. 6 x 12 cm, die in einem Abstand von 62,5 cm (Kantholzmitte zu Kantholzmitte) in Form eines Rahmentragwerks aufgestellt sind und beidseitig mit Spanplatten in einer Stärke von ca. 13 bis 16 mm beplankt sind. Auf diese Standard-Wandkonstruktionen werden dann die Deckenplatten aufgelegt, die genau wie die Wandtafeln einen Balkenabstand von 62,5 cm (Balkenmitte zu Balkenmitte) haben. Die Balken haben abhängig von der Spannweite (d.h. dem Abstand zwischen zwei Auflagerpunkten) einen größeren Querschnitt als die Kanthölzer in den Wandelementen.

Im Gegensatz zu den Wand-Kanthölzern haben die Deckenbalken in der Regel Kantenmaße von mindestens ca. 14 x 24 cm, womit Spannweiten von ca. 4,5 m bis 5,5 m gewährleistet sind. Darüber hinausgehende Spannweiten würden entweder unwirtschaftlich große Balkenmaße erfordern oder aber den Rückgriff auf spezielle Konstruktionen, wie zum Beispiel Holzkastendecken, erforderlich machen. Solche Systeme werden mittlerweile vorwiegend in der Schweiz und in Österreich, also Ländern mit langer Holzbautradition, am Markt angeboten. Mit diesen Deckenfertigsystemen sind durchaus Spannweiten von 6 m bei einer relativ geringen Aufbauhöhe der Decke zu erreichen.

Sollen die Spannweiten noch größer sein, werden sogenannte Unterzüge eingezogen, also eine Unterstützung, z. B. in Form eines quer zu den Deckenbalken laufenden Unterzugbalkens, auf dem die Deckenbalken aufliegen. Bei Geschossdecken ist hinsichtlich der Dimensionierung auch zu berücksichtigen, ob und wo auf diese später die nichttragenden Wände gestellt werden.

Zu beachten ist, dass bei ganz oder teilweise freiliegenden Balken die Wahl des Querschnitts nicht nur nach statischen, sondern auch nach brandschutztechnischen Gesichtspunkten zu erfolgen hat, wobei die brandschutztechnischen Anforderungen die bestimmenden sind (dies ist in der DIN 4102, Teil 4 geregelt).

Über der obersten Geschossdecke sitzt schließlich das Dach, entweder als Abschluss über dem bewohnten Dachraum oder als Abschluss über dem Speicher oder Stauraum. Dächer von Holzbauten werden nicht anders behandelt als Dächer von Massivbauten auch, denn bei den meisten Massivbauten wird im Dachbereich ein klassischer Holzdachstuhl gesetzt.

Für Bauten aus Holz sind die unterschiedlichsten Dachstuhlkonstruktionen und Dacheindeckungen realisierbar: vom Einsatz herkömmlicher Dachstuhl-Konstruktionen im Sinne von Sparren-Pfetten-Konstruktionen bis hin zur Montage vorgefertigter Dachtafeln, von Ziegeleindeckungen bis hin zu Blecheindeckungen, gibt es eine ungeheure Bandbreite von Möglichkeiten. Entscheidend für die Statik ist, dass die Auflagerpunkte und die Lastabtragung des Dachtragwerks mit dem gesamten Holzunterbau abgestimmt sind.

Dieser Holzunterbau wiederum sitzt in der Regel entweder auf einem Mauerwerks- oder Betonkeller oder aber – sozusagen ebenerdig – direkt auf einem Fundament. In dieser Unterkonstruktion sind Verankerungen eingebracht, an die das Holztragwerk montiert wird. Im Falle einer Unterkellerung kann alternativ statt einer Betonkellerdecke auch auf dieser Geschossebene schon eine Holzdecke eingezogen werden. Dadurch werden die Kosten reduziert, da Schalungs- und damit örtlicher Bauaufwand geringer sind, außerdem kann die Decke besser gedämmt werden.

Maße

Die geläufigen Maße im Holzbau, wie das oben erwähnte Abstandsmaß von 62,5 cm, haben sich in Deutschland nicht aufgrund statischer oder konstruktiver Gesichtspunkte entwickelt, sondern aufgrund der Verfügbarkeit verschiedener Bauelemente am Markt. Für den gesamten Bereich der Wandverkleidungen bzw. Rahmenbeplankungen betrifft dies z. B. insbesondere das Maß der Gipswerkstoffplatte, die in Deutschland in der Einheitsbreite von 125 cm gehandelt wird. Geteilt durch 2 (um diese Platten mittig anschlagen zu können und links und rechts je ein Rahmenfeld überspannen zu können) ergibt dies ein Modulmaß von 62,5 cm.

Handelsübliche Gipswerkstoffplatten haben zumeist auch bereits eine entsprechende mittige Kennzeichnung zur vereinfachten Montage ohne große Messungen. Neben den Platten, die der Beplankung der Rahmen dienen, haben auch die Kanthölzer, aus denen die Rahmen gefertigt werden, zumeist Standardmaße von 6 x 6 cm über 6 x 12 cm bis hin zu 6 x 24 cm.

Zu diesen Maßangaben kommen dann noch die individuell (je nach Traglast) benötigten Balkenquerschnitte der Decken sowie des Dachstuhls. Wie erwähnt richtet sich deren Abstand aber nach dem Grundraster des übrigen Hauses, sodass man im Holzbau auf erstaunlich wenigen Grundmodulmaßen die gesamte Hausvermaßung aufbauen kann.

Bei Wandöffnungen wie Türen und Fenstern ist man in der Regel sehr frei und setzt hier sogenannte Wechsel ein, welche die Lasten oberhalb der Öffnung auf die seitlich der Öffnung durchlaufenden Kanthölzer umleiten.

Montagetechniken, Vorfertigung, Anschlüsse und Fundamentierung

Montage

Während früher beim Holzbau noch aufwändige Holzverbindungen hergestellt wurden, wie das Schiften oder Zapfen, wird dies heute im Holzbau kaum noch praktiziert. Dies würde Holzbauten sehr aufwendig und teuer machen. Die beiden üblichen Montagetechniken sind längst das Schrauben und Nageln. Durch den Einsatz von Elektroschraubern und Druckluftnaglern geht dies problemlos und schnell.

Der besondere Vorteil liegt aber in den einfachen Holzverbindungen an sich. So werden die Hölzer an ihren Montagepunkten einfach nur gestoßen und mit Lochstahlplatten und Schrauben verbunden. Da das Stoßen der Hölzer meistens rechtwinklig erfolgt, kann der Holzzuschnitt und die Montage sehr unkompliziert erfolgen.

Die Lochstahlplatten wiederum gibt es in den verschiedensten Ausführungen und Formen, so dass für die gängigsten Montagepunkte geeignete Verbindungselemente auf dem Markt erhältlich sind.

Nur dort, wo spezielle Montagepunkte auftauchen, wie z. B. im Bereich eines schrägen Dachansatzes, müssen an den Stoßpunkten besondere Zuschnitte erfolgen.

Vorfertigung

Grundsätzlich unterschiedlich ist der Grad der Vorfertigung in der Werkstatt, das heißt, in welcher Größe die einzelnen Wand- und Deckentafeln an die Baustelle angeliefert werden. Je nachdem, mit welchem Fertighausanbieter Sie bauen, kann es hier unterschiedliche Planungsansätze geben.

Letztlich werden die maximalen Maße einer Vorfertigung von zwei Dingen bestimmt: zum einen von den vorhandenen Werkstattgrößen und zum anderen von den überhaupt möglichen Transportkapazitäten. Je größer beide Dinge sind, um so größer können die vorgefertigten Elemente sein. Fertighaushersteller produzieren ihre Häuser nach einem Baukastensystem sozusagen am Fließband. In der Regel halten sie auch eigene Transportkapazitäten vor, mit denen sie alle gängigen Baustellen anfahren können.

Beim individuell gefertigten Holzhaus kommt es ganz auf das beauftragte Zimmerei-Unternehmen an, welche Werkstattgröße und Transportlogistik vorhanden ist. Erfahrene Zimmereien können dies aber von vornherein einschätzen und eine entsprechende Modulbauweise empfehlen. Darüber hinaus können solche Daten bereits auch bei der Einholung eines Angebotes abgefragt werden. Schlüsselfertiganbieter, auch hierunter gibt es viele Zimmereien (unter anderem den Qualitätszirkel der Zimmermeister-Häuser) haben, ähnlich wie die Fertighausanbieter, gewisse Erfahrungswerte und ihre Hauskonzepte hierauf abgestimmt.

So gibt es rein technisch gesehen eher wenige Anhaltspunkte für einen sinnvollen Grad der

Vorfertigung. Je höher die Vorfertigung in der Werkstatt, umso präziser kann aber in der Regel gearbeitet werden. Entscheidend sind eher ökonomische und witterungsbedingte Gründe. Je höher der routinemäßige Vorfertigungsgrad in der Werkstatt, umso geringer wird die individuelle Aufbauzeit, und umso geringer werden damit die Kosten.

Und hinsichtlich der Witterung ist zu berücksichtigen, dass Holzbauten auf keinen Fall bei Regen aufgerichtet werden sollten. Im Frühjahr und Herbst mit den Unwägbarkeiten des Wetters hat daher ein hoher Vorfertigungsgrad in der Werkstatt viele Vorteile.

Anschlüsse

Die Anschlüsse der Ausbauelemente im Holzbau, wie z. B. Fenster und Türen etc., werden ebenfalls vorwiegend über Montageplatten mit der Grundkonstruktion verschraubt. Auch dies geht schnell und einfach. Wichtig ist hierbei, dass der Dichtigkeit der Anschlüsse erhöhte Aufmerksamkeit geschenkt wird, durch saubere Anschlussmontage, gute Anarbeitung aller Folien und abschließendes Eindichten. Im Falle der Holztafelbauweise sind die Fenster und Türen bei Anlieferung auf die Baustelle meist schon in den einzelnen Wandelementen montiert. Auch andere Ausbauelemente wie Sanitärgegenstände, Wandverkleidungen etc. werden über Schraubverbindungen fest mit der Holzrahmenkonstruktion verankert.

Fundamentierung

Nicht zuletzt im Bereich des Fundaments bzw. der Kellerdecke, dort also, wo der Holzbau seinen Fußpunkt hat, wo er also auf der Bodenplatte oder den Fundamenten verankert ist und wo er zumeist mit dem Baustoff Beton verbunden werden muss, wird die gesamte Holzrahmenkonstruktion über entsprechende Stahlanker fest mit dem Unterbau verbunden.

Die Fundamentierung des Holzbaus erfolgt wie bei allen anderen Bauten entweder über eine Unterkellerung mit Betonfundament und gemauerten oder betonierten Kellerwänden oder aber direkt über ein ebenerdiges Fundament, z. B. Streifenfundament.

Bei einem Kellerunterbau werden die Grundbohlen, also die liegenden Kanthölzer, die den unteren Abschluss eines Rahmens bilden, direkt auf die Kellerdecke montiert. Entweder in der Form, dass die Fußbohlen über Stahlwinkel auf die Bodenplatte geschraubt werden, oder über in den Beton eingelassene Gewindestangen, die mit den Grundbohlen verankert werden. Zum Schutz dieses Schwellholzes gegen Feuchtigkeit aus Baustellenwasser oder plötzliche Regenfälle während der Bauphase wird das Holz von unten mit einer besandeten Bitumenpappe unterlegt. Der Ausgleich zwischen dem Schwellholz und der meist etwas unebenen Betondecke wird in der Regel mit Hartholzklötzen und einem Mörtelbett hergestellt.

Bei aufgeständerten Holzbauten, deren Fußpunkte ungeschützt im Freien stehen, werden diese über Stahlfußanker, in denen die aufgehenden Holzbalken geschützt vor Feuchtigkeit und gut umlüftet sind, montiert. Während die Stahlfüße so mit ihrem oberen, winkelförmigen Ende das Holz später sicher halten, werden sie mit ihrem unteren Ende, einem Rundstahl, noch während des Betoniervorgangs direkt in den Beton eingebracht.

Gebäudetechnische Installationen

Im Gegensatz zu konventionellen Gebäuden in Massivbauweise ist beim Holzbau den Installationen in mehrfacher Hinsicht erhöhte Aufmerksamkeit zu schenken. Dies gilt sowohl für die Elektroinstallation wie auch für die Heizungs- und Sanitärinstallation. Zwar werden im Fertigbau die Installationen vielfach schon in der Fabrik fix und fertig in die Wände eingelassen und montagefertig auf die Baustelle geliefert, trotzdem ist es gut, die technischen Zusammenhänge zu kennen. Die Möglichkeiten einer Einflussnahme auf die Leitungsführung durch den Käufer sind gering.

Elektroinstallation

Genau wie beim konventionellen Bauen, gibt es auch im Holzbau die grundsätzliche Möglichkeit, Elektroleitungen entweder in der Wand oder auf der Wand zu verlegen. Während die „Aufputz“-Variante, also das Verlegen der Elektroleitungen auf der Holzrahmenbeplankung, relativ einfach zu bewerkstelligen ist und nur verschiedentliche Wanddurchbohrungen benötigt, ist die Installation von Inwandleitungen etwas aufwändiger. Hierbei werden Elektroleitungen innerhalb der beiden Wandverschalungen geführt, und zwar längs der Wandachse genau in der Mitte der Wand, um Verletzungen bei späteren Bohrungen etc. zu vermeiden. Bei dieser Inwandinstallation durchstoßen die Leitungen naturgemäß alle Rahmen-Ständerhölzer der Wandunterkonstruktion. Hierzu werden entsprechende Bohrungen in die Ständerhölzer gesetzt.

Werden mehrere Leitungsführungen benötigt, werden entsprechende Bohrungen untereinander gesetzt, sodass das Ständerholz nicht in der Tragfähigkeit seines Querschnitts geschwächt wird. Die Bohrungsdurchmesser müssen hierbei auf die Querschnitte der Ständerhölzer abgestimmt werden, was bei der Leitungsführung einzelner Kabel unproblematisch ist, bei der gewünschten Installation von Leerrohren allerdings gewisse Einschränkungen bedeuten kann. Eine Alternative aus beiden Lösungen kann auch die Leitungsführung in einer Installationsebene vor der eigentlichen Wand sein. All dies muss der Hersteller sehr frühzeitig in der Planung berücksichtigen, damit später eine klare Leitungsführung und saubere Details entstehen.

Hinsichtlich des Brandschutzes ist für die Installation von Elektroleitungen mindestens die Qualität NYM zu verwenden. Falls Leitungen auf den Holztafeldecken verlegt werden, z. B. als Lichtanschlusszuleitungen für darunterliegende Räume, müssen sie in jedem Fall gegen Trittbelastung geschützt werden.

Eine zentrale Elektroerschließung des ganzen Hauses, die vom Hausanschlussraum über verschiedene Verteilerkanäle sowohl vertikal wie auch horizontal durchs Haus geführt wird, ist zu empfehlen.

Heizung

Grundsätzlich können im Holzbau alle Heizungssysteme verwendet werden, die auch bei konventionellen Bauten in Massivbauweise zum Einsatz kommen. Die Heizzentralen sitzen in der Regel entweder im Keller oder unter dem Dach. Diese Räume sind brandschutz- und lüftungstechnisch entsprechend auszustatten, was aber selbst bei einem Holzdachraum gut zu bewerkstelligen ist. Die Leitungsführung einer Heizungsinstallation in einem Holzbau ist nicht immer ganz so elegant zu verstecken wie die Elektroinstallation. Trotzdem kann der Hersteller auch hier durch grundlegende und frühe Planung eine Optimierung erzielen.

Im Bereich der Heizungsinstallation ist zu unterscheiden zwischen der vertikalen und der horizontalen Verteilung der Leitungen im Gebäude. Die vertikale Erschließung erfolgt am sinnvollsten durch einen entsprechenden Installationsschacht, der die Leitungen direkt vom Keller bzw. dem Dach-
boden (je nachdem, wo das Brennergerät steht) in die einzelnen Geschossebenen führt. Von dort müssen sie dann jeweils horizontal in die einzelnen Räume geführt werden.

Vielfach werden hier Führungen auf den Holztafeldecken gewählt, weil diese am einfachsten planbar und am preiswertesten sind. Dies hat aber den nicht unerheblichen Nachteil, dass die Rohre nach dem vollständigen Innenausbau dann unter dem Estrich liegen, was Reparaturen und Wartungsmaßnahmen (auch die regelmäßige Kontrolle der Dichtigkeit etc.) behindern kann. Insbesondere für den Bereich der Führung der Heizungsinstallation kann es interessant sein, auf das Prinzip der Bodenleisten-Kanäle zurückzugreifen.

Dies bedeutet zwar etwas längere Leitungswege und gewisse Mehrkosten, es sichert aber die einfache Zugänglichkeit der Heizleitungen und ist, wenn es von Anfang an in die konkrete Planung der Heizkörperanordnung und Leitungszuführung mit einbezogen wird, eine sinnvolle Alternative. Insofern Elektro- und Heizleitungen in einem Kanal geführt werden, ist darauf zu achten, dass die Elektroleitungen ausreichend geschützt sind gegen Hitze.

Besonders wichtig ist, dass die Heizungsinstallation wärmegedämmt ist und mit schallisolierenden Schellen erfolgt und die Heizrohre in ausreichendem Abstand zu umliegenden Konstruktionen verlegt sind.

Die Heizkörperinstallation an sich erfolgt dann in Wandbereichen, die für die Aufnahme der Lasten ausreichend vorbereitet sind, z. B. indem eine zusätzliche Schichtholzplatte (ca. 16 mm stark) vor der Montage der Außen beplankung zwischen zwei Ständerhölzer eines Wandrahmentragwerks eingebaut wird. Bei einer Passivhausbauweise kann möglicherweise ganz auf eine Heizungsinstallation verzichtet werden, und eine zentrale Lüftungsanlage mit Wärmerückgewinnung übernimmt die Aufgabe. Deren Luftleitungen sind erheblich dichter als Heizleitungen. Wenn sie von Anfang an mit eingeplant werden, sind sie aber problemlos unterzubringen.

Sanitär

Sanitärinstallationen bieten im Gegensatz zu Heizungsinstallationen den großen Vorteil, dass sie nicht in alle Räume geführt werden müssen. So gibt es die Möglichkeit, bereits in einer frühen Phase der Planung alle Sanitär- und Nassräume wie Küchen- oder Hauswirtschaftsräume in vertikalen Korridoren zusammenzufassen, um eine möglichst einfache Zu- und Abwasserleitungsführung zu erreichen.

Ähnlich wie bei der Heizungsinstallation erfolgt auch hier die Leitungsführung von der zentralen Brauchwassererwärmung über

vertikale und schließlich horizontale Erschließungen zu den Sanitär- und Nassräumen.
In der vertikalen Erschließung werden nach Möglichkeit zumeist die identischen Installationsschächte genutzt, in denen auch die Heizungsrohre geführt werden. In der horizontalen Erschließung werden allerdings in der Regel vorgestellte Installationswände genutzt, in denen zum einen ausreichend Platz ist für die Zu- und Abwasserführung, an deren Tragwerk zum anderen auch problemlos alle Sanitärgegenstände wie Waschbecken, WCs etc. befestigt werden können.

Diese vorgestellten Installationswände können entweder über die gesamte Raumhöhe reichen oder aber nur über etwa die Hälfte, und dann nach oben hin als Ablage abschließen. Bei beiden Ausführungen ist es sinnvoll, die angehängten Sanitärelemente schalltechnisch abzukoppeln, indem die Verbindungen beider Bauelemente z. B. über schallschluckende Laschen erfolgt.

Herstellersuche, Vertragsverhandlungen, Vertragsabschluss

Außer technischen Fragen stehen auch rechtliche und finanzielle Fragen an, die im Rahmen des Kaufs eines Holz- oder Massiv-Fertighauses von Anfang an beachtet werden müssen.

Herstellersuche

Die Suche nach Angeboten verschiedener Fertighaushersteller gestaltet sich einerseits sehr einfach, andererseits sehr schwierig. Denn zum einen gibt es zwar mehrere große Ausstellungsparks in Deutschland (www.musterhaus-online.de), wo man die großen Hersteller trifft, auf der anderen Seite trifft man gerade dort die vielen kleinen Hersteller nicht. Und diese zu übergehen kann ein großer Fehler sein. Denn regionale, kleinere Hersteller können eine sehr gute Alternative zu den großen Herstellern sein. Vertragsverhandlungen können dort nämlich oft direkt mit der Geschäftsführung erfolgen, die entscheidungsbefugt ist und unmittelbar Zusagen machen kann, statt zuerst aufwändige Klärungen und Rückversicherungen im Unternehmen vornehmen zu müssen. Die Hausplanung kann sehr individuell erfolgen und als Kunde eines Herstellers, der nur 10 oder 20 Häuser im Jahr ausliefert, hat man einen anderen Stellenwert als in einem Unternehmen, das Hunderte Häuser im Jahr produziert. Um auch kleinere Hersteller in der eigenen Region zu finden, gibt es einen hilfreichen Weg. Sie können auf der Internetplattform www.gelbeseiten.de einfach einmal den Begriff „Holzhaus" bzw. „Holzhäuser" in Kombination mit der Stadt oder Gemeinde bzw. Nachbarstädten/Nachbargemeinden oder des Landkreises eingeben, in dem Sie wohnen oder wo sich Ihr Grundstück befindet. Sie werden dann Ergebnisse von regionalen Betrieben erhalten. Es kann sich auf alle Fälle lohnen, Kontakt mit einigen dieser Betriebe aufzunehmen. Alternativ können Sie auch den Begriff „Massivhaus" oder „Schlüsselfertigbau" eingeben, um regionale Massiv-Fertighausanbieter zu finden.

Das regionale Fertighaus ist eine gute Alternative zum überregionalen Haus. Baukulturell ist es überregionalen Angeboten nicht selten sogar voraus, wenn der Holzbaubetrieb sich mit diesen Dingen sehr ernsthaft auseinandersetzt. Das tun einige kleine Holzbaubetriebe durchaus.

Unabhängige Überprüfung des Hausanbieters

Wichtig für Sie ist vor allem, die Seriosität des Fertighausherstellers zu überprüfen. Hierzu gibt es mehrere sinnvolle Schritte: Zum einen können Sie das Handelsregister bei dem entsprechenden Amtsgericht einsehen, in dessen

Amtssitz Ihr Hausanbieter ansässig ist. Sie können sich seitens dieses Amtsgerichts auch eine Kopie der Eintragung zukommen lassen. Aus diesen Eintragungen erfahren Sie verschiedene Basisdaten über das Unternehmen, so z. B. das Gründungsjahr (wie viel Erfahrung hat das Unternehmen?), die Namen der Gesellschafter (wer leitet das Unternehmen? Fachleute?), den Hauptsitz und die Rechtsform des Unternehmens (z. B. AG, GmbH oder OHG?). Beim Amtsgericht können Sie auch die Protokolle der Gesellschafterversammlungen einsehen und sich damit z. B. über den laufenden Geschäftsbetrieb informieren etc.

Darüber hinaus können Sie Informationen über die wirtschaftliche Situation und über Auffälligkeiten eines Unternehmens einholen. Dies kann besonders dann sinnvoll sein, wenn das Unternehmen einen unseriösen Eindruck macht oder man sichergehen will, dass nicht eine Insolvenz unmittelbar bevorsteht.

Allerdings sind Wirtschaftsauskunfteien in jüngster Zeit zunehmend ins Gerede gekommen aufgrund der teilweise zu geringen Erhebungsbasis für ihre Auskünfte. Und auch eine Bonitätsauskunft der Bank des Hausanbieters ist mit Vorsicht zu genießen. Denn dazu müsste der Hausanbieter seine Bank schon von umfangreichen Schweigepflichten entbinden. Und ob sich seine Bank selbst in einem solchen Fall neutral äußern wird, bleibt fraglich. Die mit Abstand größte Sicherheit haben Sie ohnehin, wenn Sie immer nur die Leistungen bezahlen, die Sie auch erhalten haben. Einen Muster-Zahlungsplan finden Sie auf Seite 105.

Auch der Bauherren-Schutzbund bietet seinen Mitgliedern Wirtschaftsauskünfte über in Frage kommende Baupartner. Wichtige Informationen sind beispielsweise das Zahlungsverhalten, Geschäftszahlen oder eine Einschätzung über die Wahrscheinlichkeit einer Insolvenz des Unternehmens.

Und schließlich sollten Sie vom Hersteller eine Referenzliste bereits erstellter und im Bau befindlicher Häuser verlangen. Fahren Sie auf die Baustellen, sprechen Sie mit den Erwerbern, die gegenwärtig mit Ihrem zukünftigen Vertragspartner bauen. Hier können Sie sozusagen „live" miterleben, in welcher Weise Ihr zukünftiger Vertragspartner eine Baustelle abwickelt und wie die Zusammenarbeit mit dem Kunden klappt. Besuchen Sie auch die Fertigungsstätte des Hausanbieters. Hier sehen Sie, auf welche Weise die Häuser hergestellt werden und welchen Eindruck die Fabrikationsstätte auf Sie macht. Ist diese z. B. schmutzig oder sauber? Unaufgeräumt oder ordentlich? Ist ausgebildetes Fachpersonal anwesend oder angeheuerte Hilfskräfte? Gibt es veraltete Maschinen oder einen modernen Maschinenpark?

Sie können gerade auch durch solche vorbeugenden Visiten bei Referenzobjekten, bei anderen Erwerbern, auf aktuellen Baustellen und auch in den Fabrikationsanlagen sehr viel selbst tun, um einen Eindruck von Ihrem Vertragspartner zu gewinnen. Nehmen Sie sich diese Zeit, Ihren potenziellen Vertragspartner gründlich zu prüfen.

Vorbereitung der Kontaktaufnahme zum Hersteller

Eine Kontaktaufnahme zu einem Hersteller sollte gut vorbereitet sein. Wenn Sie eine der großen Fertighausausstellungen besuchen, findet der erste Kontakt häufig im Musterhaus selber mit dem Verkaufsteam des Herstellers statt. Da stoßen Laien auf Profis. Es ist kein Problem, wenn Sie zunächst einmal einfach nur durch ein Musterhaus schlendern und sich einen ersten Eindruck verschaffen. Auch ein erster Preis, den man Ihnen nennt, oder Unterlagen, die man Ihnen mitgibt, stellen fürs Erste kein Problem dar. Wenig sinnvoll ist es, gleich großes Interesse zu bekunden und die eigene Adresse vormerken zu lassen. Dann kann es passieren, dass Ihnen das Verkaufsteam auf den Fersen bleibt, ohne dass Sie sich überhaupt ausreichend mit dem Objekt beschäftigt haben. Wenn Sie auf einer Fertighausausstellung mehrere interessante Objekte gesehen haben, können Sie immer noch im Nachgang mit den Unternehmen Kontakt aufnehmen.

Um über konkrete Inhalte mit Fertighausanbietern sprechen zu können, benötigen diese praktisch immer einen Bebauungsplanauszug, damit sie sehen können, in welcher Weise das Grundstück überhaupt bebaut werden darf (⇢ Kapitel „Voraussetzungen"). Es ist also sinnvoll, einen solchen Bebauungsplanauszug in Kopie bereits vorbereitet zu haben, wenn man später gezielter auf einen Hersteller zugeht. Große Hersteller, die fertige Musterhäuser im Angebot haben, können dann sehr schnell überprüfen, welche Musterhäuser gegebenenfalls sogar ohne Anpassungen dort errichtet werden können. Kleine Hersteller können daran erkennen, was auf der so beschriebenen Basis möglich ist. Nicht alle kleinen Hersteller haben eigene Architekten, einige kooperieren aber mit regionalen Architekten, was keine schlechte Lösung sein muss. Diese Planer können auch Aussagen treffen, was auf dem betreffenden Grundstück möglich ist und was nicht.

Bevor Sie aber mit der Kontaktaufnahme beginnen, sollten Sie sich Folgendes klarmachen: Ein Hersteller will seine Häuser verkaufen. Sie erhalten also keine neutralen Bauberatungen, sondern Sie erhalten Verkaufsgespräche. Wenn Sie zu einem Autohändler fahren, erhalten Sie auch keine Mobilitätsberatung, sondern dort will man Ihnen natürlich ein Auto einer bestimmten Marke verkaufen. Sie können also gar nicht erwarten, dass ein Fertighausanbieter Fragen des Bauens oder Wohnens für Sie neutral klärt, sondern das müssen Sie im Vorfeld schon selber tun. Ob Sie also in Stein oder Holz bauen, welches Heizungssystem Sie wählen oder ob Sie nicht vielleicht sogar ganz darauf verzichten und die Passivhausbauweise wählen, dazu werden Sie neutrale Auskünfte nicht erhalten, sondern diese müssen Sie sich selber erarbeiten. Der Verkäufer wird Ihnen nur das als gut verkaufen, was sein Unternehmen anbieten kann. Gehört dazu z. B. Passivhaustechnik, wird er der Technik aufgeschlossen gegenüberstehen. Bietet es keine Passivhaustechnik an, wird er dieser Technik eher wenig aufgeschlossen gegenüberstehen.

Sie können mit fünf grundlegenden Fragen Ihre Überlegungen zum Hausbau bereits stark eingrenzen, die Sie bereits im dritten Kapitel kennengelernt haben.

1. **Holzbau oder Massivbau?**
2. **Grundrissflexibilität oder keine Grundrissflexibilität?**
3. **Keller oder kein Keller?**
4. **Welcher energetische Standard?**
5. **Welcher maximale Preis?**

Wenn Sie diese fünf Fragen für sich beantwortet haben, kommen Sie wesentlich zielorientierter und schneller voran. Daher kurz wiederholt:

1. Holzbau oder Massivbau?

Es gibt Gründe für und gegen die jeweilige Bauweise, beide Bauweisen haben Vor- und Nachteile. Keine ist insgesamt schlechter als die andere. Bei vielen Menschen ist es nicht zuletzt das Bauchgefühl, welches entscheidet. Das ist gerade bei dieser grundlegenden Entscheidung nicht ungewöhnlich und auch kein Problem. Denn wenn Sie partout nicht in einem Holzhaus leben wollen, hat es keinen Sinn, sich von allen möglichen Experten die Vorteile des Holzbaus darlegen zu lassen. Umgekehrt ist es wenig sinnvoll, auf ein Holzhaus zu verzichten, das man sich eigentlich gewünscht hat, nur weil einem zahlreiche Experten zu einem Massivhaus raten. Die wesentlichen Unterschiede der Bauweisen konnten Sie in Kapitel 4 erfahren. Wenn Ihr Bauchgefühl Sie in die eine oder andere Richtung bringt, ist das in Ordnung, und Sie sollten sich nicht verrückt machen lassen.

2. Grundrissflexibilität oder keine Grundrissflexibilität?

Die meisten Menschen können ihr Auto flexibler nutzen als ihr eigenes Haus: Rücksitze können umgeklappt werden, ganz oder in Teilen, einige Sitzelemente können auch ganz entfernt werden, Dächer können geöffnet werden, ganz oder teilweise, etc.

Viele Häuser lassen sich hingegen oft nur nach einem sehr festgelegten Muster nutzen. Es gibt verschiedene Zimmer, doch darunter ein klar definiertes Wohnzimmer, ebenso klar definierte Kinderzimmer und ein eindeutig als solches definiertes Elternschlafzimmer. Dass eine Familie auch lebt, dass sie mal enger, mal weniger eng zusammenlebt, wird in praktisch keiner Planung berücksichtigt. Offene Hauszugänge, offene Teppen im Wohnzimmer – da fragt es sich, ob Eltern und Kinder das als besonders günstig empfinden werden, wenn die Nächte der Jugendlichen länger und die Eltern gleichzeitig gereizter werden. Ein separierter Treppenhauszugang mit Zugang auf eine Wohnebene, auf der nur die Kinder untergebracht sind, wo es für sie ein eigenes Bad gibt, könnte große Entspannung in den Alltag bringen und ist selbst auf sehr kleinen Flächen umsetzbar. Aber auch die mögliche spätere Übernahme des Hauses durch eines der Kinder und der Rückzug der Eltern in einen Teil eines Hauses sind fast nie berücksichtigt. Man muss das alles nicht mitdenken, wenn man es nicht will. Wenn man es aber berücksichtigen will, dann hat man es bei den meisten Grundrissangeboten, die auf dem Markt offeriert werden, sehr schwer.

Das Gleiche gilt für das Thema Barrierefreiheit. Will man hier zumindest so weit vorsorgen, dass das Haus gegebenenfalls auch temporär mit dem Rollstuhl nutzbar ist, bieten die meisten Grundrisse samt Zimmer- und Bäderausstattungen heute wenig bis gar keine Möglichkeiten. Wer nicht das Modell der Idealfamilie aus der Werbung lebt, stößt ganz schnell an Grenzen. Wenn Sie Grundrissflexibilität wollen, gibt es zwei Grundfragen:

1. Ist das Haus gleich oder später sinnvoll unterteilbar in verschiedene Wohnbereiche – vor allem für Eltern und Kinder, gegebenenfalls geschossweise?

2. Ist das Haus auch barrierefrei nutzbar, bzw. sind Vorkehrungen getroffen, die das später möglich machen – vor allem Schwellenfreiheit in den Geschossen, Montageplatz und Montagemöglichkeit für Geschosswechselhilfen, Bäder mit Rollstuhlnutzbarkeit, ausreichende Tür- und Flurbreiten?

Wie gesagt: Sie müssen diese Fragen nicht berücksichtigen. Vielleicht wollen Sie es aber, und dann dürfen Sie diese Fragen dem Hausanbieter auch stellen.

Alte Häuser, 100 Jahre und älter, mit separaten Treppenhäusern und mit mehreren in Größe und Ausstattung gleichwertigen Räumen in abgeschlossenen Wohneinheiten, sind oft viel flexibler nutzbar als das, was heute in Neubaugebieten entsteht.

3. Keller oder kein Keller?

Die nächste, große Entscheidung könnte sein, ob Sie einen Keller wollen oder nicht. Hier geht es allerdings nicht mehr nur um Bauchgefühl, sondern hier geht es um Kostenaspekte, zum einen bezüglich der Baukosten und zum anderen bezüglich des Wiederverkaufswertes des Hauses. Haben Sie schwierige Bodenverhältnisse auf Ihrem Grundstück und z. B. eine hohen Grundwasserstand werden Sie einen aufwändigen Keller bauen müssen, wenn Sie einen solchen wollen. Haben Sie einfache Bodenverhältnisse, ganz frei von Grundwasserrisiken, können Sie auch eine einfachere Variante wählen. Da nicht alle Fertighaushersteller Keller anbieten, erfahren Sie mehr zum Thema Keller im entsprechenden Kapitel „Der Keller“. Was Ihnen aber jetzt schon klar wird, ist das Faktum, dass Sie für die grundlegende Entscheidung, ob Sie einen Keller wollen oder nicht, Informationen zu den Bodenverhältnissen brauchen. Ohne ein sogenanntes Bodengutachten können Sie kaum eine sinnvolle Entscheidung zum Thema Keller treffen.

4. Welcher energetische Standard?

Die Mindestanforderungen an den energetischen Standard sind gesetzlich festgelegt. Ein neu zu errichtendes Gebäude muss heute mindestens die Anforderungen der sogenannten Energieeinsparverordnung (EnEV) erfüllen. Es kann aber natürlich sein, dass Sie einen höheren energetischen Standard möchten. Geläufig sind vor allem die KfW-Effizienzhaus-Standards, so z. B. KfW 70 oder KfW 55. Das sind energetische Standards, die die Kreditanstalt für Wiederaufbau (KfW), eine bundeseigene Förderbank, festgelegt hat und an die sie zinsgünstige Finanzierungen koppelt. Je besser der energetische Standard eines Neubaus ist, umso günstiger ist der Zinssatz für einen Kredit.

Ein KfW-Effizienzhaus 70 darf maximal 70 % des Energiebedarfs eines Neubaus nach dem EnEV-Standard haben. Ein KfW-Effizienzhaus 55 nur 55 %. Da die EnEV vom Gesetzgeber von Zeit zu Zeit verschärft wird, verschärfen sich dadurch automatisch auch die KfW-Vorgaben. Denn die KfW-Vorgaben gehen grundsätzlich vom aktuell geltenden gesetzlichen Mindeststandard aus.

Es kann aber auch sein, dass Sie noch weit darüber hinausgehen und z. B. ein Passivhaus errichten wollen. Ein Passivhaus wird dadurch definiert, dass es einen Energiebedarf von maximal 15 Kilowattstunden (kWh) pro Quadratmeter und Jahr hat. Das ist sehr wenig, wenn Sie bedenken, dass ein durchschnittliches Haus – je nach Baujahr und Dämmstandard –

einen Energiebedarf zwischen 120 und 180 kWh pro Quadratmeter und Jahr haben kann. Weil Passivhäuser einen so geringen Energiebedarf haben, können sie in vielen Fällen auch ganz ohne Heizung betrieben werden. Die Heizungsfunktion übernimmt dann eine zentrale Lüftungsanlage, die vorgewärmte und über einen Wärmetauscher geführte Frischluft in die Räume einführt und über Bäder und Küchen wieder entnimmt. Diese vorerwärmte Luft, die Bewohner und technische Geräte im Haus erwärmen das Haus auf Zimmertemperatur. Das Prinzip ist in Deutschland seit über 20 Jahren erprobt und funktioniert gut.

Passivhäuser kämpfen dennoch mit vielen Vorurteilen, die aber meist auf Unkenntnis beruhen. Besonders hartnäckig hält sich beispielsweise das Gerücht, dass man in einem Passivhaus die Fenster nicht öffnen könne. Selbstverständlich kann man das tun, und zwar jederzeit. Wie bei jedem anderen Haus auch wird es in der kalten Jahreszeit dann aber vorübergehend so lange etwas kühler, bis das Fenster wieder geschlossen ist und die Innenraumluft sich wieder nacherwärmt hat. Während man bei einem klassischen Haus das Lüften allerdings benötigt, um frische Luft ins Haus zu bekommen, ist das bei einem Passivhaus gar nicht nötig. Denn durch die zentrale Lüftungsanlage dringt fortlaufend frische Luft ins Haus, nur dass sie eben warm ist anstatt kalt.

Passivhäuser sind aber etwa 10 bis 20 % teurer als vergleichbare Gebäude. Zwar entfällt der Einbau einer Heizung, aber eine hochwertige Dämmung muss ebenso verbaut werden, wie sehr gut dämmende Fenster und eine zentrale Lüftungsanlage mit Vorerwärmung und Wärmetauscher. Ein Haus ohne Heizung ist dafür aber natürlich eine sehr nachhaltige Zukunftslösung.

5. Welcher maximale Preis?

Wenn Sie sich diese Frage stellen, kommt sofort die Überlegung: Was macht überhaupt den Preis aus? Und das heißt: Was ist im Angebot enthalten und was nicht? Üblicherweise haben Sie es bei Preisangeboten zunächst einmal mit absoluten Standardversionen von Fertighäusern zu tun. So kann es z. B. heißen: „Basisversion ab OK Bodenplatte." Und dann steht da mitunter ein fantastisch niedriger Preis. Der Preis ist freilich bei Weitem nicht das, was Sie am Ende zahlen. Denn die „Basisversion" beinhaltet zunächst einmal natürlich nicht alle Ihre Sonderwünsche. Es kann z. B. sein, dass bei der „Basisversion" das Dachgeschoss nicht oder nur teilweise ausgebaut ist. Sie werden auch nur die einfachste Heizungsvariante und den niedrigsten Energiestandard vorfinden. Eine Terrasse ist ebenso wenig dabei wie der Hauszugang, der Keller oder eine Garage. Aber selbst die Hausanschlüsse mit Wasserzu- und -ableitungen, Strom, Telefon, gegebenenfalls Gas- oder Fernwärmeanschluss sind im Preis nicht enthalten. Das kommt alles noch dazu. Da kann der Kaufpreis, der sich zuvor mit 128.000 Euro so prima las, ganz schnell auf das Doppelte klettern. Denn selbst wenn Sie das Grundstück schon besitzen, können noch Erschließungsgebühren in fünfstelliger Höhe auf Sie zukommen, soweit diese mit der Kommune noch nicht abgerechnet sind.

Die Preisunehrlichkeit ist eine der ärgerlichsten Gesichtspunkte beim Fertighauskauf. Besonders störend ist dabei vor allem die Tatsache, dass dem Kunden vor der Vertragsunterzeichnung nur sehr selten reiner Wein eingeschenkt wird, was die wirklichen Kosten angeht. Selbst die Gebäudebemusterung wird fast immer erst nach Vertragsunterzeichnung gemacht. Das wäre so, als würden Sie zunächst den Kaufvertrag für ein neues Fahrzeug unterzeichnen und erst dann würde der Händler mit Ihnen durch die Ausstattungsliste gehen. Üblicherweise ist es aber umgekehrt: Sie gehen zunächst mit dem Händler durch die Ausstattungsliste – ganz einfach auch, um vor dem Kauf zu sehen, was Sie sich noch leisten können und was nicht mehr.

Die Verbraucherzentrale hat diesbezüglich reagiert und zwei wichtige Hilfsmittel entwickelt. Zum einen die sogenannte Musterbaubeschreibung, die aufzeigt, was in einer guten Baubeschreibung eigentlich fixiert werden müsste (www.vz-ratgeber.de) und zum anderen einen speziellen Ratgeber zu den Kostenfallen bei Hausbau und Hauskauf (→ Seite 35). Als Faustformel können Sie sich merken, dass Sie für Baugrunduntersuchungen, Baugenehmigung, Einmessung, Geländefreimachung, Erdarbeiten, Kanäle und Hausanschlusskosten zusammen nicht unter 15.000 bis 20.000 Euro rechnen sollten. Dazu kommt noch die Bodenplatte, die rasch mit 5.000 bis 8.000 Euro zu Buche schlägt. Und ebenfalls dazu kommen noch Sonderwünsche, die Sie zusätzlich zu einem Standardhaus eventuell haben. Auch das sind noch einmal ganz schnell 15.000 bis 20.000 Euro. Wollen Sie zusätzlich einen Keller haben, können Sie – je nach Untergrund und Kellergröße – dafür einen Zuschlag zwischen 25.000 und 50.000 Euro rechnen. 100.000 Euro Mehrkosten sind also tatsächlich problemlos zu erreichen. 20.000 bis 30.000 Euro Mehrkosten müssen Sie zwingend einkalkulieren, denn das kommt auf alle Fälle noch auf Sie zu, wenn die Bodenplatte nicht dabei ist und die Standardausstattung des Hauses eher spartanisch ausgelegt ist, dafür aber umfassend mit Sonderwünschen nachgebessert werden muss.

Welche Unterlagen wurden Ihnen vorgelegt?

Hausprospekte

Wenn Sie sich nach Fertighäusern umsehen, werden Sie schnell feststellen, dass man Sie entweder mit buntem Prospektmaterial zuschüttet oder aber nur sehr wenig herausgibt. Beides hilft Ihnen nicht besonders weiter. Die bunten Prospekte mit den glücklichen Familien in den erstaunlich schnell angelegten Gärten vor den nagelneuen Häusern geben Ihnen fast nie substanzielle Informationen über die Häuser. Und auch die extrem mageren Informationen wieder anderer Hersteller bringen Sie nicht weiter. Das ist aber das, womit Sie zumeist zunächst konfrontiert sind.

Die Hausprospekte enthalten beispielsweise viele schöne Sätze wie „Unsere langjährige Erfahrung garantiert Ihnen den sicheren Weg zum Traumhaus“ oder „Wir stehen für Qualität“ und Ähnliches. Große, bundesweite Hersteller haben mitunter Prospekte, in denen gleich mehrere Typenhäuser enthalten sind oder die verschiedenen Ausstattungsvarianten mit einem Punkte- oder Ankreuzsystem festgehalten werden. Diese Prospekte dienen dann später manchmal sogar direkt als Bau- und Leistungsbeschreibungsanlage zum Kaufvertrag.

Erste Pläne

In den Prospekten sind zumeist erste Pläne enthalten, häufig Grundrisspläne, unvermaßt, manchmal kombiniert mit 3-D-Visualisierungen der Häuser. Auch diese Pläne werden später zuweilen automatisch zum Vertragsbestandteil. Manchmal erhält man Pläne später jedoch separat, auch diese aber häufig unvermaßt und mit sehr einfachen Außenansichten der Häuser versehen.

Kaufvertragsmuster mit unverbindlichem Preisangebot

Fast immer separat erhält man auf Nachfrage ein Kaufvertragsmuster. Manche Hersteller zieren sich damit etwas, andere geben es relativ problemlos heraus, am liebsten aber erst dann, wenn sie ein ernsthafteres Kundeninteresse feststellen. Die Vertragsmuster sind unterschiedlich lang, je nach Größe des Herstellers und dessen Erfahrungen rechtlich gut geprüft und fortlaufend aktualisiert oder aber mehr oder weniger selbst zusammengeschustert und rechtlich kaum überprüft.

Das ist der Sachstand, durch den Sie sich üblicherweise durcharbeiten müssen. Nun fragt sich aber, was Sie tatsächlich benötigen, um ein Hausangebot substanziell prüfen zu können.

Was benötigen Sie wirklich, um das Angebot bewerten zu können?

Um Hausangebote substanziell bewerten zu können, benötigen Sie aussagekräftige Unterlagen. Mündliche Zusagen von Verkäufern sind dabei ebenso wenig hilfreich wie blumige Worthülsen in bunten Prospekten. Worauf es wirklich ankommt, das sind

- Pläne,
- Baubeschreibung,
- Kaufvertrag.

Erst durch sorgfältige Durchsicht dieser drei Unterlagen sind Angebote überhaupt bewertbar.

Pläne und Wohnflächenberechnung

Die Plan- und Detailanlagen sind ebenso wichtig wie die Baubeschreibung und sollten dieser nach Möglichkeit beigefügt werden. Die zeichnerische Darstellung von Grundrissen, Schnitten und allen relevanten Konstruktionsdetails ist für Sie als Käufer sehr wichtig. Pläne zusätzlich zur rein textlichen Baubeschreibung bieten den großen Vorteil, dass sie nur sehr geringe Interpretationsspielräume zulassen. Hier kann sowohl die gesamte Grundkonstruktion des Hauses wie auch jedes Detail unzweideutig zeichnerisch mit den diesbezüglichen Symbolen wie auch mit kompletter Beschriftung und Vermaßung festgehalten werden. Auch die Elektro- und Heizungsplanung sollte als Plananlage dem Vertrag beigefügt sein.

Dies ist für Holz-Fertighaus- bzw. Massiv-Fertighaushersteller meist kein Problem, da die Grundplanungen der Typenhäuser ja schon vor dem ersten Kundengespräch stehen und nur noch individuell angepasst werden müssen. Im Gegensatz zum Bauen mit einem Architekten können Sie dies beim Holz-Fertighaus- bzw. Massiv-Fertighaushersteller also durchaus bei Vertragsabschluss erwarten.

Grundsätzlich sollte eine Werkplanung im Maßstab eins zu fünfzig (M 1:50) eine klare Struktur aufweisen, also z. B. alle Grundrisse, vom Keller über das Erdgeschoss, die Obergeschosse und das Dachgeschoss abbilden, sie sollte mindestens einen Schnitt in Haus-Längs- oder Haus-Querrichtung beinhalten. In der Regel wird dieser Schnitt durch das Treppenhaus geführt. Schließlich sollten alle Hausansichten dargestellt sein sowie eventuell auch eine Dachaufsicht.

Und natürlich müssen Sie auch sehen können, wie hoch Ihre Räume sind, und zwar im fertigen Zustand, von Oberkante fertiger Fußboden bis Unterkante fertige Decke (die sogenannte lichte Raumhöhe). Es ist ein gewaltiger Unterschied, ob ein Raum – besonders ein großer Raum – eine lichte Raumhöhe von 2,40 Meter oder eine lichte Raumhöhe von 2,60 Meter hat. Wenn man dergleichen von Anfang an mit einplant, ist es häufig kein Problem. Später nachrüsten kann man das nicht mehr.

Zusätzlich zu diesen großen, zentralen Plänen sollten Detailpläne für alle wichtigen Details wie Fundamentierungen, Abdichtungen, Bodenaufbauten, Treppen, Wandöffnungen, Anschlüsse von Dach, Balkon, Durchstoßpunkte für die Hausanschlüsse wie Strom, Gas, Wasser, Abwasser im Maßstab 1:20 bis 1:5 erstellt sein.

Eine normale Einfamilienhausplanung hat einen Umfang von 15 bis 25 Plänen allein für die Ausführungsplanung.

Neben den reinen Haus-Werkplänen gibt es auch noch die Fachplanungen für Statik, Heizung und Lüftung, Sanitär und Elektro. Lassen Sie sich auch diese Planunterlagen vor Beginn der Bauausführung komplett aushändigen!

Nachfolgend finden Sie eine Übersicht über diejenigen Eintragungen in die Ausführungspläne, die keinesfalls fehlen dürfen. Sie sind sortiert nach den jeweiligen Plantypen.

Grundrisspläne

- Plankopf mit allen Angaben zu Verfasser/Planer, Bauherr, Lage und Ort, Maßstab, Änderungsvermerken mit Datum und Namenszeichen sowie laufender Plannummerierung und klarer Planangabe (Grundriss EG)

- Nordpfeil

- Im Erdgeschossgrundriss die Erschließung (Außentreppen, Terrassen, Gartenwege, Zufahrten etc.)

- Gesamtmaße über die volle Hausbreite und Tiefe

- Sämtliche Teilmaße (z. B. von Hauskante zu Fenster, von Fenster zu Fenster etc.)

- Alle Öffnungsmaße in Höhe und Breite des Rohbaumaßes (Türen, Fenster etc.)

- Alle Wandstärken mit Materialsymbolik
- Alle Vor- und Rücksprungmaße
- Soweit vorhanden, alle Achsmaße und Dehnungsfugen
- Öffnungsviertelkreise mit Öffnungsrichtung sämtlicher Türen bzw. Fenstertüren
- Treppenlauf mit ordnungsgemäßer Grundrisskonstruktion der Treppe bei Wendelungen sowie Steigungsangaben, Stufenzahl und Gehlinie
- In gestrichelter Linie alle auskragenden Bauteile oberer oder unterer Geschosse (Balkone, Dach etc.)
- Lage von Stürzen, Kanälen, Unterzügen, Durchlässen als gestrichelte Linie mit Bezug auf die lichten Raumhöhen etc.
- Lage von Rollläden und Gurtbändern
- Alle Raumgrößen in Quadratmetern mit Bezeichnung
- Oberkante Rohfußboden und Oberkante Fertigfußboden in allen Räumen
- Lage und Art von Bodeneinläufen
- Verlegepläne für Boden- und Wandfliesen
- In den Bädern: Lage, Form und Art sämtlicher sanitärer Einrichtungsgegenstände
- In Dachgeschossgrundrissen: Kniestocklinie (Stoßlinie von aufgehender Wand und Dachschräge), Dachspitzbodenlinie (Stoßlinie von aufgehender Dachschräge mit Zimmerdecke Dachgeschoss), Dachgaubenlinien, Lage und Anordnung von Bodeneinschubtreppen, Lage der 2-m-Linie
- Lage und Durchmesser der Kaminzüge und/oder Lüftungskanäle inkl. Reinigungs- bzw. Austrittsöffnungen
- Lage von Kellerlichtschächten
- Fundamentlage
- Bei Heiztechnikräumen: Stellung, Lage, Installation und Anschlüsse der Heizzentrale sowie evtl. benötigter Tanklager- bzw. Gaszuführungen
- Angaben über Be- und Entlüftung im Heizraum
- Ausbildung des Hausanschlussraumes
- Evtl. Revisionsschacht
- Hinweis auf jeweils zugeordnete Detailpläne (z. B. durch Einkreisung eines Details mit zugeordneter Plannummer, wo dieses im größeren Maßstab zu finden ist) sowie Pläne der Fachingenieure, wie Elektro-, Sanitär- und Heizungsplanung (wichtig z. B. für Lage und Anzahl Ihrer Steckdosen und Lichtschalter bzw. Heizkörper oder aber auch sämtlicher Wasser- und Abwasseranschlüsse etc.)
- Bezeichnung und Lage von Schnittlinien, die aussagen, wo der Vertikalschnitt des Schnittplans durchs Haus gelegt wurde

Schnittpläne

- Plankopf mit allen Angaben zu Verfasser/Planer, Bauherr, Lage und Ort, Maßstab, Änderungsvermerken mit Datum und Namenszeichen sowie laufender Plannummerierung und klarer Planangabe (z. B. Schnitt A-A)
- Höhenlage des Gebäudes über NN bezogen auf die Oberkante des Fertigfußbodens des Erdgeschosses
- Bezeichnung der Geschosse
- Alle Höhenmaße über die komplette Haushöhe inkl. lichte Raummaße
- Alle lichten Raummaße (Rohbaumaße)
- Durchgangshöhen von Türen, Fenstertüren oder Treppenunterläufen
- Alle Deckenstärken mit Maßangaben des gesamten Bodenaufbaus (Rohdecke, Trittschalldämmung, Estrich, Bodenbelag)
- Brüstungs- und Sturzhöhen inkl. ihrer konstruktiven Ausbildung
- Stärken, Aufbau und konstruktive Ausbildung von Wänden
- Lage und Ausbildung von Ringankern
- Wo notwendig, Wandabwicklungen (z. B. bei Fliesenverlegung)
- Lage, Anordnung, konstruktive Ausbildung und Höhenverlauf von Treppen, inkl. sämtlicher Zwischenpodeste mit Art und Ausbildung aller Anschlusspunkte der Treppe an bestehende Bauteile wie evtl. Wände oder Geschosszwischendecken
- Anschlüsse von Lichtschächten, Außentreppen, Terrassen, Balkonen etc.
- Verankerungen, Verlauf und Maße der Dachbinder sowie des Dachtragwerks
- Dachneigung
- Aufbau, Montagepunkte und Ausbildung des gesamten Dachhautaufbaus inklusive Lattenlage und Ziegeleindeckung sowie Traufanschlusspunkt mit Ausladung und Ausbildung des Sparrenfußes, Montage der Dachrinne sowie Firstanschluss mit Firstlinie
- Konstruktive Ausbildung von Gauben oder Dachausstiegen inkl. sämtlicher Anschlusspunkte an die Dachhaut
- Hinweis auf jeweils zugeordnete Detailpläne (z. B. durch Einkreisung eines Details mit zugeordneter Plannummer, wo dieses im größeren Maßstab zu finden ist) sowie Pläne der Fachingenieure, wie Elektro-, Sanitär- und Heizungsplanung (wichtig z. B. für Lage und Anzahl Ihrer Steckdosen und Lichtschalter bzw. Heizkörper oder aber auch sämtlicher Wasser- und Abwasseranschlüsse)
- Höhenlage und Anschlüsse der Hauszuleitungen für Gas, Wasser, Strom, Kommunikation
- Lage und Verlauf der Grundleitung

- Fundamentschnitte mit eindeutiger Darstellung und Bezeichnung der Materialien und Konstruktionsweisen der Fundamentierungen, der aufgehenden Kellerwände, der vorgesehenen Dichtungen für die Kellerwand (Sperrschichtenaufbau), der Lage und Stärke des Dränagerohrs, der Kiesverfüllung sowie des maximal gemessenen Grundwasserstandes

- Lage und Ausbildung von waagerechten Sperrschichten (unterhalb der Grundplatte, in den aufgehenden Wänden)

Ansichtspläne

- Plankopf mit allen Angaben zu Verfasser/Planer, Bauherr, Lage und Ort, Maßstab, Änderungsvermerken mit Datum und Namenszeichen sowie laufender Plannummerierung und klarer Planangabe (z. B. Ansicht Südwest)

- Gestrichelt die Höhenlinien der Ober- und Unterkanten der einzelnen Geschossdecken und des Kellers mit seinen Außenwänden und der Bodenplatte

- Lage und Anordnung von Fenstern und Türen inkl. eingestrichelter Öffnungssystematik

- Lage und Anordnung von Rollläden, Jalousien, Markisen etc.

- Lage und Anordnungen von Außentreppen und Terrassen

- Lage und Anordnung von Regenfallrohren

- Trauf-, Kehl-, Grat- und Firstlinien

- Kniestocklinie gestrichelt

- Schornsteine, Gauben, Dachausstiege

- Gesimse, Balkone, Geländer

- Sockelverlauf

- Besondere Fassadenbekleidungen wie z. B. Verputzungen, Verklinkerungen oder Holzverkleidungen

- Hinweis auf jeweils zugeordnete Detailpläne (z. B. durch Einkreisung eines Details mit zugeordneter Plannummer, wo dieses im größeren Maßstab zu finden ist)

- Gründungstiefe der Fundamente gestrichelt

- Erdreichverlauf

- Höhenlinie des Straßenverlaufs der Erschließungsstraße

Die ersten Pläne, die man erhält, sind häufig nicht vermaßt und entweder ganz ohne Maßstab oder im Maßstab 1:100 gehalten. Um Hausangebote bewerten und vergleichen zu können, benötigen Sie aber zumindest vermaßte Pläne und zusätzlich Flächenangaben. Damit sie die Flächenangaben von Hausangeboten untereinander vergleichen können, müssen diese nach den gleichen Vorgaben berechnet worden sein. Hierzu ist die Wohnflächenverordnung das geeignete Instrument. Sie ist vom Gesetzgeber zwar vorrangig für den geförderten Wohnungsbau geschaffen worden, eignet sich aber grundsätzlich generell für Flächenermittlungen nach einheitlichen Vorgaben. Aber auch sie hat Unschärfen. So gibt sie z. B. vor, dass Terrassen und Balkone im Regelfall zu einem Viertel anzurechnen sind, eine Anrechnung bis zur Hälfte ist jedoch zulässig. Wenn Sie eine 20-Quadratmeter-Terrasse haben, sind die Hälfte 10 Quadratmeter und ein Viertel 5 Quadratmeter. Hat ein Haus 5 Quadratmeter mehr als das andere (das ist bereits die Größe eines Bades), kann dies schlicht an einem solchen Rechenunterschied liegen.

Baubeschreibung und Bemusterung

Neben den Plänen ist es vor allem die Baubeschreibung, die Auskunft über die Hausqualität gibt. Wenn Sie ein Hausangebot substanziell prüfen wollen, dann ist die Bau- und Leistungsbeschreibung ein ganz wesentliches Dokument. Denn in ihr wird beschrieben, was Sie überhaupt bekommen.

Wenn Sie bei einem Konditor, den Sie nicht kennen, eine „Schwarzwälder Kirschtorte" bestellen, dann kann es sein, dass er darunter etwas anderes versteht als Sie. Da die Schwarzwälder Kirschtorte nicht genormt ist, kann er sie so anfertigen, wie er das für richtig erachtet. Nehmen wir an, er verzichtet auf die schmückenden Kirschen und den Kirschlikör, kreiert dafür alternativ einen flachen Tortenboden, belegt mit Kirschen und darauf einer Sahneschicht, dann wären Sie möglicherweise enttäuscht. Da es jedoch keine Vereinbarung zur Ausführungsart gäbe, müssten Sie gegebenenfalls trotzdem zahlen. Aber selbst eine Beschreibung des Konditors wie z. B. „schöne Torte mit Kirschen und Sahne" würde Ihnen relativ wenig helfen. Wenn Sie es genau wissen wollten, bräuchten Sie schon so etwas wie das Rezept zur Herstellung der Torte. Hätten Sie ein solches exaktes Rezept mit dem Konditor vereinbart, läge der Fall anders. Dann hätten Sie eine relativ klare Grundlage dessen vereinbart, was er Ihnen liefern muss.

Genauso verhält es sich beim Hausbau. Je unklarer die Bau- und Leistungsbeschreibung ist, desto unklarer ist, was Sie am Ende eigentlich bekommen. Es gibt für Bau- und Leistungsbeschreibungen keinerlei Normen oder andere Festlegungen. Die Hersteller sind völlig frei. Es existiert aktuell nur eine einzige Mindestfestlegung: Der Bundesgerichtshof hat entschieden, dass ein Kaufvertrag ohne Bau- und Leistungsbeschreibung als Anlage formnichtig sein kann, das heißt, der ganze Vertrag kann dann ungültig sein. Das heißt umgekehrt aber auch, es kann reichen, wenn eine einseitige, sehr oberflächliche Baubeschreibung dem Vertrag beigefügt wird, um die Formnichtigkeit zu umgehen.

Die Baubeschreibung umfasst sämtliche zur Verwendung kommende Materialien, ihre Verbauart und Konstruktionsweise.

Gerade die Baubeschreibung ist in den meisten Verträgen viel zu ungenau und lässt zahlreiche Interpretationsspielräume zu. Nicht wenige Fertighausanbieter nutzen hier die baufachliche Unkenntnis von Verbrauchern aus. Nicht nur die Leistungsbeschreibung muss klar gefasst, auch die Qualität der zu erbringenden Leistung muss eindeutig beschrieben sein.

Der große Vorteil des Kaufs eines Fertighauses ist es, dass Sie die Werkplanung und Konstruktionsweisen des Hauses sowie die exakten Baumaterialien und Mengen bereits zum Zeitpunkt des Vertragsabschlusses sehr genau kennen können.

Ein weiterer Vorteil ist, dass Sie aufgrund Ihres Bemusterungsdurchganges alle zum Einsatz kommenden Materialien und Bauweisen vom Außenwandaufbau bis zur Sanitärinstallation bereits gesehen haben und wissen, was Sie für Ihr Geld bekommen. Wichtig ist jetzt nur noch, dass die zum Einsatz kommende Bauausführung exakt in Worte gefasst und in den Vertrag aufgenommen wird.

Bei der Baubeschreibung sollten Sie sich keinesfalls ablenken lassen von schwammigen Begriffen wie „hochwertige Materialien" oder „deutsche Markenqualität". Eine Baubeschreibung muss zweifelsfrei und klar darlegen, welche Materialien in welcher Konstruktionsweise wie verarbeitet und verbaut werden.

Die Baubeschreibung sollte – wie im Folgenden dargestellt – nach Bauelementen oder Gewerken und zusätzlich nach gewerkeübergreifend zu erbringenden Leistungen gegliedert sein.

Bauelemente – Beschreibungen und Festlegungen

Kellergeschoss

- Fundamente mit Konstruktionsweise und Materialeinsatz
- Bodenplatte mit Konstruktionsweise, Unterbau, Materialeinsatz und Stärke
- Dränage inkl. Dränagerohrführung und Kiesschüttung sowie Sickergrube
- Kelleraußenwände inkl. U-Wert und Schallschutzwert
- Kelleraußenwandabdichtung
- Kelleraußentüren inkl. U-Wert
- Kelleraußentreppen
- Kellerfenster inkl. Fensterbänken, Rollladenkästen, Rollladen und Fensterschachtkästen sowie U-Wert
- Kellerinnenwände inkl. Schallschutzwert
- Kellerinnenausbau inkl. Trittschallschutzart und -wert, Estrich, Bodenbelag, Sockelleisten, Putz, evtl. Tapete, Innentüren mit Zarge, Türblatt und Schallschutzwert, Wasserinstallationen inkl. sämtlicher Sanitärgegenstände und Armaturen (auch hier gibt es Schallschutzklassen) etc., Heizungsinstallationen inkl. Kaminabzug und Reinigungsöffnung, Brenner, Kessel, Heizkörpern und Rohrinstallation mit schalltechnischer Entkopplung, Elektroinstallation inkl. Anzahl und Art aller Schalter und Dosen
- Hausanschlussraum
- Kellerinnentreppe inkl. Belag, Geländer und schalltechnischer Entkopplung
- Kellerdecke inkl. U-Wert und Schallschutzwert

Erdgeschoss

- Erdgeschossaußenwände inkl. U-Wert und Schallschutzwert
- Außentüren inkl. U-Wert und Schallschutzwert

- Fenster inkl. Fensterbänken, Rollladenkästen, Rollläden sowie U-Wert und Schallschutzwert
- Außentreppen inkl. Belag und Geländer
- Innentreppen inkl. Belag und Geländer sowie schalltechnischer Entkopplung
- Innenwände inkl. Schallschutzwert
- Innenausbau inkl. Trittschallschutzart und -wert, Estrich, Bodenbelag, Sockelleisten, Putz, evtl. Tapete, Innentüren mit Zarge, Türblatt und Schallschutzwert, Wasserinstallationen inkl. sämtlicher Sanitärgegenstände und Armaturen (auch hier gibt es Schallschutzklassen), Heizungsinstallationen inkl. Kamin oder Ofen, Heizkörpern und Rohrinstallation mit schalltechnischer Entkopplung, Elektroinstallation inkl. Anzahl und Art aller Anschlüsse und Dosen
- Terrasse inkl. eventueller Aufschüttung oder Unterbau sowie Belag, Treppen und Geländern

Obergeschoss/Dachgeschoss

- Obergeschoss/Dachgeschossaußenwände inkl. U-Wert und Schallschutz
- Dachflächenaufbau inkl. U-Wert und Schallschutz
- Dachaußenmontagen inkl. Regenrinnen, Ortgangblechen, Verwahrungen, Durchstoßpunkten, Kaminköpfen, Antennen- und Photovoltaikinstallationen, Ausstiegsöffnungen und Gehstufen für Schornsteinfeger, Schneefanggitter etc.
- Außentüren inkl. U-Wert und Schallschutzwert
- Fenster/Dachflächenfenster inkl. Fensterbänken, Rollladenkästen, Rollläden sowie U-Wert und Schallschutzwert
- Innentreppen inkl. Belag und Geländer sowie schalltechnischer Entkopplung
- Innenwände inkl. Schallschutzwert
- Innenausbau inkl. Trittschallschutzart und -wert, Estrich, Bodenbelag, Sockelleisten, Putz, evtl. Tapete, Innentüren mit Zarge, Türblatt und Schallschutzwert, Wasserinstallationen inkl. sämtlicher Sanitärgegenstände, Heizungsinstallationen inkl. Heizkörpern und Rohrinstallation mit schalltechnischer Entkopplung, Elektroinstallation inkl. Anzahl und Art aller Anschlüsse und Dosen
- Balkone/Dachterrassen inkl. kompletten Unterbaus sowie Belag und Geländern

Tipp

Wenn Sie ein Massiv-Fertighaus bauen, kann die Musterbaubeschreibung der Verbraucherzentrale sehr hilfreich sein. Siehe www.vz-ratgeber.de.

Zusätzliche Beschreibungen und Festlegungen

Passivhausbauweise

Bei technisch komplexen Bauweisen, wie z. B. bei Passivhäusern, sollte im Einzelnen u.a. der U-Wert von Kellerdecken, Außenwänden, Außentüren und Außenfenstern sowie Dächern aufgeführt sein. Es sollte ferner genau erläutert sein, was der Hersteller unter einem Passivhaus versteht, z. B. dass der Jahresheizwärmebedarf unter 15 kWh pro Quadratmeter Wohnfläche liegt. Hierzu sollte neben einer Energiebedarfsberechnung und dem Energiebedarfsausweis auch deren Berechnungsgrundlagen Vertragsbestandteil sein. Wichtige Informationen zum Qualitätsstandard von Passivhäusern erhalten Sie beim Passivhausinstitut in Darmstadt (www.passiv.de).

Und schließlich sollten Sie den sogenannten Blower-Door-Test, eine Luftdichtigkeitsüberprüfung des fertigen Hauses, vertraglich fixieren. Vereinbaren Sie für den Fall, dass die festgelegten Werte nicht eingehalten werden, dass der Fertighaushersteller vorliegende Undichtigkeiten suchen und geeignet abdichten muss. Fixieren Sie im Vertrag auch eine entsprechende Nachmessung. (→ Seite 42 f.)

Schallschutzvereinbarungen

Auch hinsichtlich des Schallschutzes sollten Sie unbedingt auf klare Vereinbarungen drängen. Eine Formulierung wie „hochwertiger Schallschutz" nutzt Ihnen gar nichts. Neben dem Testen des Schallschutzes in entsprechenden Referenzhäusern, sollten Sie darüber hinaus klare, rechtliche Vereinbarungen treffen. So sollte das bewertete Schalldämm-Maß R'_w' und das bewertete Trittschalldämm-Maß $L'_{n,w}$', (für Decken), die die schalldämmende Wirkung eines Bauteils in eingebautem Zustand wiedergeben, in den Vertrag mit aufgenommen werden. Achten Sie darauf, dass das bewertete und nicht nur das normale Schalldämm-Maß R' angegeben ist. Das normale Schalldämm-Maß R' nutzt Ihnen nicht viel, weil hier die Bauteile einzeln auf ihre schalldämmende Wirkung getestet werden. Bestehen Sie daher auf Angaben zum bewerteten Schalldämm-Maß. Denn nur dieses gibt Ihnen Auskunft über die Schalldämmung eines Bauteils im eingebauten Zustand. Diese Schalldämm-Maße sollten Ihnen mindestens für alle Außenwände und Dächer vorliegen, für alle Außentüren, Fenster und Rollladenkästen, für alle Innenwände und Zwischendecken (hier vor allem das bewertete Trittschalldämm-Maß) sowie für alle Innentüren. Wichtig ist außerdem der Nachweis einer schallisolierenden Rohrinstallation.

Allgemeine Richtlinien zum Schallschutz sind zwar in einer betreffenden DIN-Norm festgeschrieben (DIN 4109), diese gelten aber nur sehr eingeschränkt bzw. gar nicht für den Bau freistehender Einfamilienhäuser. Erst im Bereich von Doppel- oder Reihenhäusern kommen hier bestimmte Richtlinien zum Tragen. Deswegen ist es sehr wichtig, dass Sie sich in einem Referenzhaus sehr genau auch mit dem vorhandenen Schallschutz, z. B. auch zwischen Schlafzimmer und Kinderzimmer, befassen: Gehen Sie in unterschiedliche Räume, klopfen Sie an eine Wand, schreiten Sie geräuschvoll über den Boden, nehmen Sie ein kleines Radio mit, schalten Sie es ein, drehen Sie Wasserhähne auf etc.

Insbesondere wenn Sie den Einbau einer Einliegerwohnung in das Haus planen oder eine spätere Umrüstung in dieser Hinsicht beabsichtigen, ist erhöhter Schallschutz sehr wichtig.

In jedem Fall sollte der Schallschutz ganz klar vereinbart werden. Das Beiblatt 2 der DIN 4109 enthält „Vorschläge für einen erhöhten Schallschutz und Empfehlungen für den Schallschutz im eigenen Wohn- und Arbeitsbereich". Sie sollten die vollständige Berücksichtigung der dort vorgeschlagenen Schalldämm-Maßnahmen, auch für Innenwände und Innendecken Ihres Hauses, zum Bestandteil des Vertrages mit Ihrem Fertighausanbieter machen. Wenn Sie die betreffende DIN samt Beiblatt 2 vereinbaren, haben Sie zumindest einen Basisstandard vereinbart, dessen Einhaltung dann auch gutachterlich überprüft werden kann.

Zum Einsatz kommende Bauchemikalien und definitiver Ausschluss typischer Problemchemikalien

Gut ist auch, wenn Sie eine Auflistung aller im betreffenden Haustyp zum Einsatz kommenden chemischen Baustoffe wie z. B. Holzschutzmittel, Parkettlacke, Baukleber etc. erhalten. Genauso wichtig ist, dass Sie für bestimmte Problembaustoffe einen definitiven Verbau-Ausschluss erhalten.

Das fordert der Naturschutzbund

Der Naturschutzbund Deutschland NABU (www.nabu.de) fordert bei der Auswahl von Baustoffen generell den Verzicht auf:

- asbesthaltige Produkte,
- formaldehydhaltige Produkte,
- chlorhaltige Produkte,
- schwermetallhaltige Produkt,
- lindanhaltige Schutzmittel,
- FCKW-haltige Materialien,
- stark lösungsmittelhaltige Baustoffe und Farben,
- Aluminium und Kunststoff, wenn gleichwertige Materialien zur Verfügung stehen,
- nicht FSC-zertifizierte Hölzer.

Denken Sie in diesem Zusammenhang auch daran, dass es eine ganze Reihe von Baustoffen gibt, die zwar nicht unmittelbar gesundheitsgefährdend sind, deren Herstellung oder deren Abbau und Verarbeitung aber große Umweltschäden verursachen kann. Möglicherweise sind einige dieser Materialien im Außenbereich schwer ersetzbar, weil sie hervorragende Materialeigenschaften z. B. gegen Korrosion oder Verwitterung mitbringen, aber im Innenbereich gibt es für die allermeisten von ihnen Alternativen. Zu nennen sind hier vor allem Bodenbeläge aus PVC, PVC-Sockelleisten, aufwändige Verzinkungen oder Aluminiummetalle im Innenbereich (außer in Nassbereichen wie Bädern und Küchen), geschäumte Tapeten und Decken oder Hölzer aus nicht nachhaltig bewirtschafteten Wäldern, z. B. Tropenhölzer.

Die Technischen Merkblätter

Technische Merkblätter des Fertighausherstellers sind wichtig, weil überall dort, wo es zu Schnittstellen mit anderen am Bau Beteiligten kommt, klar sein muss, wie diese Schnittstellen vorzubereiten sind. Deutlich wird dies typischerweise am Übergangsbereich zwischen Rohbaukeller und Fertighauskörper. Damit hier alle Maße und Übergänge exakt stimmen, sollten die technischen Merkblätter des Fertighausanbieters auch Vertragsbestandteil der Verträge mit dem Keller-Rohbauunternehmen werden.

Um strukturell zu vergleichen, welches Angebot welches Herstellers welchen Leistungsumfang enthält, können Sie die Checkliste auf Seite 107 f. dieses Buches verwenden. Ob die Baubeschreibung selber aber inhaltlich ausreichend detailliert ist, muss gegebenenfalls mit sehr viel höherem Aufwand überprüft werden.

Für schlüsselfertige Massivhäuser hat die Verbraucherzentrale die erwähnte Musterbaubeschreibung veröffentlicht. Mit dieser kann man sehr gut die Vollständigkeit einer Baubeschreibung auch im Detail überprüfen. Wer sich das selber nicht zutraut, kann außerdem auf Beratungsangebote der Verbraucherzentrale zurückgreifen.

In folgenden Regionen (alphabetisch geordnet) bieten die Verbraucherzentralen die Möglichkeit, Baubeschreibungen auf Vollständigkeit und Qualität überprüfen zu lassen:

In **Baden-Württemberg** gibt es an vier Standorten – Stuttgart, Ulm, Karlsruhe und Freiburg – eine persönliche Bauberatung. Dabei werden die Bauleistungsbeschreibung und der Bauvertrag jeweils durch einen Ingenieur und einen Anwalt geprüft.

In **Berlin** wird eine Bauberatung zu Bauleistungsbeschreibungen und Bauverträgen angeboten.

Brandenburg bietet verschiedene Bauvertragsprüfungen an.

In **Bremen** gibt es ein umfassendes Beratungsangebot für Bauleistungs- und Bauvertragsprüfungen.

In **Niedersachsen** gibt es das Angebot von Baubeschreibungs- und Bauvertragsprüfung.

In **Nordrhein-Westfalen** gibt es das Angebot der Prüfung von Bauträgerverträgen (das käme für Sie nur in Betracht, wenn Sie Haus und Grundstück gemeinsam kaufen).

In **Rheinland-Pfalz** gibt es eine telefonische, eine persönliche und eine schriftliche Beratung zu den Themen Bauen und Baurecht. Die persönliche Beratung findet am Standort Mainz statt.

In **Sachsen** gibt es an den Standorten Chemnitz, Leipzig und Dresden ein umfassendes Beratungsangebot zum Thema Bauen und Baurecht.

Thüringen bietet eine Baurechts- und eine Bautechnikberatung an.

Auch eine längere Anfahrt zu Prüfstützpunkten lohnt sich, die Fahrt also etwa von Hamburg nach Bremen oder Hannover oder von Nürnberg nach Stuttgart oder auch von München nach Ulm, denn Sie haben nie wieder eine so gute Verhandlungsposition wie vor der Vertragsunterzeichnung. Ist der Vertrag erst einmal unterzeichnet, sind nachträgliche Verhandlungen sehr schwierig. Es ist zu empfehlen, im gleichen Zug auch Ihre Baufinanzierung durch die Verbraucherzentrale prüfen zu lassen. Denn auch dort verstecken sich sehr häufig erhebliche Risiken bzw. Optimierungspotenziale, die man vor Abschluss eines Kreditvertrages bedenken sollte. Auch die Baufinanzierung können Sie in zahlreichen Beratungsstellen der Verbraucherzentrale überprüfen lassen. Mehr dazu erfahren Sie unter www.verbraucherzentrale.de und dann unter dem jeweiligen Bundesland.

Die Bemusterung

Wenn Sie einen Hersteller und einen Haustyp in die engere Wahl gezogen haben, steht vor dem Vertragsabschluss die sogenannte Bemusterung an. Als Bemusterung bezeichnet man den Vorgang, bei dem Sie gemeinsam mit

Ihrem Fertighausanbieter alle Ausstattungsvarianten festlegen, die Sie für Ihr Fertighaus wünschen. Dies betrifft u.a.:

- Außenverkleidungen (z. B. Putz, Verklinkerung, Art der Holzverschalung etc.),
- Dachdeckung,
- Form und Materialien der Außenbauteile wie Gauben, Balkone, Terrassen, Hauseingangstreppe,
- Außentüren und Innentüren,
- Fenster,
- Bodenbeläge,
- Wandausstattungen,
- Sanitärgegenstände,
- Armaturen,
- Heizkörper,
- Heizsystem sowie
- Elektroausstattung.

Sie können hierzu in einer entsprechenden Ausstellung alle Stücke, bei deren Kauf Sie vor einer Entscheidung stehen, in Ruhe begutachten und dann wählen. Ob es nun Waschbecken oder Heizkörper oder Türen oder auch Fliesen und Dachdeckungen sind.

Tipp

Ist der Fertighausanbieter nicht bereit, eine Bemusterung vor Vertragsabschluss durchzuführen, wegen des damit für ihn entstehenden Aufwandes, ohne dass er weiß, ob Sie das Haus letztlich kaufen, bieten Sie einfach an, die Personalkosten der Bemusterung zu übernehmen (z. B. 1-Mann-Tag = max. 80 Euro Stundensatz brutto x 8-Stunden = 640 Euro brutto). Kaufen Sie das Haus später, sollte der Betrag aber natürlich mit der Kaufsumme verrechnet werden.

Die Bemusterung sollten Sie in jedem Fall vor Vertragsabschluss mit dem Fertighausbauer durchführen. Nur dann haben Sie die Möglichkeit, über Preisnachlässe zu verhandeln oder bei erheblichen Mehrkosten gegenüber Ihren Preisvorstellungen von einem Vertragsabschluss abzusehen. Auch Irritationen über Ausstattungsstandards können während der Bemusterung endgültig ausgeräumt werden, also etwa, welcher Fliesenbelag in welchen Räumen Standard ist und welcher eine Zusatzausstattung darstellt. Weiterhin wichtig ist auch, dass Sie Ihre bei der Bemusterung geäußerten Wünsche schriftlich festhalten und diese gegenzeichnen lassen und zum Vertragsbestandteil des Kaufvertrages machen.

Nehmen Sie sich für die Bemusterung Zeit, und scheuen Sie sich auch nicht davor, nach anderen als den angebotenen Ausstattungsvarianten und deren Kosten zu fragen. Wichtig ist, dass alles umfassend geklärt ist. Hierzu kann Ihnen auch die Abnahme-Checkliste im Anhang helfen. Ferner ist wichtig, dass Sie alle Materialien nicht nur auf kleiner Fläche sehen (also z. B. nur eine Fliese in der Hand haben), sondern auch auf großer Fläche (also viele Fliesen ausgelegt). Außerdem ist es wichtig, dass Sie die Bemusterung bei Tageslicht und unter Tageslichtbedingungen vornehmen, um Farben und Oberflächenbeschaffenheiten gut sehen zu können.

Kaufvertrag bzw. Werkvertrag

Der Kaufvertrag über ein Fertighaus muss nicht vom Notar beurkundet werden, weil Sie mit dem Fertighaus ein Produkt erwerben, nicht aber gleichzeitig ein Grundstück oder eine Liegenschaft. Wäre dies der Fall, würden Sie also von einem Fertighaushersteller nicht nur ein Fertighaus, sondern auch ein dazugehöriges Grundstück kaufen, dann müsste der Kaufvertrag vom Notar beurkundet werden.

Allgemein unterscheidet man zwischen dem Kaufvertragsrecht und dem Werkvertragsrecht. Würden Sie nur ein Haus kaufen, es liefern lassen und dann selbst aufbauen, könnte dies theoretisch im Rahmen eines reinen Kaufvertrages geschehen. Da Fertighäuser aber fast immer geliefert und aufgebaut werden, schuldet Ihnen der Fertighausanbieter ein Werk – und auch einen Werkerfolg, nämlich die Errichtung eines mangelfreien Bauwerks gemäß Plänen und Baubeschreibung. Damit wird diese Leistung im Rahmen des Werkvertragsrechts erbracht. Auch wenn auf manchen Verträgen „Kaufvertrag" steht, handelt es sich in den meisten Fällen um einen Werkvertrag. Es wird Ihnen also nicht nur eine Dienstleistung geschuldet, sondern eben auch die Ablieferung eines erfolgreichen Werks. Lassen Sie sich durch falsche Begrifflichkeiten nicht irritieren.

Bevor Sie den Werkvertrag über ein Fertighaus abschließen, haben Sie in der Regel den Kaufvertrag über das Grundstück abgeschlossen und in den meisten Fällen werden Sie auch noch einen Werkvertrag zur Lieferung und Errichtung eines Kellers abschließen. Bei vielen Massiv-Fertighausherstellern kann der Keller mitgeliefert werden, bei anderen Fertighausanbietern ist dies nicht der Fall. Hier gilt der Kaufpreis meist erst ab „Oberkante Keller" oder aber ab „Oberkante Bodenplatte".

Hinsichtlich des Kaufvertrages eines Fertighauses gibt es – ähnlich wie bei anderen Produkten – kein generelles Rücktrittsrecht. Das heißt, wenn Sie den Kaufvertrag unterzeichnet haben und danach aus bestimmten Gründen hiervon wieder zurücktreten wollen, kann das mit großen Problemen und hohen Kosten verbunden sein. Beispielsweise kann Ihnen der Fertighaushersteller Rücktrittsgebühren in Rechnung stellen oder Schadensersatzansprüche geltend machen. Klären Sie deshalb immer zunächst die Bebauungsmöglichkeiten des Grundstücks, bevor Sie sich für ein Fertighaus entscheiden, und lassen Sie auch den Hersteller prüfen, ob sein Gebäude auf Ihrem Grundstück errichtet werden kann. Nehmen Sie in den Kaufvertrag auf, dass der Hersteller die Zulässigkeit geprüft und bestätigt hat.

Der Kaufvertrag eines Fertighauses setzt sich im Wesentlichen aus sechs Bestandteilen zusammen:

- der Kauf- und Liefervereinbarung
- ggf. den Allgemeinen Geschäftsbedingungen des Anbieters,
- der Bau- und Leistungsbeschreibung inklusive allen Sonderwunsch- und Bemusterungsvereinbarungen,
- den Technischen Merkblättern u.a. für Schnittstellengewerke wie den Kellerbauer oder das Legen der Hausanschlüsse etc,
- sämtlichen Plan- und Detailanlagen sowie
- ausdrücklichen Garantieerklärungen, Gewährleistungen und Wartungsvereinbarungen, z. B. für die Heizung.

Die Kauf- und Liefervereinbarung

Diese Vereinbarung umfasst insbesondere die Lieferbedingungen, die Leistungsbeschreibung, die einzuhaltenden Termine und die anfallenden Kosten. Bei den Lieferbedingungen ist exakt festzulegen, was in welchem Rahmen wann und wie geliefert wird. Also z. B. das komplette Anliefern des gesamten Fertighauses an die Baustelle. Auch das Abladen, Stellen und Lagern bis zum Verbau auf der Baustelle muss klar geregelt sein.

Neben der Lieferung des reinen Produkts müssen auch die Lieferung und Vorhaltung der zum Verbau benötigten Baustelleneinrichtung geklärt sein, also z. B. das Anliefern und Stellen der Baustelleneinrichtung inklusive Baustrom und Bauwasser, inklusive Bauzaun und Sanitärcontainer, inklusive aller Spezialwerkzeuge und Geräte etc. Manchmal wird die Baustelleneinrichtung auch vom Keller-Rohbauunternehmen mit übernommen und bleibt dann stehen, bis auch der Fertighausanbieter das Haus erstellt hat. Achten Sie darauf, dass dies vertraglich klar geregelt ist. In den Lieferbedingungen ist unter anderem auch auf Dinge wie die Baustellenzugänglichkeit (z. B. erschwerte Baustellenzugänglichkeit) oder den Einsatz von Kranfahrzeugen etc. einzugehen. Außerdem müssen notwendig werdende Zwischenlagerungen von Material oder Straßenverkehrssicherung der Baustellenzufahrt etc. erwähnt werden. All dies sollte im Preis enthalten sein.

Des Weiteren muss die Kauf- und Liefervereinbarung exakte Termine und Kostenangaben beinhalten. Zu nennen sind hier vor allem die Liefer- und Fertigstellungstermine, sinnvollerweise auch Zwischentermine. Es ist hierbei allerdings auch Vorsicht geboten. Wenn Sie den Liefertermin auf einen bestimmten Tag festlegen, die Baugenehmigung zu diesem Zeitpunkt jedoch noch nicht vorliegt, wird es Probleme geben, weil das Haus dann noch nicht errichtet werden darf. Sinnvoller sind hier Festlegungen wie „Spätestens ... Werktage nach Erteilung der Baugenehmigung muss begonnen werden mit ... bzw. muss folgende Leistung erbracht sein bis ...“.

Lassen Sie sich innerhalb des vertraglichen Terminrahmens auch Urlaubszeiten des Unternehmens bzw. seiner Handwerker vorlegen etc. Es ist sinnvoll, einen Bauzeitenplan als Vertragsbestandteil mit aufzunehmen.

Bei den zu vereinbarenden Kosten ist es wichtig, dass Sie zum einen eine umfassende Kostenregelung vertraglich festschreiben, also was exakt für welche Leistung in welcher Währung netto und brutto zu entrichten ist, und zum anderen muss unzweifelhaft festgelegt sein, in welchen Raten Sie welche Summen zahlen müssen. Auch ein Sicherheitseinbehalt in Höhe von 5 % während der Gewährleistungszeit Ihrerseits sollte hier festgelegt werden. Ebenso sind Dinge wie die Festpreisgarantie und ggf. der Verzicht der Forderung einer durch Sie zu stellenden Bankbürgschaft zugunsten des Fertighausanbieters in diesen Passus vertraglich mit einzubinden. Nicht zu vergessen sind auch klare Regelungen der Beteiligung an Versicherungskosten seitens des Fertighauslieferanten im Rahmen der üblichen Bauversicherungen. Ausgeschlossen werden sollten pauschale Mehrkostenvereinbarungen z. B. aufgrund erschwerter Montagebedingungen. Gründe, die zu Mehrkostenansprüchen berechtigen, sollten detailliert benannt sein.

Vereinbaren Sie außerdem, dass keine Aufstellung bei Regen erfolgt, da das Holz dabei Schaden nehmen kann.

Vereinbaren Sie bei Kaufverträgen immer ein kostenfreies Rücktrittsrecht. Dieses sollte mindestens so lange möglich sein, wie nicht klar ist, ob die Baugenehmigung von den zuständigen Behörden auch erteilt wird oder plötzliche Nachbareinsprüche das Bauvorhaben stark verzögern oder behindern etc. Alternativ können Sie auch zunächst nur einen gering dotierten Planungsvertrag (max. 1.500 bis 2.000 Euro brutto) mit dem Fertighausanbieter abschließen, sodass bei der Kommune zunächst eine Bauvoranfrage gestellt werden könnte, um Klarheit zu bekommen, ob Sie Ihr Vorhaben wie gewünscht realisieren dürfen. Wäre dies nicht der Fall und Sie könnten das Haus nicht bauen, könnte das Geld beim Fertighausanbieter verbleiben, für seine erbrachten Leistungen. Wäre das Haus baubar, könnte das Geld einfach mit dem Hauspreis verrechnet werden.

Außerdem müssen Sie daran denken, Ihren Vertragspartner für ausreichend lange Zeit an seinen Hausangebotspreis zu binden. Bedenken Sie, dass das Einholen einer Baugenehmigung allein schon zwölf Wochen Zeit braucht. Das Sinnvollste ist eine Festpreisbindung des Herstellers bis zum Abschluss der Baumaßnahmen.

AGB, VOB und BGB

Die Geschäftsbedingungen des Fertighausherstellers sind die seiner Arbeit zugrunde liegenden und von ihm aufgestellten allgemeinen Regeln seiner Geschäftstätigkeit. Er muss sich hierbei allerdings innerhalb eines gesetzlichen Rahmens bewegen und zwar innerhalb der §§ 305 ff. des BGB. Mit diesen Paragraphen wurde im Rahmen der großen Schuldrechtsreform vom Januar 2002 das Gesetz zur Regelung der Allgemeinen Geschäftsbedingungen (ABG-G) in das BGB integriert. Sofern der Fertighausanbieter Allgemeine Geschäftsbedingungen hat und diese den §§ 305 ff. des BGB nicht widersprechen, können sie vertraglich vereinbart werden. Hierzu müssen sie allerdings wirksam in den Kaufvertrag mit eingebunden werden. Sind sie es nicht, gilt nur das als vereinbart, was wirklich Aufnahme in den Vertrag gefunden hat. Im Zweifel gelten sonst die Regelungen des BGB. Wenn Ihnen seitens des Fertighausanbieters nicht genügend Zeit für eine ruhige Durchsicht seiner AGB gelassen wurde bzw. wenn diese nicht zulässige Abweichungen vom BGB oder Lücken aufweisen, kommt ebenfalls das BGB-Recht zum Tragen.

Werkvertragsrecht nach BGB und VOB

Grundlage von Bauverträgen ist das Werkvertragsrecht des BGB. Dies umfasst die §§ 631 bis 651. Sie finden diese ganz einfach im Internet, im Gesetzesportal der Bundesregierung unter www.gesetze-im-internet.de.

Alle Regelungen, die in Bauverträgen getroffen werden und die von den Regelungen des BGB abweichen, sollte man sich sehr gut ansehen, denn meistens sind es BGB-einschränkende oder -relativierende Regelungen zum Nachteil von Verbrauchern. Die Regelungen des BGB-Werkvertragsrechts stehen Ihnen sozusagen grundsätzlich zu und dieses Recht sollten Sie auch im Vertrag wahren und nicht ohne Weiteres einschränken lassen. Das gilt vor allem für Rechte bei Mängeln, Geldeinbehalten, Zahlungszielen und Abnahme. Allgemeine Geschäftsbedingungen (AGB) müssen der Inhaltskontrolle nach dem BGB standhalten. Das heißt, den Bestimmungen der §§ 305 ff. des BGB.

Viele Jahre wurde die sogenannte VOB (Vergabe- und Vertragsordnung für Bauleistungen) als Allgemeine Geschäftsbedingung in Verbraucherverträgen genutzt, da sie von der Inhaltskontrolle nach dem BGB befreit war. Dies ist seit einem Urteil des BGH von 2008 und einer Novellierung des BGB von 2009 nicht mehr der Fall. Seither unterliegt auch die VOB bei Anwendung in Verbraucherverträgen der Inhaltskontrolle nach dem BGB. Da die VOB auch für Verbraucher nachteilige Regelungen enthält und die Verwendung solcher Regelungen noch ungeklärt ist, sollte man mit dem Abschluss von VOB-Verträgen vorsichtig sein und im Zweifelsfall einen Fachanwalt für Bau- und Architektenrecht zu Rate ziehen.

Der konkrete Vergleich von Bau- bzw. Kaufverträgen ist nicht einfach. Viele Verbraucher haben solche Verträge noch nie zuvor gesehen und können sie daher kaum einschätzen. Man kann aber grundsätzlich sagen, dass die weit überwiegende Anzahl der Verträge teilweise erhebliche Benachteiligungen für Verbraucher enthalten. Einige dieser Regelungen sind sogar rechtlich unzulässige Benachteiligungen.

Man sollte einen Bau- oder Kaufvertrag niemals unterzeichnen, ohne dass er zuvor von einem darauf spezialisierten Juristen geprüft wurde, z. B. einem Juristen mit Tätigkeitsschwerpunkt Baurecht oder einem Fachanwalt für Bau- und Architektenrecht. Wer einen Bau- oder Kaufvertrag über eine sechsstellige Kaufsumme ungeprüft unterzeichnet, muss im Zweifel mit schweren Rechtsnachteilen leben. Das kann bis hin zum kompletten Vermögensausfall gehen. Wer glaubt, an der Prüfung sparen zu müssen, spart an der exakt falschen Stelle.

Damit Sie einmal ein Gefühl dafür bekommen, wie Verträge von Fertighausanbietern oder Massivhausanbietern aussehen, finden Sie nachfolgend je ein kommentiertes Beispiel eines solchen Vertrages:

Vertragsbeispiel 1: Holzfertighaus

Hauskaufvertrag zwischen

Holzhaus-Traum GmbH, Fertigstraße 1, 11111 Fertighausen

und

Bauherr: Familie Schmidt, Traumstraße 2, 22222 Traumhausen

§ 1 Vertragsgegenstand und Vertragsbestandteile

Vertragsgegenstand ist der in diesem Vertrag benannte Lieferumfang unter Berücksichtigung der Grundrisspläne sowie der Bau- und Leistungsbeschreibung. Es handelt sich um das Haus Paradies der Holzhaus-Traum GmbH in der Standardvariante. Keller oder Bodenplatte bauseits. Vertragsbestandteil sind außerdem die technischen Bau- und Lieferbedingungen.

Erläuterung

Noch vor § 1 zeigt sich, dass der als „Hauskaufvertrag“ bezeichnete Vertrag eigentlich ein Werkvertrag nach dem BGB ist. In § 1 wird dargelegt, was Vertragsgegenstand und Vertragsbestandteil ist. Vereinbart ist ein Haustyp, genannt „Paradies“ als Standardvariante. Das heißt, dass exakt dieser Typ gekauft wird und kein anderer, auch nicht der Typ „Paradies S“ oder „Paradies Family“ oder was auch immer, sondern gekauft wird der Haustyp „Paradies“ in der absoluten Standardversion. Die Bau- und Leistungsbeschreibung und die Grundrisspläne definieren den Haustyp im Zweifel, wobei sich allerdings die Frage stellt, wie umfangreich die Pläne sind. Sind sie z. B. zumindest vermaßt? Gibt es auch einen Schnittplan, also einen Querschnittsplan durch das Haus, sodass man zumindest auch einmal Raumhöhen beurteilen kann? Und wenn sie eine Fußbodenheizung einbauen wollten, in der Standardausführung aber eine klassische Heizkörperheizung festgehalten ist, entfällt Ihr Anspruch auf die Fußbodenheizung.

Keller- und Bodenplatte müssen „bauseits“ erbracht werden. „Bauseits“ ist ein sehr unklares Wort. Denn was heißt „bauseits? „Bauseits“ heißt eigentlich „bauherrenseitig“ oder „käuferseitig“. Das heißt: Sie müssen die Bodenplatte oder den Keller durch einen Dritten errichten lassen und auch zusätzlich bezahlen. Beides ist nicht im Leistungsumfang enthalten.

Vertragsbestandteil sind auch technische Bau- und Lieferbedingungen. Darin kann vieles geregelt sein, was einzuhalten ist, wenn der Preis bleiben soll wie vereinbart. Es kann z. B. geregelt sein, dass es sich bei Ihrem Grundstück nicht um ein Hanggrundstück handelt, dass es mit schweren Fahrzeugen problemlos anfahrbar sein muss oder wie der Keller oder die Bodenplatte beschaffen sein muss für die Aufnahme des darauf zu errichtenden Hauses. Halten Sie diese Punkte nicht ein, kann der vereinbarte Preis sehr schnell erheblich steigen. Wie und in welcher Höhe er steigt, hat man dann sehr schnell nicht mehr im Griff, weil es in keiner Weise geregelt ist.

§ 2 Vertragssumme und Festpreisgarantie

Der Preis für das unter § 1 bezeichnete Haus beträgt 250.000 Euro zzgl. Mehrwertsteuer. Ändert sich die gesetzliche Mehrwertsteuer während der Durchführung des Bauvorhabens, so erfolgt eine entsprechende Anpassung des Preises. Die Preisgarantie gilt bis ein Jahr nach Vertragsunterzeichnung.

Erläuterung

Hier werden Regelungen darüber getroffen, welcher Preis zu zahlen ist und wie die Preisbindung aussieht. Und die sieht nicht gut aus. Sie gilt nur für maximal ein Jahr nach Vertragsunterzeichnung. Von der Vertragsunterzeichnung bis zur Hausübergabe vergeht aber schnell mehr Zeit als ein Jahr. Was ist dann? Wird dann das Haus teurer? Oder ist hier gemeint, dass die Preisgarantie gilt, wenn der Baubeginn spätestens ein Jahr nach Vertragsunterzeichnung erfolgt. Das steht aber nicht im Vertrag. Im Vertrag steht, dass die Preisgarantie ein Jahr nach Vertragsunterzeichnung ausläuft.

Es bleibt hier auch offen, ob nur Kostensteigerungen weiter gegeben werden können oder auch die Gewinnspanne angehoben werden kann.

Ein Festpreis sollte grundsätzlich für den gesamten Erstellungszeitraum eines Hauses gelten. Im vorliegenden Vertrag ist aber auch das Fertigstellungsdatum des Hauses überhaupt nicht vereinbart.

Die Mehrwertsteuerregelung ist ebenfalls unklar. Es sollte geregelt sein, ab wann und für welche Raten eine Mehrwertsteuererhöhung gezahlt werden muss. Auch die Mehrwertsteuer kann aber nicht beliebig angehoben werden, da sie Preisbestanteil ist (§ 309 BGB). Übrigens: 19 % Mehrwertsteuer von 250.000 Euro sind 47.500 Euro!

§ 3 Bemusterung

Die Hausbemusterung erfolgt nach Eingang des unterzeichneten Kaufvertrages und der ersten Zahlungsrate bei der Holzhaus-Traum GmbH

Erläuterung

Ein in sehr vielen Verträgen enthaltenes Risiko! Erst soll gekauft werden, dann bespricht man die Ausstattung (Hausbemusterung). Das ist, wie schon erwähnt, so, als wenn Sie zunächst ein neues Fahrzeug kaufen und sich dann über die Ausstattung unterhalten. Grundsätzlich gilt: Erst unterhält man sich über die Ausstattung, legt diese fest und unterzeichnet dann auf dieser Basis und den damit einhergehenden Kosten einen Vertrag. Das beliebteste Gegenargument der Hausbaubranche ist: „Ja, wenn wir das mit jedem machen würden! Und dann der Kunde das Haus am Ende doch nicht kauft! Das könnten wir schon vom Aufwand gar nicht.“ Das sind natürlich alles vorgeschobene Argumente. Beratung vor dem Verkauf gehört zum Geschäft und ist geschäftliches Risiko. Erfolgt die Beratung nicht, verlagert man das Risiko allzu bequem auf den Kunden. Denn er wird damit praktisch genötigt, vorschnell einen Vertrag zu unterzeichnen, weiß er doch überhaupt nicht, wo er am Ende mit welcher Ausstattung preislich landet. Solchen Regelungen tritt man am besten mit dem auf Seite 73 im Tipp dargelegten Vorgehen entschlossen entgegen.

Absurd ist hier auch, dass zunächst einmal eine prozentuale Zahlung zu leisten ist, bevor man überhaupt den – aufgrund der Bemusterung – tatsächlichen, endgültigen Preis kennt.

§ 4 Zahlungsweise

Die Auftragssumme wird wie folgt fällig:

Bei Bauvorhaben ohne Kellerbau:
5 % bei Vertragsabschluss
10 % bei Übergabe Bauantragsunterlagen
10 % nach Fertigstellung Bodenplatte
70 % am ersten Aufbautag des Hauses
5 % am Tag der Abnahme

Bei Bauvorhaben mit Kellerbau:
5 % bei Vertragsabschluss.
10 % bei Übergabe Bauantragsunterlagen
25 % nach Fertigstellung Kellerdecke
55 % am ersten Aufbautag des Hauses
5 % am Tag der Abnahme

Die Zahlungen müssen zu den genannten Fälligkeitsterminen auf dem Konto der Holzhaus-Traum GmbH gutgeschrieben sein. Bei Zahlungsverzug werden Verzugszinsen von 8 % berechnet. Der Holzhaus-Traum GmbH ist vorbehalten einen höheren Verzugsschaden geltend zu machen.

Erläuterung

Die unter § 3 getroffenen Regelungen betreffen den Zahlungsplan. Auf diesen muss man ganz besonderen Wert legen. Auf Seite 105 erfahren Sie deshalb, wie ein sicherer Zahlungsplan aussehen kann. Die hier im Vertragsbeispiel genannten Regelungen sind für Sie nachteilig. Nicht nur, dass Sie hohe Vorauszahlungen zu leisten haben, sondern die Zahlungen müssen auch noch zu den genannten Fälligkeitsterminen auf dem Konto des Unternehmens verbucht sein. Bei der ersten Rate z. B. sollen Sie 5 % nur für den Vertragsabschluss zahlen. Gemäß Vertrag kostet das Haus 250.000 Euro netto, was bedeutet, dass Sie 12.500 Euro netto überweisen sollen, nur weil Sie einen Vertrag unterzeichnet haben. Das Geld muss zudem am Tag des Vertragsabschlusses auf dem Konto des Unternehmens gutgeschrieben sein. Das hieße, dass die Rechnung schon vor Vertragsschluss losgeschickt würde und Sie die Überweisung eigentlich auch schon vornehmen müssten, wenn Ihre Unterschrift noch gar nicht unter dem Vertrag steht. Das ist völlig abwegig. Es ist aber ohnehin in keinem Fall gerechtfertigt, auch nur einen Cent von Ihnen zu verlangen, nur weil Sie einen Vertrag unterzeichnen. Bezahlt wird grundsätzlich nur gegen Leistung. Die erste Leistung bei dem oben genannten Zahlungsplan wäre ja die Übergabe der Bauantragsunterlagen. Auch dafür will das Unternehmen sofort 10 % der Vertragssumme kassieren. Das wären bei einem Haus mit Kosten von 250.0000 Euro dann satte 25.0000 Euro. Zusammen mit den bereits in Rechnung gestellten 12.500 Euro schon 37.500 Euro netto. Nehmen wir an, Sie würden diesen Zahlungsplan so hinnehmen, die Zahlungen leisten und die Bauantragsunterlagen einreichen und einige Wochen später seitens der Baurechtsbehörde erfahren, dass die Bauantragsunterlagen unzureichend seien. Sie würden sich dann natürlich gleich wieder an das den Bau ausführende Unternehmen wenden und im schlimmsten Fall erfahren, dass es leider insolvent geworden sei. Dann wäre Ihr Geld weg, und Sie hätten schlicht gar keine verwertbare Gegenleistung erhalten. Das ist der Grund, warum man solche Zahlungspläne nicht akzeptieren sollte. Die Risiken sind einfach zu hoch. Es gilt: Erst nachprüfbare Leistung, dann fließt Geld. Das heißt, statt den ersten beiden Raten über satte 15 % würde man gegebenenfalls die Zahlung von 1,5 % für den Fall vereinbaren, dass der Bauantrag erfolgreich genehmigt wird (⇢ siehe dazu auch Seite 105). Bei einer Vertragssumme von 250.000 Euro sind das immerhin 3.750 Euro. Das ist auskömmlich.

Und auch die weiteren Zahlungsraten funktionieren so natürlich nicht. Bei einem Haus ohne Keller hätten Sie zum Zeitpunkt der Fertigstellung der Bodenplatte schon 25 % der gesamten Hauskosten bezahlt, und auf Ihrem Grundstück würde gerade einmal eine nackte Betonplatte liegen. Im Fall eines Hauses mit Keller wären zum Zeitpunkt der Rohbau-Kellerfertigstellung bereits 40 % der gesamten Hauskosten bezahlt. Die gesamte Restsumme bis auf 5 % soll dann am ersten Aufbautag des Hauses bereits auf dem Konto des Hausanbieters sein. Das heißt, das Geld müssten Sie theoretisch bereits vor Aufbau des Hauses überweisen. Zu dem Zeitpunkt wissen Sie aber natürlich noch gar nicht, ob das Haus letztlich auch wirklich aufgestellt, respektive zu dem festgelegten Datum aufgestellt wird. Um dieses Datum zu gefährden, reicht schon ein einfacher Motorschaden bei einem der LKWs des Hausanbieters, auf den Ihr Haus verladen werden soll. Vor allem aber wissen Sie noch gar nicht, ob das Haus mangelfrei aufgestellt wird. Es ist nachvollziehbar, dass der Hausanbieter möglichst rasch nach der Haus-Aufstellung sein Geld haben möchte; denn er geht ja in hohe finanzielle Vorleistung. Das ist aber sein unternehmerisches Risiko. Sie dagegen müssen zunächst schon die Möglichkeit haben, festzustellen, ob das Haus auch mangelfrei aufgestellt wird, bevor Sie Zahlungen leisten. Bei dem Zahlungsplan in unserem Beispiel beansprucht der Hersteller den Gesamtpreis bis auf 5 % zum Zeitpunkt der Aufstellung des Holzbaus. Den Innenausbau lässt er sich damit faktisch gleich mitbezahlen, obwohl dieser nur schrittweise nach Aufstellung des Holzbaus erfolgt. Der Hausanbieter hätte hier bereits fast den gesamten Betrag für das Haus erhalten, obwohl wesentliche Leistungen wie Einbau von Sanitäreinrichtung, Heizung, Estriche, Böden etc. noch ausstehen. Denn diese werden auch bei fast allen Fertighäusern ganz klassisch später eingebaut. Daher muss man die hohe Rate von 70 bzw. 55 % aufteilen in kleinere Beträge, die dem Baufortschritt entsprechen (⇢ dazu auch die Ausführungen ab Seite 102). So wie hier vorgelegt ist die Ratenzahlungsvereinbarung für Sie unnötig riskant.

§ 5 Leistungen des Bauherrn

Die Beschaffung des Grundstücks, dessen Bebaubarkeit, die Beschaffung der Baugenehmigung sowie der Finanzierungsmittel ist Sache des Bauherrn, ebenso die Bereitstellung von Bauwasser, Baustrom, Kranstandplatz und Lagerplatz. Eventuelle Auflagen der Baugenehmigung, die zur Änderung der Ausführung führen, werden gesondert berechnet. Der Bauherr trägt das Baugrundrisiko. Das Leistungsangebot gilt nur für ebene, vollständig geräumte Grundstücke.

Der Bauherr hat für das Bauvorhaben vor Erstellung eine Bauwesenversicherung, eine Bauherrenhaftpflichtversicherung und eine Rohbaufeuerversicherung abzuschließen und der Holzhaus-Traum GmbH auf Verlangen nachzuweisen.

Erläuterung

Unter § 5 werden Leistungen des Bauherrn beschrieben. Das heißt aber noch lange nicht, dass das hier Beschriebene alle Leistungen des Bauherrn sind. Denn was das Unternehmen liefert, wird in der Bau- und Leistungsbeschreibung festgehalten. Was dort nicht enthalten ist, wird auch nicht geliefert, und darauf hat der Bauherr auch keinen Anspruch. Sogar Vorbehalte beim Preis können in der Baubeschreibung geregelt sein. Oft werden sie auch in den Verträgen geregelt, z. B. durch Formulierungen wie: „Der Festpreis gilt für geräumtes, ebenes Gelände, das die notwendigen Bodenvoraussetzungen zur Aufstellung des Haustyps ‚Paradies' bietet." Dann fragt sich natürlich, was denn wohl die Voraussetzungen sind. Zumindest Bodentragfähigkeit, Bodenklasse und Grundwasserstand sollte man kennen. Diese drei Hauptaspekte werden üblicherweise über sogenannte Bodengutachten geklärt, die fast nie Vertragsbestandteil der Firmen sind. So kommt es, dass Käufer Fertighausverträge unterzeichnen, ohne überhaupt zu wissen, ob das Wunschhaus auf dem eigenen Grundstück ohne größere Gründungsprobleme errichtet werden kann. Das ist ein Fehler, der sehr schnell sehr teuer werden kann.

Momentan geregelt ist in unserem Vertragsbeispiel, dass Sie das Baugrundrisiko tragen. Das heißt, wenn das Grundstück nicht zur Aufnahme des Hauses geeignet ist, ist das Ihr Problem. Diese Regelungen sind sehr häufig, daher ist es sinnvoll, mit dem Anbieter darüber zu reden, wie dieses Risiko vernünftigerweise ausgeschaltet werden kann. Entweder der Hersteller übernimmt das Risiko, dann wird er sich auch rechtzeitig um Klärung kümmern, oder Sie lassen vorab den Baugrund untersuchen und stellen dem Anbieter die Ergebnisse zur Verfügung, damit er eine klare vertragliche Zusage treffen kann, das Haus ohne Mehrkosten auf dem Grundstück zu errichten.

Welche sonstigen Leistungen üblicherweise an Ihnen hängen bleiben, können Sie der Checkliste ab Seite 107 entnehmen. Wenn Sie sich um einige der Leistungen nicht kümmern wollen, benötigen Sie klare Vereinbarungen mit dem Hausanbieter darüber, was er übernimmt und was Sie übernehmen. Manche Verträge enthalten auch Regelungen, was passiert, wenn sich die Bauherren nicht um Ihre Aufgaben im vorgesehenen Zeitrahmen kümmern. Das geht hin bis zu Kündigungsoptionen des Hausanbieters mit festgeschriebenen Entschädigungssummen. Auch das kann sehr ärgerlich und sehr teuer werden.

§ 6 Sicherheiten

Der Bauherr weist der Holzhaus-Traum GmbH spätestens vier Wochen nach Vertragsabschluss die Finanzierung nach und tritt seine Auszahlungsansprüche aus dem Bankdarlehen an die Holzhaus-Traum GmbH ab.

Soweit der Bauherr eine Teilsumme der Finanzierung durch Eigenmittel erbringt, verpflichtet sich der Bauherr, diesen Teilbetrag auf ein Konto einer inländischen Bank seiner Wahl zu verbringen und auch für diesen Teil einen Auszahlungsanspruch für die Holzhaus-Traum GmbH einzurichten.

Alternativ kann der Bauherr bis spätestens vier Wochen nach Vertragsunterzeichnung auch eine unbefristete, selbstschuldnerische Bürgschaft in Höhe der Gesamtvergütung bei einem deutschen Kreditinstitut zur Absicherung aller Zahlungsverpflichtungen an die Holzhaus-Traum GmbH übergeben.

Erläuterung

Die Sicherheiten, die sich das Unternehmen unter § 6 stellen lässt, sind sehr gefährlich für Verbraucher. Im Grunde soll hier ein Blankoscheck ausgestellt werden, mithilfe dessen das Unternehmen in jedem Fall an Ihr Geld kommt. Aber genau das sollten Sie keinesfalls zulassen. Denn das wichtigste Steuerungsinstrument im Rahmen von Bauvorhaben ist schlicht und einfach das Geld. Sie haben schon aus dem BGB heraus das Recht, für Mängel üblicherweise den doppelten Betrag der zur Beseitigung eines Mangels notwendigen Summe einzubehalten (§ 641 Absatz 3). Das können sehr schnell erhebliche Beträge sein. Sehr wichtig ist daher, dass grundsätzlich Sie es sind, der bzw. die entscheidet, ob Auszahlungen erfolgen und wenn sie erfolgen, in welcher Höhe sie fließen.

In unserem Beispiel könnte es Ihnen passieren, dass der Hausanbieter ganz einfach die nächste Zahlungsrate bei Ihrer Bank anfordert. Ob eine Auszahlung gerechtfertigt ist und wenn, in welcher Höhe – natürlich abhängig davon, was und wie vor Ort gebaut wurde – wird Ihre Bank nicht überprüfen. Es gibt keine Banker, die Gummistiefel und Bauhelm unter dem Schreibtisch haben und auf der Baustelle nachkontrollieren, inwieweit Zahlungsvoraussetzungen auch wirklich erfüllt sind. Wenn Sie das nicht selbst tun, wird es niemand tun. Also sollten Sie es tun, und deswegen sollten alle Zahlungsanweisungen ausschließlich über Sie laufen. Die Abtretung von Auszahlungsansprüchen sollte man tunlichst unterlassen.

Auch die Regelung im zweiten Absatz ist nachteilig für Sie. Denn dann würden Sie auch für Ihre Eigenmittel Auszahlungsansprüche erteilen.

Als Alternative bietet das Unternehmen die Einrichtung einer Bürgschaft durch Sie an. Und zwar eine unbefristete und selbstschuldnerische in der Höhe der Gesamtvergütung des Hauses.

Zwar kann sich das Unternehmen nach § 648 BGB eine Sicherheit von Ihnen stellen lassen, z. B. durch eine für Sie bürgende Bank. Es muss dann allerdings sehr sorgfältig geklärt werden, welche Art von Bürgschaft Sie dem Unternehmen zugestehen. Eine Bürgschaft in Höhe der Gesamtkosten des Hauses ist insofern bedenklich, als ja fortlaufend Zahlungen geleistet werden und damit die Höhe des Risikos für das Unternehmen auch fortlaufend sinkt. Ferner kann es sicher keine Bürgschaft sein, die durch das Unternehmen auf erstes Anfordern gezogen werden kann, sodass ein Schreiben an Ihre Bank ausreicht und das Geld gleich überwiesen wird. Die Voraussetzungen, unter denen gebürgt wird, müssen tatsächlich detailliert geklärt werden (⇢ hierzu auch Seite 103 f.).

Hinzu kommt, dass natürlich umgekehrt auch Sie vom Unternehmen Sicherheiten verlangen können, und zwar dafür, dass das Haus wirklich fertiggestellt wird. Das ist dann eine sogenannte Fertigstellungsbürgschaft. Wenn das Unternehmen also eine Bankbürgschaft von Ihnen will, können Sie gleichziehen und ebenfalls eine Bürgschaft einfordern. Entweder wechselt man dann Bürgschaften aus, oder man lässt es. Dass aber Sie allein Sicherheiten bringen sollen, wäre eine allzu asymmetrische Vertragslösung. Die beste Sicherheit ist im Übrigen immer, einen klaren und ausreichend detaillierten Zahlungsplan zu vereinbaren, in dem festgeschrieben ist, dass grundsätzlich zunächst die Leistung erfolgt und in deren Folge dann die Zahlung.

§ 7 Hausrecht

Der Bauherr übergibt während der Bauzeit das Hausrecht am Grundstück an die Holzhaus-Traum GmbH.

Erläuterung

Was hier in § 7 geregelt ist, nimmt Ihnen wichtige Rechte auf Ihrem Grund und Boden. Sie sind damit nicht mehr Herr über Ihr eigenes Grundstück. Das Hausrecht an Ihrem Grundstück sollten Sie daher auf gar keinen Fall abtreten. Ein großes Problem wäre dann vor allem, dass Sie ungefragt Ihr eigenes Grundstück nicht mehr betreten könnten, um z. B. den Leistungsstand der Baumaßnahmen zu kontrollieren.

§ 8 Abnahme/Gewährleistung

Die Holzhaus-Traum GmbH teilt dem Bauherrn rechtzeitig den Abnahmetermin für die erbrachten Leistungen mit. Auch Teilabnahmen sind zulässig. Falls eine Abnahme entfällt, aus Gründen, die der Bauherr zu vertreten hat, gelten die Leistungen mit Ablauf von 12 Werktagen nach schriftlicher Mitteilung der Fertigstellung des Hauses als mangelfrei abgenommen. Der Bezug des Hauses ist erst nach Abnahme möglich. Wird es vorher bezogen, gilt es als abgenommen.

Erläuterung

Die Abnahme ist ein sehr wichtiger Vorgang beim Bauen. Mit der Abnahme erkennen Sie die Bauleistung als vertragsgemäß erbracht an. Bei einer Abnahme geht man gemeinsam mit dem Vertragspartner durch das Haus und fertigt ein Protokoll über Mängel und noch ausstehende Arbeiten an (⇢ Seite 151 ff.). Für sichtbare Baumängel, also Baumängel, die nicht durch andere Bauteile verdeckt sind und die Sie erkennen können, die Sie im Abnahmeprotokoll nicht vorbehalten, entfällt Ihr Nachbesserungsanspruch. Daher muss eine Abnahme sehr sorgfältig und gründlich durchgeführt werden.

Was hier unter § 8 geregelt ist, ist allerdings sehr riskant für Verbraucher. Das fängt schon damit an, dass nicht genau geregelt ist, wie Sie über den Abnahmetermin informiert werden. Es steht nur „rechtzeitig" im Vertrag. Was heißt rechtzeitig? Montags eine Ankündigung für die Abnahme am folgenden Mittwoch? Können Sie sich so kurzfristig überhaupt Zeit nehmen? Auch wie Sie informiert werden, ist nicht geregelt. Per E-Mail? Und Sie haben Ihren E-Mail-Account zwei Tage nicht kontrolliert und erfahren dann, dass Sie gerade die Abnahme verpasst haben und das Haus damit als mangelfrei abgenommen gilt?

Vernünftige Abnahmeregelungen in Verträgen müssen klar festlegen, dass Sie schriftlich über den Abnahmetermin informiert werden, und zwar zumindest 14 Tage im Voraus. Soweit Sie einen Urlaub planen, der über diesen Zeitraum hinausgeht, muss auch das geregelt werden. Also z.B. dass während der Urlaubszeit im Sommer mindestens vier Wochen im Voraus informiert werden muss. Ferner sollten Regelungen für Ersatztermine getroffen werden, falls Sie zu einem anvisierten Termin doch noch kurzfristig verhindert sind. Bereits ein gerissener Keilriemen kann dazu führen, dass Sie nicht rechtzeitig zur Abnahme erscheinen können. Zumindest zwei Ersatztermine sollten möglich sein. Können beide nicht eingehalten werden, sollte darüber hinaus die Möglichkeit geschaffen sein, dass Sie das Haus dann unabhängig selbst betreten können und z.B. zumindest innerhalb kurzer Frist und noch vor einem Einzug die Möglichkeit haben, alle noch sichtbaren Mängel zu melden.

Sehr ungünstig ist auch die Regelung, dass Teilabnahmen zulässig sind. Das heißt nämlich, dass theoretisch jede Baufortschrittstufe einzeln abgenommen werden könnte. Dann hätte Ihre Bodenplatte ebenso eine eigene Abnahme wie auch Ihr Dach. Das ist nicht sinnvoll. Denn mit der Abnahme beginnt auch die Gewährleistungszeit für die Bauteile zu laufen. Sie hätten dann für unterschiedliche Bauteile unterschiedliche Gewährleistungsfristen. Teilabnahmen sollten Sie nicht zustimmen. Man sollte nur eine Abnahme für das ganze Haus am Ende des Bauvorhabens durchführen.

§ 9 Kündigung

Die Holzhaus-Traum GmbH kann den Vertrag kündigen, wenn der Bauherr seinen Zahlungsverpflichtungen oder seinen Mitwirkungspflichten nicht nachkommt. Im Falle der Kündigung des Vertrages hat die Holzhaus-Traum GmbH Anspruch auf eine pauschale Entschädigung in Höhe von 10 % der Auftragssumme. Die Holzhaus-Traum GmbH behält sich die Geltendmachung eines höheren Schadens vor.

Erläuterung

Die unter § 9 getroffenen Regelungen sind ausschließlich zugunsten des Hausanbieters getroffen. 10 % als pauschale Entschädigung bedeuten immerhin 25.000 Euro netto bei einem Hauspreis von 250.000 Euro netto. Hinzu kommen die vorbehaltenen Schadensersatzforderungen. Kündigungsregelungen sollten getroffen werden, für beide Seiten, also auch für Sie. Das heißt, es sollte dann ebenso für Sie festgelegt werden, unter welchen Voraussetzungen Sie kündigen können und welche Entschädigung Sie erhalten. Den Schadensersatzanspruch sollten Sie sich dabei generell offen halten.

§ 10 Schadensersatz und Haftung

Schadensersatzansprüche jedweder Art sind sowohl gegen das Unternehmen als auch gegen die Organe, Mitarbeiter und Erfüllungsgehilfen der Holzhaus-Traum GmbH ausgeschlossen, soweit das Unternehmen, seine Organe, Mitarbeiter oder Erfüllungsgehilfen nicht grob fahrlässig gehandelt haben. Mehrere Bauherren haften als Gesamtschuldner. Sie erteilen sich hiermit gegenseitig unwiderruflich Vollmacht zu allen rechtsgeschäftlichen Handlungen.

Erläuterung

In § 10 erfahren Sie prompt, dass Schadensersatzansprüche gegen den Hausanbieter ausgeschlossen sind. Während sich das Unternehmen unter § 9 dieses Recht für sich selber sichert, ist es nicht bereit, dieses Recht auch dem Kunden zuzugestehen. Das ist natürlich mehr als zweifelhaft und kann so sicher keinen Bestand haben. Man kann Schadensersatzansprüche wechselseitig auch ausschließen, wobei die höhere Wahrscheinlichkeit der Anmeldung von Schadensersatzansprüchen in der Regel bei den Bauherren liegt, also bei Ihnen. Ob Sie sich dieses Recht nehmen lassen wollen, ist die Frage. Was aber natürlich nicht geht, ist, dass der Hausanbieter Schadensersatzansprüche geltend machen können will, das Gleiche aber dem Bauherrn verwehrt.

Ferner wird hier geregelt, dass die Bauherren als Gesamtschuldner haften. Das heißt, alle Personen, die den Bauvertrag unterzeichnen, haften gegenüber dem Hausanbieter auch jeweils einzeln. Wenn man diese Regelung so nicht treffen will, dann sollte man es auch nicht tun. Das müssen die Bauherren untereinander klären. Üblicherweise tritt man gemeinsam auf, finanziert gemeinsam und haftet auch gemeinsam. Sehr riskant wird es dann, wenn das Haus nur einer bezahlt, aber z. B. beide Partner jeweils einzeln in Haftung genommen werden können. Unterzeichnet man einen solchen Vertrag, ohne dass einem z. B. Anteile an Haus oder Grundstück gehören, trägt man erhebliche Risiken, ohne irgendeine Absicherung zu haben.

§ 11 Abtretung

Die Rechte und Pflichten aus diesem Vertrag können nur mit vorheriger schriftlicher Zustimmung der Holzhaus-Traum GmbH abgetreten werden.

Erläuterung

Es kann sein, dass es schon während des Baus des Hauses zu einer Entwicklung kommt, die die weitere Projektverfolgung eigentlich nicht sinnvoll erscheinen lässt. Das können familiäre Entwicklungen sein, das kann aber auch einfach ein neuer Arbeitsplatz an einem anderen Ort sein. Möglicherweise will man in einer solchen Situation möglichst schnell das Grundstück samt dem geplanten Fertighaus weiterverkaufen. Dann müsste man sozusagen den Kaufvertrag des Fertighauses mit verkaufen. Diese Möglichkeit wird durch § 11 unterbunden. In einem solchen Fall müsste der Hausanbieter Ihrem Vorgehen zustimmen. Täte er es nicht, müssten Sie dann zunächst das Haus mit dem Hausanbieter fertigstellen und es abnehmen, um es dann anschließend zu verkaufen.

§ 12 Sonstige Bestimmungen

Mit der Unterzeichnung dieses Vertrages trägt der Bauherr der Holzhaus-Traum GmbH den Abschluss des Vertrages an. Die Holzhaus-Traum GmbH kann diesen Antrag innerhalb eines Monats nach Unterzeichnung des Vertrages durch den Bauherrn annehmen.

Änderungen oder Ergänzungen des Vertrages bedürfen der Schriftform.

Verkaufsberater, Kundenberater, Vertreter oder sonstige Mitarbeiter der Holzhaus-Traum GmbH sind nicht berechtigt, das Unternehmen rechtsgeschäftlich zu vertreten.

Ort, Datum	Bauherr
Ort, Datum	Kundenberater
Ort, Datum	Holzhaus-Traum GmbH

Erläuterung

Möglicherweise hatten Sie vor Vertragsunterzeichnung immer wieder längere Gespräche mit einem Verkäufer des Hausanbieters. In §12 wird festgestellt, dass dieser Verkäufer das Unternehmen nicht rechtsgeschäftlich vertreten darf. Das heißt, was immer er Ihnen zugesichert oder versichert hat, ist Makulatur, soweit es nicht im Vertrag oder in den Vertragsanlagen schriftlich aufgenommen ist.

Festgehalten wird hier auch, dass mit Ihrer Unterzeichnung und gegebenenfalls auch der des Verkäufers bzw. Kundenberaters der Vertrag noch keinesfalls zustande kommt. Der Hausanbieter behält sich vor, das von Ihnen unterzeichnete Exemplar als Antrag zu behandeln und innerhalb eines Monats zuzustimmen oder nicht. Da aber auch Sie Planungssicherheit benötigen, sollte man solchen Regelungen nicht zustimmen. Wenn Sie sich entschließen, einen Vertrag zu unterzeichnen, können Sie erwarten, dass die Gegenseite das entweder auch zügig tut – oder es eben sein lässt. Dazu muss man Sie aber nicht einen Monat lang im luftleeren Raum hängen lassen. Dann ist es wesentlich besser, Sie erfahren schnell, dass die Gegenseite einen ausgehandelten Vertrag gegebenenfalls nicht unterzeichnen will, und Sie können sich zügig nach neuen Optionen umsehen.

Vertragsbeispiel 2: Schlüsselfertiges Massivhaus

Hauskaufvertrag zwischen

Massivhaus-Traum GmbH, Baustraße 3,
33333 Bauhausen,
im folgenden Auftragnehmer genannt.

und

Bauherr: Familie Müller, Wunschstraße 4,
44444 Wunschhausen,
im folgenden Auftraggeber genannt.

§ 1 Vertragspartner und Auftragsgegenstand

Der Auftragnehmer wird vom Auftraggeber mit der Errichtung eines Einfamilienhauses gemäß Baubeschreibung beauftragt.

Erläuterung

Manchmal ist es so, dass im Vorfeld eines Bauvorhabens mehrere Varianten von Baubeschreibungen existieren, weil man diese z.B. ergänzt oder nachbessert. Daher ist es sinnvoll, genau festzulegen, um welche Baubeschreibung es sich handelt und dass eben genau diese zum Vertragsbestandteil wird. Beides ist hier unter § 1 nicht geregelt.

§ 2 Ausführungsort

Das Einfamilienhaus soll auf dem Flurstück Nr. 1234 in 44444 Wunschhausen errichtet werden. Der Auftraggeber versichert, Eigentümer des Grundstücks zu sein.

Erläuterung

Die Regelung in § 2 muss daraufhin überprüft werden, ob die Flurstücknummer auch wirklich diejenige des Grundstücks des Auftraggebers ist.

§ 3 Baugenehmigung und Baubeginn

Der Auftragnehmer stellt die Baugenehmigungsunterlagen zusammen und übergibt sie dem Auftraggeber zur Durchsicht und Einreichung bei den zuständigen Behörden. Der Baubeginn erfolgt ca. zwei Monate nach Erteilung der Baugenehmigung. Der Auftragnehmer teilt dem Auftraggeber den Baubeginn rechtzeitig mit.

Erläuterung

§ 3 regelt unter anderem, dass der Baubeginn „ca." zwei Monate nach Erteilung der Baugenehmigung erfolgt. Bei solchen Formulierungen muss man immer auf der Hut sein. Denn die Frage taucht ja sofort auf: Was heißt „ca."? Sind auch drei Monate noch „ca." zwei Monate? Daher ist es immer besser, man vereinbart den Termin des Baubeginns verbindlich. Wobei die Vereinbarung über den Baubeginn eher relativ ist. Entscheidend ist vielmehr eine Vereinbarung darüber, wann das Bauvorhaben abgeschlossen sein muss, also eine Vereinbarung über die Baufertigstellung. Dazu wird im gesamten Vertrag nichts geregelt. Das heißt aber, es ist völlig offen, bis wann die Leistung erbracht sein muss. Das geht auf gar keinen Fall, sondern natürlich muss bestimmt werden, wann das Gebäude fertiggestellt sein wird. Nicht selten stößt man dabei auf die Gegenargumentation von Hausanbietern, sie könnten das nicht sagen, da die Baufertigstellung ja davon abhänge, wann überhaupt die Baugenehmigung erteilt werde. Die Erteilung einer Baugenehmigung muss nach den meisten Landesgesetzten allerspätestens in einem Zeitraum von drei Monaten bearbeitet werden. Man kann sich aber ganz unabhängig davon vertraglich sehr einfach darauf verständigen, die Bauzeit an die Baugenehmigung zu koppeln. Demgemäß könnte man also z.B. einfach vereinbaren, dass das Gebäude spätestes 12 oder 15 Monate nach Erteilung der Baugenehmigung vollständig errichtet sein muss.

§ 4 Mitwirkungspflicht des Bauherrn

Die Freimachung des Grundstücks sowie die Einmessungsarbeiten und die Schnurgerüststellung obliegen dem Auftraggeber. Das Grundstück muss mit einem LKW bis 40 t Gesamtgewicht anfahrbar sein. Ebener Kranstandplatz und Lagerplatz sind vorzuhalten. Bauwasser und Baustrom werden bauseits gestellt. Das Baugrundrisiko liegt beim Auftraggeber.

Erläuterung

Ähnlich wie beim Vertrag zum Kauf des Holzfertighauses wird auch in diesem Vertrag zur Errichtung eines schlüsselfertigen Massivhauses festgehalten, dass das Baugrundrisiko beim Auftraggeber, also bei Ihnen liegt. Ferner hat der Auftraggeber das Grundstück freizuräumen und ein Schnurgerüst zu stellen. Außerdem muss er sich darum kümmern, dass das Grundstück von schweren LKWs problemlos anfahrbar ist und einen Kran- und einen Lagerplatz aufweist. Auch Bauwasser und Baustrom sind zu stellen.

Wie schon beim letzten Beispiel empfiehlt sich bei diesem Vertrag ebenfalls eine Besichtigung des Grundstücks gemeinsam mit dem potenziellen Auftragnehmer. Er kann dann prüfen, inwieweit Anfahrbarkeit und Lagerplätze gegeben sind. Ist das aus seiner Sicht noch nicht ausreichend der Fall, sollte er konkret feststellen, welche Maßnahmen noch getroffen werden müssen. Das sollte man in einem Protokoll, zumindest aber in einem Aktenvermerk festhalten. Wenn alle Maßnahmen noch vor Vertragsabschluss getroffen sind, kann die ganze Regelung schließlich aus dem Vertrag genommen werden. Denn die Voraussetzungen sind dann ja bereits gegeben und müssen nicht mehr als Vorbehalt in den Vertrag aufgenommen werden.

Das Baugrundrisiko sollte von vornherein durch ein Bodengutachten mit Angaben zu Bodentragfähigkeit, Bodenklasse und Grundwasserstand näher untersucht werden. Dieses Bodengutachten kann Vertragsbestandteil werden und der Auftragnehmer kann verpflichtet werden, es bei seinen Planungen in vollem Umfang zu berücksichtigen. Noch besser wäre es, das Bodengutachten liegt vor, bevor mit Planungen überhaupt begonnen wird, da eine schwierige Bodensituation zu ganz anderen Gründungsmaßnahmen führen kann. Das kann so weit gehen, dass man sich bei sehr problematischen Grundwasserverhältnissen z.B. grundsätzlich gegen den Bau eines Kellers entscheidet. Hat man zu diesem Zeitpunkt allerdings bereits einen Kaufvertrag über ein Haus mit Keller unterzeichnet, wird es natürlich schwierig, diese Leistung wieder herauszuverhandeln.

§ 5 Festpreis und Zahlung

Der Festpreis für das Haus beträgt 250.000 Euro wird für 12 Monate garantiert. Folgende Ratenzahlungsvereinbarungen werden vereinbart:

5 %	bei Vertragsabschluss
5 %	bei Übergabe Bauantragsunterlagen
10 %	bei Erdarbeiten und Betonierung Bodenplatte
14 %	nach Rohbau Keller
20 %	nach Rohbau Obergeschoss und Dachgeschoss
10 %	nach Dachstuhl und Dachdeckung
14 %	nach Fenstereinbau
10 %	nach Rohinstallation Sanitär- und Elektro
5 %	nach Innenputz, Estrich
5 %	nach Maler- und Fliesenarbeiten
2 %	bei Übergabe

Die Zahlungen sind binnen fünf Tagen nach Abruf fällig. Eine Aufrechnung ist nur mit unbestrittenen oder rechtskräftig festgestellten Forderungen zulässig. Zahlt der Auftraggeber eine Rate nicht, kommt er ohne weitere Mahnung in Verzug. Der Auftraggeber hat dann auch Anspruch auf Zinsen in Höhe von 5 % p.a. über dem Basiszinssatz nach § 247 BGB. Der Auftragnehmer kann darüber hinaus einen höheren Verzugsschaden nachweisen. Ferner ist der Auftragnehmer berechtigt, die Arbeiten bis zur Zahlung der Rate einzustellen.

Erläuterung

Der Zahlungsplan, der hier unter § 5 geregelt wird, enthält vor allem das Risiko der Über-

zahlung, zum einen aufgrund hoher Vorauszahlungen und zum anderen aufgrund nicht ausreichend exakter Ratendefinitionen. Dieses Problem haben fast alle Zahlungspläne, und fast alle sind zum erheblichen Nachteil von Verbrauchern gestaltet. Bei dem Zahlungsplan, der hier vereinbart werden soll, würden 5 % der Kaufsumme fließen, nur weil ein Vertrag geschlossen wurde. Bei einer Kaufvertragssumme von 250.000 Euro wären das 12.500 Euro. Völlig offen ist sogar, ob es sich dabei um einen Brutto- oder Nettobetrag handelt.
Die nächsten 5 % der Gesamtsumme sollen gezahlt werden, wenn Sie die Bauantragsunterlagen bekommen. Das wären in unserem Beispiel weitere 12.500 Euro. Ob der Bauantrag auch genehmigt wird, ist dabei jedoch noch völlig offen. Die nächsten 10 % sollen fällig werden „bei Erdarbeiten und Betonierung der Bodenplatte". Was heißt nun aber „bei"? Am ehesten ja „während". Es ist aber nicht sinnvoll, Arbeiten zu bezahlen, während sie ausgeführt werden. Sie zahlen den Konditor auch nicht, während er die Torte backt, sondern danach. Denn Sie müssen natürlich auch das Ergebnis des vereinbarten Werks sehen und beurteilen, bevor Sie zahlen.

Bis zum Zeitpunkt, zu dem Sie einen geschlossenen Rohbau haben (also inklusive Dachstuhl, Dachdeckung und Fenster), sollen Sie bei dem hier vereinbarten Zahlungsplan bereits 78 % der Gesamtbausumme überweisen. Bei 250.000 Euro Vertragssumme brutto wären das also bereits 195.00 Euro. Für alle restlichen Arbeiten zusammen (also Sanitär, Heizung, Elektro, Putz, Estrich, Fliesen, Bäder, Maler, Bodenbeläge, Innentüren, Treppe etc.) bleiben Ihnen dann gerade noch 55.000 Euro übrig. Sollte jedoch der Massivhausanbieter in diesem Moment, also unmittelbar nach Fertigstellung des Rohbaus, insolvent werden, würden Sie Probleme bekommen, mit den verbleibenden 55.000 Euro das Haus in Zusammenarbeit mit anderen Unternehmen noch fertigzustellen. Eine Faustregel ist, dass mit der Fertigstellung des Rohbaus möglichst nicht mehr als 60 % der Gesamtsumme überwiesen sein sollten Denn auch der Innenausbau eines Hauses ist sehr teuer.

Die Schlussrate von 2 % ist viel zu gering. Denn es kann schnell passieren, dass Sie auch im Rahmen der Schlussrate noch Zahlungseinbehalte nach dem BGB vornehmen wollen, die leicht einen Betrag von 5.000 Euro übertreffen können. Das wäre dann aber gar nicht mehr möglich, weil ja gerade noch 5.000 Euro an Zahlungen ausstünden.

Wenn Sie solchen Risiken aus dem Weg gehen wollen, müssen Sie einen deutlich detaillierteren Zahlungsplan mit anderen Zahlungsraten vereinbaren. Wie Sie einen sichereren Zahlungsplan gestalten können, erfahren Sie ab Seite 105.

§ 6 Baumängel und Bauabnahme

Der Rücktritt vom Vertrag wegen Baumängeln gemäß § 634 BGB wird ausgeschlossen. Der Auftragnehmer kann eine Abnahme der Leistungen innerhalb von fünf Tagen nach Fertigstellung verlangen. Kommt der Auftraggeber dieser Frist nicht nach oder wird das Bauwerk vorher bezogen, gilt es als abgenommen.

Erläuterung

Ob Sie sich Rechte nehmen lassen wollen, die Ihnen das Werkvertragsrecht des Bürgerlichen Gesetzbuches (BGB) ausdrücklich gewährt, wie dies hier durch § 6 erfolgt, müssen Sie sich gut überlegen. Denn es kann natürlich eine Situation eintreten, bei der an eine weitere geordnete Zusammenarbeit mit einem Hausanbieter nicht zu denken ist. Anders als beim Holz-Fertighausbau ist beim Massivhausbau ein Weiterbau ohne den ursprünglichen Anbieter sehr viel eher machbar, da hier die klassischen Gewerke greifen und von anderer Seite relativ problemlos übernommen und fertiggebaut werden können. Das Problem steckt dabei eher in den Themen Beweissicherung, Kündigung des bisherigen Anbieters und Zusatzkosten bei Beauftragung eines neuen Auftragnehmers. Trotz solcher möglicher Probleme sollte man sich aber zumindest die Option auf eine Bauvertragskündigung nicht von vornherein ausschließen lassen.

Auch die in § 6 getroffene Regelung zur Abnahme ist für Verbraucher sehr ungünstig. Denn es ist z.B. nicht vereinbart, dass die Fertigstellung des Hauses überhaupt verkündet werden muss. Innerhalb von fünf Tagen nach der Fertigstellung soll aber die Abnahme stattfinden. Wie lange im Voraus sie auf welchem Wege anzukündigen ist, wird ebenfalls nicht geregelt. Folgt der Auftraggeber, also Sie, der Fünf-Tage-Frist nicht, gilt das Gebäude als abgenommen. Solche Regelungen sind zum erheblichen Nachteil von Verbrauchern und gehören nicht in Bau- oder Kaufverträge von Häusern.

§ 7 Änderung des Leistungsumfangs nach Auftragsannahme

Eine nachträgliche Änderung des Leistungsumfangs ist nur mit schriftlicher Zustimmung des Auftragnehmers möglich. Die Leistungserbringung erfolgt dann auf Nachweis.

Erläuterung

§ 7 beschreibt sehr klar, dass nach Vertragsschluss alle dann noch notwendigen Änderungen nur vorbehaltlich der schriftlichen Zustimmung des Hausanbieters erfolgen können. Das heißt aber zugleich, dass das Unternehmen jede Änderung auch ablehnen könnte. Schon aus diesem Grund ist es sinnvoll, alle Details vor Vertragsschluss zu regeln. Wenn dem Unternehmen das zu aufwändig ist, kann man es anhand solcher Paragrafen daran erinnern, dass es ja das Unternehmen selbst ist, welches Änderungen nach Vertragsschluss unter Vorbehalt stellt, weshalb man dann eben vor diesem Vertragsschluss eine detailliert ausgehandelte Leistungsdefinition haben will. Das hilft darüber hinaus erheblich dabei, Kostensicherheit in ein Bauvorhaben zu bringen.

Zusätzlich gefährlich ist hier weiter die Regelung, dass Leistungserbringungen, die über das vereinbarte Maß hinausgehen, auf Nachweis abgerechnet werden sollen. Auch darauf sollten Sie sich nicht einlassen. Es sollte vorab festgelegt werden, welchen zusätzlichen Preis eine zusätzliche Leistung hat, sodass Sie mögliche Zusatzkosten zum Zeitpunkt der Entscheidung für oder gegen eine solche Leistung kennen.

§ 8 Eigenleistung des Bauherrn

Eigenleistungen des Bauherrn sind nur mit schriftlicher Zustimmung des Auftragnehmers möglich. Sie dürfen den Bauablauf nicht stören. Der Auftragnehmer übernimmt keine Haftung für Eigenleistung des Bauherrn. Der Bauherr hat sämtliche Versicherungspflichten zu beachten.

Erläuterung

Auch für die Eigenleistungen gilt nach § 8, dass diese unter dem Vorbehalt der Zustimmung des Hausanbieters stehen. Wenn Sie also Eigenleistungen erbringen wollen, dann sollte dies bereits zum Zeitpunkt des Vertragsschlusses detailliert ausgehandelt sein. Denn sonst gilt hier ebenso, dass Sie abhängig sind von der Entscheidung des Hausanbieters. Bei Eigenleistungen kommt hinzu, dass damit üblicherweise ja eine Reduktion des Hauspreises einhergeht. Die Höhe dieser Reduktion sollte man kennen, um entscheiden zu können, ob sich die geplanten Eigenleistungen lohnen.

Manchmal überschätzt man sich beim Thema Eigenleistung, oder aber es kommt einem etwas dazwischen, sodass man seine Eigenleistungen zeitlich oder körperlich nicht wie geplant umsetzen kann. Für solche Fälle empfiehlt sich eine Vertragsklausel, mit der Sie Eigenleistungen, die Sie eigentlich selbst erbringen wollen, optional gegebenenfalls doch beim Hausanbieter abrufen können, wobei der Preis dafür von vornherein vertraglich mit fixiert ist. Das hat den großen Vorteil, dass Sie später nicht auf das Wohlwollen des Hausanbieters angewiesen sind und um einen einigermaßen vertretbaren Preis für die zusätzlichen Leistungen feilschen müssen, wenn Sie merken, dass Sie das Erbringen der Eigenleistungen doch nicht selbst schaffen.

Es ist immer sinnvoll, Eigenleistungen nach einem klaren Schnittpunkt, beispielsweise nach dem Abschluss grundlegender, anderer Bauschritte, zu erbringen. Wenn es sich also z.B. um das Tapezieren und Streichen von Wänden und das Verlegen von Oberböden handelt, dann kann man solche Arbeiten bevorzugt nach einer zuvor erfolgten Abnahme des Hauses vornehmen. Das hat den Vorteil, dass weder der Hausanbieter Sie bei Ihren Arbeiten stört, noch umgekehrt Sie ihn stören. Auch wenn vor Ihrer Tätigkeit im Haus ein Schaden auftaucht (z.B. ein Glasschaden), dann steht fest, dass Sie diesen nicht verursacht haben können. Arbeiten beide Parteien gleichzeitig am oder im Haus, also der Anbieter und Sie selbst, kann selbst eine solche Angelegenheit zu Streit führen. Liegt Ihre Eigenleistung gar als „Sandwich-Leistung“ zwischen zwei Leistungen des Hausanbieters, kann es sehr komplex werden. Wollen Sie z.B. die Heizleitungen einer Fußbodenheizung verlegen, auf die der Anbieter später den Estrich aufbringen soll, und es kommt dann zu Mängeln im Estrich oder zum Bruch einer Heizleitung, wird sehr schnell die Frage auftauchen: Wer ist schuld? Aus solchen Gründen sind klar abgrenzbare Eigenleistungen häufig schon aus Gewährleistungsgründen sinnvoll.

Eigenleistungen sollten außerdem immer sehr exakt definiert werden. So stellt sich z. B.nicht selten die Frage, ob derjenige, der später tapeziert, auch den Wandputz schleift und grundiert, falls nötig, oder ob dieser fertig zur Aufnahme der Tapete ist.

§ 9 Vollmachten und Hausrecht

Der Auftraggeber bevollmächtigt den Auftragnehmer, alle öffentlich-rechtlichen Maßnahmen, die für die Bauausführung erforderlich sind, zu treffen, zu veranlassen und zu beauftragen und während der Durchführung des Bauvorhabens das Hausrecht auf der Baustelle auszuüben.

Erläuterung

Mit Vollmachten sollte man in Verträgen äußerst sparsam umgehen. Im Rahmen üblicher Bau- oder Kaufverträge von Fertighäusern oder Massiv-Fertighäusern gibt es eigentlich überhaupt keinen Grund für irgendeine Vollmacht. Die Regelung, die hier in § 9 getroffen wird, ist viel zu weitgehend. Denn das heißt ja, dass das Bauunternehmen alles Mögliche veranlassen kann – und zwar auf Ihre Kosten. Beispielsweise könnte das Unternehmen einen Gasanschluss auf ihr Grundstück legen lassen, auch wenn ursprünglich vielleicht eine Wärmepumpe besprochen war. Denn wenn in der Bau- und Leistungsbeschreibung ein Ausführungsvorbehalt der Heizung festgeschrieben steht, heißt das im Klartext, dass Sie letzten Endes nicht unbedingt die Heizung bekommen, die Sie auch zu bekommen glauben.

Man kann mit einem Hausbauunternehmen vereinbaren, dass es die Beantragung z. B. von Baustrom und Bauwasser übernimmt oder auch die Abstimmung der Verlegung von Zu- und Abwasser. Das heißt aber, dass Sie darüber fortlaufend informiert werden und die Antragsformulare unterzeichnen. Dadurch behalten Sie den Überblick, was beantragt wird und welche Kosten dabei entstehen. Eine Vollmacht wie die unter § 9 vereinbarte ist nicht notwendig.

Auch die Vereinbarung zur Übertragung des Hausrechts auf dem Grundstück ist unnötig und viel zu weitgehend. Das Hausrecht sollte grundsätzlich immer bei Ihnen verbleiben.

§ 10 Kündigung

Soweit der Auftraggeber den Bauvertrag kündigt, steht dem Auftragnehmer eine pauschale Vergütung in Höhe von 40 % der bis zu diesem Zeitpunkt noch nicht erbrachten Bauleistungen zu. Der Auftragnehmer kann die Arbeit einstellen oder den Vertrag kündigen, wenn der Auftraggeber seinen Mitwirkungspflichten nicht nachkommt oder Ratenzahlungen nicht vollständig und / oder nicht rechtzeitig erfüllt. In diesem Falle steht dem Unternehmen eine pauschale Entschädigung von 20 % der insgesamt vereinbarten Bauleistungen zu.

Erläuterung

Die in § 10 getroffenen Kündigungsregelungen sind zum erheblichen Nachteil von Verbrauchern. Gemäß Vertrag kostet das Haus 250.000 Euro. Unklar ist, ob netto oder brutto. Gehen wir vom günstigeren Fall einer Bruttosumme aus. Während des Rohbaus kommt es zu nicht mehr überbrückbaren Verwerfungen zwischen Ihnen und dem Hausanbieter, Sie kündigen daraufhin dem Unternehmen. Dann stehen ihm nach dem vereinbarten Zahlungsplan noch die Raten Dachstuhl/Dachdeckung, Fenstereinbau, Rohinstallation Sanitär/Elektro/Heizung, Innenputz/Estrich, Maler-/Fliesenarbeiten und Übergabe zu, alles in allem noch 46 % der Hauskosten. Das sind in Summe 115.00 Euro. Auf 40 % dieser 115.000 Euro hat das Unternehmen jetzt im Kündigungsfall einen pauschalen Anspruch. Das sind 46.000 Euro. Solche Regelungen sollte man in jedem Fall vermeiden. Zwar könnte das Unternehmen auch auf entgangenen Gewinn klagen, müsste das aber erst einmal tun und einen solchen Prozess auch zunächst gewinnen. Das ist ein langer Weg mit vielen Unwägbarkeiten, denn auch der Kündigungsgrund wird dann natürlich gewichtet. Wenn das Unternehmen aber in jedem Fall von Ihnen eine so hohe Summe im Kündigungsfall bekommt, kann es für dieses unter Umständen sogar lukrativer sein, eine Kündigung zu provozieren, als das Bauvorhaben überhaupt abzuschließen.

Auch die Kündigungsberechtigungen seitens des Unternehmens sind sehr fraglich. Es kann eine sehr diffizile Auslegungsfrage sein, ob Sie Ihren Mitwirkungspflichten nachgekommen sind oder nicht. Ob Sie diesen nachgekommen sind, wird aber im Zweifel allein das Unternehmen entscheiden und hat dann – im Kündigungsfall – einen Anspruch auf Entschädigung.

Das Zurückhalten von Ratenzahlungen oder Teilen davon kann ebenso eine Einstellung der Arbeiten oder Kündigung seitens des Unternehmens auslösen. Nun kann es aber sein, dass Sie aus gutem Grund einen Einbehalt vornehmen, der Ihnen nach dem BGB ja auch zusteht. Wenn das Unternehmen daraufhin kündigt und seine Forderungen von 20 % Pauschalentschädigung vorlegt, ist der Streit vorprogrammiert. 20 % hört sich zwar zunächst auch noch niedriger an als 40 %, aber 20 % einer Gesamtsumme von 250.000 Euro sind ganz schnell mehr als 40 % einer noch zu zahlenden Baurestsumme.

Man kann Kündigungsregelungen vereinbaren, wenn man dies über die gesetzlich ja bestehenden Kündigungsregelungen hinaus überhaupt tun will. Aber man sollte dann keine Pauschalvergütungen vereinbaren, die in ihrer Höhe nicht gerechtfertigt sind und ganz falsche Anreize setzen.

Sehr problematisch ist darüber hinaus die Regelung, dass das Unternehmen berechtigt ist, seine Arbeiten einzustellen, wenn Sie Ihren Mitwirkungspflichten nicht nachkommen oder Ratenzahlungen nicht vollständig oder nicht rechtzeitig erfüllen. Das kann dazu führen, dass es monatelangen Streit darüber gibt, was Ihre Mitwirkungspflichten überhaupt sind, oder auch darüber, ob ein Einbehalt auch nur eines Teils einer Rate berechtigt war oder nicht. Dann kann es passieren, dass das Unternehmen in dieser Zeit einfach die Bautätigkeit einstellt. Das wird mitunter durchaus so gemacht, um Bauherren massiv unter Druck zu setzen. Denn je länger die Baustelle stillsteht, umso teurer wird das Ganze für Sie. Daher sollten Regelungen über Möglichkeiten der Einstellung von Bauarbeiten überhaupt nicht in Verträgen auftauchen. Wenn man sich auf einer Baustelle wechselseitig unwiderruflich überworfen hat, sollten klare, wechselseitige und belastungsfreie Kündigungsoptionen greifen und nicht die einseitige Möglichkeit eines Vertragspartners, eine Baustelle gegebenenfalls monatelang stillzulegen.

§ 11 Werbung

Der Auftragnehmer darf während der Bauzeit und bis zu sechs Monate nach Fertigstellung Bauschilder und Werbetafeln auf dem Grundstück errichten bzw. am Gebäude anbringen. Der Auftraggeber ist damit einverstanden, dass das Gebäude während der Bauzeit und bis zur Fertigstellung von Interessenten und Geschäftspartnern des Auftragnehmers zur Besichtigung zur Verfügung steht und danach in Bildform verwendet werden darf.

Erläuterung

Werbetafeln während der Bauzeit sind eventuell denkbar, wenn der Hausanbieter dafür die umfassende Sicherung und Versicherung übernimmt. Denn Sie sind der Bauherr, und wenn bei Sturm dieses Schild durch die Gegend fliegt, wird man sich zunächst an Sie halten. Ob Sie noch sechs Monate lang nach der Bauphase ein Werbeschild in Ihrem Garten stehen haben wollen, ist schon fraglicher. Und noch fraglicher ist, ob Sie Ihr Haus unbefristet als Bild im Internet und in Katalogen wiederfinden wollen, und zwar auch dann, wenn sie während des Baus möglicherweise gewaltigen Ärger mit dem Hausanbieter hatten.

Während des Baus ist unter Umständen gegen Rohbaubesichtigungen nichts einzuwenden. Ob Sie Besichtigungstouren durch das fertiggestellte Haus schließlich noch zulassen wollen, müssen Sie sich gut überlegen. Gerade wenn Böden, Treppe und Wände ganz neu sind, will man vielleicht nicht täglich noch Besuchergruppen im Haus haben.

§ 12 Schlussbestimmungen

Sollten einzelne Bestimmungen dieses Vertrages unwirksam sein oder werden, so wird die Wirksamkeit der übrigen Bestimmungen dadurch nicht berührt. Die unwirksamen Bestimmungen sind durch solche zu ersetzen, die dem wirtschaftlichen Zweck der ursprünglich getroffenen Bestimmungen am nächsten kommen.

Erläuterung

Die unter § 12 vereinbarten Schlussbestimmungen werden häufig auch unter dem Begriff „salvatorische Klausel" in Verträge aufgenommen. Sie regeln, wie in dem Fall verfahren werden soll, dass der Vertrag Regelungen enthält, die z.B. durch die aktuelle Rechtsprechung für unwirksam erklärt werden. Im hier vereinbarten Fall steht dann der wirtschaftliche Zweck als Orientierung im Vordergrund. Aber auch der wirtschaftliche Zweck kann natürlich zwei Seiten haben. Nicht immer ist das, was für den Hausbauer wirtschaftlich zweckvoll ist, auch für den Käufer wirtschaftlich zweckvoll. Und umgekehrt. Zu rechtlicher Befriedung wird diese Klausel im Fall des Falles also kaum führen, auch wenn Sie sehr häufig in Verträgen auftaucht.

§ 13 Auftragsannahme

Der Auftraggeber hält sich vier Wochen an diesen Auftragsantrag gebunden. Der Auftrag kann innerhalb dieser Frist vom Auftragnehmer angenommen werden. Der Auftrag wird gültig durch rechtsgültige, schriftliche Annahme einer vertretungsberechtigten Person des Auftragnehmers.

______________	______________
Ort, Datum	Bauherr
______________	______________
Ort, Datum	Massivhaus-Traum GmbH

Erläuterung

Wenn Sie diesen Vertrag unterzeichnet haben, hat gemäß den Regelungen in § 13 der Auftragnehmer, also der Hausanbieter, vier Wochen Zeit, zu unterzeichnen oder es zu lassen. Das ist eine völlig unnötige Vertragsregelung, mit der Sie auch einseitig benachteiligt werden. Das sollten Sie nicht akzeptieren. Entweder unterzeichnen zwei Seiten einen gemeinsam ausgehandelten Vertrag auch gemeinsam und zügig, oder aber man lässt es, wenn es nicht zu einer Einigung kommt.

Was fehlt im Vertrag?

Um Ihnen vorgelegte Verträge einer allerersten, rein stichprobenhaften Überprüfung auf zehn ausgesuchte, wichtige Punkte zu unterziehen, können Sie einmal testen, ob die folgenden Punkte enthalten und klar geregelt sind:

Checkliste zu wichtigen Vertragsinhalten

Regelungspunkt	Klar geregelt	Nicht oder unklar geregelt
Regelungen zu einer Grundstücksbegehung und einem Bodengutachten vor Hauskauf, um mögliche Kostenrisiken aus dem Grundstück zu erfassen.		
Option, die Bemusterung vor Vertragsunterzeichnung durchführen zu können (ggf. gegen Vergütung), damit vor Vertragsunterzeichnung der tatsächliche Hauspreis feststeht.		
Festlegung des Termins der Fertigstellung inklusive der Regelung von Konsequenzen darüber, was passiert, wenn der Termin nicht gehalten werden kann, aus Gründen, die der Hersteller zu vertreten hat.		
Klarer und eindeutiger Zahlungsplan ohne Überzahlungsrisiko (→ Seite 102).		
Benennung aller Vertragsanlagen mit vollständiger Baubeschreibung inklusive vereinbarter Sonderwünsche und Bemusterungsfestlegungen.		
Vereinbarung zur Aushändigung eines vollständigen Plansatzes des Baugesuchs (Maßstab 1:100) und der Werkplanung (Maßstab 1:50); dazu gehört auch ein vermaßter Schnittplan mit eingetragener Roh- und Fertigbauhöhe aller Räume.		
Berücksichtigung eines Sicherheitseinbehalts für den Bauherrn bis zur Fertigstellung und Abnahme des Gebäudes in Höhe von 5 % des Hauspreises.		
Berücksichtigung eines Gewährleistungseinbehalts von bis zu 5 % für die Dauer der Gewährleistung von fünf Jahren nach BGB.		
Gerichtsstandregelung zu Ihren Gunsten, das heißt, im Streitfall wird ein Gericht an Ihrem Wohn- oder Bauort gewählt und nicht am Sitz des Fertighausherstellers.		
Verzicht auf einseitige Bevorteilung des Fertighausherstellers im Kündigungsfall, z.B. durch Verzicht auf pauschale Entschädigungszahlungen.		

Gibt es Musterverträge?

Es gibt zurzeit einen interessanten Mustervertrag, der je nach Hersteller allerdings gegebenenfalls nur sehr schwer durchzusetzen sein wird. Trotzdem kann man sich an einem solchen Vertragsbeispiel orientieren.

Dieser Mustervertrag ist entwickelt worden vom Zentralverband Deutsches Baugewerbe e.V. (ZDB) und der Eigentümervereinigung Haus & Grund e.V. und wird fortlaufend durch Juristen gepflegt. Der Mustervertrag ist deswegen interessant, weil ihn einerseits die Vertreter von Bauunternehmen (ZDB) und anderseits die Vertreter von Haus- und Grundbesitzern (Haus & Grund) erarbeitet haben, also die Vertreter privater Auftragnehmer und privater Auftraggeber, die dabei sehr unterschiedliche Interessen vertraten. Herausgekommen ist ein durchaus als ausgewogen zu bezeichnender Vertrag, der auch für Verbraucher wesentlich besser geeignet ist als fast alles andere, was an Verträgen von Fertighaus- oder Massivhausanbietern sonst vorgelegt wird. Aufgrund der Tatsache, dass dieser Vertrag auch vom Zentralverband des Deutschen Baugewerbes vertreten wird, haben Bauunternehmen eigentlich keinen Grund, diesen Mustervertrag abzulehnen. Tun sie es dennoch, fragt sich natürlich, warum sie das tun? Denn der Vertrag benachteiligt Bauunternehmen nicht einseitig, sondern sucht nach einer ausgewogenen Lösung zwischen Bauunternehmen und Auftraggebern auf der Grundlage der geltenden Gesetze und der fortlaufenden Rechtsprechung.

Dieser Mustervertrag wird durch den ZDB kostenfrei im Internet zur Verfügung gestellt:

www.zdb.de/zdb-cms.nsf/id/bau-vertraege-de

Sie können dort auf der rechten Bildseite den Link „Einfamilienhaus Bauvertrag" anklicken, dann öffnet sich das PDF-Dokument. Der direkte Link zum Vertrag ist:

www.zdb.de/zdb-cms.nsf/res/3AR_EH-SF_V12-1E.PDF/$file/3AR_EH-SF_V12-1E.PDF

Neben den Verträgen fügen Fertighaushersteller und Massivhausanbieter gern auch sogenannte technische Vertragsbedingungen oder technische Bau- und Lieferbedingungen als Anlage hinzu. Da auch diese somit fester Vertragsbestandteil werden, sollten Sie sie auch aufmerksam durchlesen. Sie finden nachfolgend ein Beispiel, um auch für solche Vertragsbestandteile ein Gefühl zu entwickeln und sie gezielt hinterfragen zu können.

Technische Bau- und Lieferbedingungen

Im günstigsten Fall handelt es sich bei technischen Bau- und Lieferbedingungen um eine zumindest einigermaßen übersichtliche Auflistung von Punkten, die vor, während und nach der Bauleistung zu erfüllen sind. Im ungünstigsten Fall sind es mehrere kleingedruckte DIN-A4-Blätter, die dann sorgfältig durchgearbeitet werden müssen, damit keine kostenintensiven Details übersehen werden. Ein Beispiel für solche technischen Bau-und Lieferbedingungen ist nachfolgend aufgeführt.

Technische Bau- und Lieferbedingungen

Räumung, Zufahrt, Kran

Der Bauherr hat das Grundstück baufertig vorzubereiten, eben und gerodet. Das Grundstück muss mit Schwerlastkraftwagen mit einer Gesamtlänge von bis zu 20 Metern und 40 Tonnen Gesamtlast unmittelbar anfahrbar sein.

Baustrom und Bauwasser

Baustrom und Bauwasser sind bauseits zu stellen und dürfen nicht weiter als fünf Meter von der Baugrube entfernt installiert sein.

Chemie-WC

Ein Chemie-WC ist bauseits zu stellen.

Hausanschluss

Hausanschlüsse sind bauseits zu stellen. Sie müssen zum Zeitpunkt der Aufrichtung des

Hauses vollständig liegen und unter der Bodenplatte bis zum Hausanschlussraum geführt sein. Dort sind sie durch die Bodenplatte durchzuführen und dann nach Aufstellung des Hauses bis zu den herstellerseitigen Anschlusspunkten im Haus zu führen.

Einmessung

Die Einmessung des Hauses und Stellung eines Schnurgerüsts erfolgt bauseits.

Erdarbeiten

Das Erdreich muss im Bereich der Bodenplatte wieder bis an diese angeschüttet werden, sodass ein gefahrfreier Zugang vom umgebenden Erdreich auf die Bodenplatte möglich ist.

Bodenplatte

Die Bodenplatte ist exakt nach den Maßangaben der Holzhaus-Traum GmbH herzustellen und muss die statischen Anforderungen zur Aufnahme des Haustyps „Paradies" vollständig erfüllen. Die Holzhaus-Traum GmbH übernimmt keinerlei Gewährleistung für die Bodenplatte.

Schornsteinabnahme

Die Abnahme des Schornsteins durch den zuständigen Bezirksschornsteinfegermeister hat bauseits zu erfolgen.

Zusätzliche Technische Bau- und Lieferbedingungen bei Kellerbau

Keller

Bei bauseitiger Errichtung des Kellers ist die Kellerdecke gemäß Plananlage mit den darin festgelegten Maßen und der darin festgelegten Treppenaussparung zu errichten.

Der Keller muss die statischen Anforderungen zur Aufnahme des Haustyps „Paradies" der Holzhaus-Traum GmbH vollständig erfüllen. Die Holzhaus-Traum GmbH übernimmt keinerlei Gewährleistung für den Keller.

Die Höhenlage des Kellers muss exakt nach den im Baugesuch festgelegten Höhenmaßen erfolgen.

Der Keller muss von außen wieder angeschüttet sein, sodass ein gefahrloses Betreten der Kellerdecke vom umgebenden Erdreich aus möglich ist.

Erläuterung

Die hier als Beispiel dargelegten Lieferbedingungen lassen sehr viel offen. So sind z.B. die Angaben zu Statik und Maßgenauigkeit der Bodenplate bzw. des Kellers viel zu ungenau geregelt. Wenn Sie nun selber nach einem Kelleranbieter Ausschau halten, wird dieser mit den hier gemachten Angaben relativ wenig anfangen können. Er sollte zumindest Maße des Gebäudes haben, und zwar sehr genaue Maße des gesamten Wandaufbaus. Ferner sollte er Angaben darüber haben, welche Belastung später durch das Haus konkret auf eine Bodenplatte bzw. einen Keller aufgebracht wird. Denn es sind ja vor allem auch hohe Randbelastungen durch die Wände, die man kennen sollte, bevor man z.B. eine Bodenplatte mit Fundamentstreifen bzw. einen Keller plant.

Eine einfache Lösung in solchen Fällen kann sein, dass man die Planung der Bodenplatte bzw. des Kellers vor Ausführung an den Fertighaushersteller gibt und um schriftliche Freigabe der Planung bittet, damit es nicht nach dem Bau zu Diskussionen über Planungsfehler kommt. Auch sollte man den Fertighaushersteller vor Abnahme der Bodenplatte oder des Kellers mit auf die Baustelle nehmen, um auch mögliche Ausführungsprobleme vor der Abnahme dieser Bauteile noch zu klären, sodass sie nötigenfalls noch als Vorbehalt mit ins Abnahmeprotokoll aufgenommen werden können.

Wie schon im Vertrag selbst wird auch bei den technischen Bau- und Lieferbedingungen der Bauherr noch einmal ordentlich in die Pflicht genommen, ob es dabei nun um die Vorbereitung des Grundstücks, Anforderungen an Bodenplatte oder Keller oder auch um die Hausanschlüsse geht. Der Fertighausanbieter möchte an eine fix und fertig vorbereitete Bodenplatte oder Kellerdecke kommen und sein Haus zügig aufrichten. Das ist verständlich, wird aber so nicht immer wirklich offen kommuniziert. Schon der Begriff „Fertighaus" suggeriert ja eigentlich etwas anderes.

Man sollte all die Probleme, die aus den Schnittstellen zwischen Ihren vorbereitenden Maßnahmen und der jeweils daran anschließenden Tätigkeit des Fertighausanbieters resultieren können, nicht unterschätzen. Wenn man sich solche vorbereitenden Maßnahmen selbst doch nicht sicher zutraut, kann eine Lösung sein, auch mit diesen Leistungen den Fertighausanbieter zu beauftragen. Zumindest die Errichtung der Bodenplatte oder des Kellers könnte dann mit in seinem Leistungsumfang liegen. Auch das Einmessen des Hauses könnte bei ihm liegen, sodass es auch an diesem wichtigen Punkt nicht zu Missverständnissen oder Unklarheiten kommt und er damit klar für die richtige Stellung des Hauses auf dem Grundstück haftet. Viele Fertighausanbieter bieten mittlerweile auch die Errichtung der Bodenplatte oder des Kellers mit an, Massiv-Fertighausanbieter ohnehin fast immer.

Manche Fertighausanbieter bieten sogar die Unterstützung bei der Grundstückssuche an. Ist dies der Fall, sollte man die Hersteller von vornherein in die Pflicht nehmen, dass das von ihnen offerierte Grundstück auch tatsächlich geeignet ist zur Aufnahme des gewünschten Haustyps. Das betrifft den Bebauungsplan und das Baurecht genauso wie die geologischen Gegebenheiten.

Gütegemeinschaften und Zertifizierungen

Neben den gesetzlichen Rahmenbedingungen wie dem Eintrag des Unternehmens im Handelsregister des zuständigen Amtsgerichts oder der Pflichtmitgliedschaft bei der Industrie- und Handelskammer gibt es auch eine ganze Reihe freiwilliger Qualitätszirkel, die die Fertighausbauer von sich aus gegründet haben und pflegen (⇢ Anhang, Seite 188). Die wichtigsten sind:

- die Gütegemeinschaft Blockhausbau e.V.,
- die Gütegemeinschaft energieeffiziente Gebäude e.V.,
- die Gütegemeinschaft Holzbau – Ausbau – Dachbau e.V.
- die Qualitätsgemeinschaft Deutscher Fertigbau e.V. (QDF),
- die Bundes-Gütegemeinschaft Montagebau und Fertighäuser e.V. (BMF),
- die Vereinigung ZimmerMeisterHaus,
- die Gütegemeinschaft Fertigkeller e.V. (GÜF)

Gütegemeinschaft Blockhausbau e.V.

Der Deutsche Massivholz und Blockhausverband e.V. (DMBV) hat zur Gütesicherung die RAL-Gütegemeinschaft Blockhausbau e.V. ins

Leben gerufen. Beim DMBV handelt es sich um einen Zusammenschluss deutscher Hersteller von Blockhäusern und Massivholzhäusern. Der Güteschutz für die Herstellung von Massivholz- und Blockhäusern umfasst zwei Gütezeichen:

1. Gütezeichen für die Herstellung von Blockhäusern: In den Güte- und Prüfbestimmungen wird festgelegt, welche Holzarten zum Blockhausbau verwendet werden dürfen. Der maximale Feuchtegehalt ist eine weitere wichtige Anforderung an das Holz. Die Ausbildung der Eckverbindungen der Außenwände sowie der Dach-, Wand- und Fensteranschlüsse werden ebenfalls festgelegt. Auch für den Holzschutz werden Anforderungen formuliert.

2. Gütezeichen für die Montage von Blockhäusern: Nur Firmen, die das Gütezeichen für die Herstellung von Blockhäusern führen, dürfen auch das Gütezeichen für die Montage von Blockhäusern führen, da die Regeln für die Güteüberwachung der Montage auf denen der Herstellung aufbauen. Die Montage darf beispielsweise nur von qualifizierten Mitarbeitern durchgeführt werden. Weitere wichtige Punkte sind die Montage der Fenster und Türen sowie die Dichtigkeit und Dämmung von Fassade und Dach.

Gütegemeinschaft energieeffiziente Gebäude e.V.
Hierbei handelt es sich um eine bundesweit tätige Prüforganisation, die mit unabhängigen Sachverständigen die energetische Qualität von Planung oder Bauausführung von Neubauten prüft. Sie vergibt das RAL-Gütezeichen Nr. 965, eine patentrechtlich geschützte Kennzeichnung für Gebäude mit hoher energetischer Qualität.

Gütegemeinschaft Holzbau – Ausbau – Dachbau e.V.
Die Gütegemeinschaft Holzbau – Ausbau – Dachbau e.V. vergibt gemeinsam mit der Bundes-Gütegemeinschaft Montagebau und Fertighäuser e.V. (BMF) und der Gütegemeinschaft Deutscher Fertigbau e.V. (GDF) das Holzbau Gütezeichen RAL GZ 422.

Qualitätsgemeinschaft Deutscher Fertigbau e.V. (QDF)
Die Qualitätsgemeinschaft Deutscher Fertigbau (QDF) besteht aus dem Zusammenschluss der Mitgliedsfirmen des Bundesverbandes Deutscher Fertigbau (BDF). Sie haben sich verpflichtet, über die gesetzlichen Bestimmungen hinausgehende Anforderungen an Bauweise, Fertigung und verwendete Materialien zu erfüllen.

Bundes-Gütegemeinschaft Montagebau und Fertighäuser e.V. (BMF)
Die Bundes-Gütegemeinschaft Montagebau und Fertighäuser e.V. (BMF) ist eine RAL-Gütegemeinschaft für Holz-Fertighaushersteller in Holztafelbauweise. Die Produkte der Mitglieder werden hinsichtlich Übereinstimmung mit bauaufsichtlichen Anforderungen wie z. B. Standsicherheit, Brandschutz, Hygiene, Gesundheitsschutz und Umweltschutz, Nutzungssicherheit, Schallschutz, Energieeinsparung und Wärmeschutz geprüft. Dies erfolgt sowohl durch eigene Produktionskontrolle der Mitglieder als auch durch unangemeldete Fremdüberwachung zweimal im Jahr. Als Nachweis der Übereinstimmung mit den technischen Regeln

müssen sämtliche Holztafeln gekennzeichnet werden.

Außerdem erhalten alle Holzbauteile, deren Güte gemäß den gültigen Prüfbestimmungen gesichert ist, das Gütezeichen „Holzbauteile für Montagebau und Fertighäuser“ RAL GZ-422-1 und 422-2. Hierzu wird z. B. geprüft, ob für die zum Zeitpunkt der Prüfung hergestellten Bauteile Standsicherheitsnachweise, Wärme- und Feuchteschutznachweise, Schall- und Brandschutznachweise vorliegen und die U-Werte der Außenbauteile eingehalten werden. Außerdem wird das eingesetzte Holz hinsichtlich Holzfeuchte kontrolliert sowie das Luftdichtigkeitskonzept der Gebäudehülle.

Vereinigung ZimmerMeisterHaus

Die Vereinigung ZimmerMeisterHaus ist ein Zusammenschluss selbstständiger Unternehmer des Zimmererhandwerks. Der Schwerpunkt liegt hierbei auf dem individuellen und qualitätsbewussten Holzhausbau.

Gütegemeinschaft Fertigkeller e.V. (GÜF)

Die Gütegemeinschaft Fertigkeller e.V. ist ein kleiner Verein mit wenigen Mitgliedsunternehmen. Ziel ist die Qualitätssicherung bei der Herstellung von Fertigkellern und der Dienstleistung bei der Montage vor Ort.

Die Gütegemeinschaft verfügt über ein eigenes RAL-Zeichen. Das Nutzungsrecht besteht für die Mitglieder bei Einhaltung der Güte- und Prüfbestimmungen. Diese Überwachung erfolgt durch unabhängige Sachverständige sowohl im Werk als auch vor Ort auf der Baustelle.

Gütegemeinschaft Blockhausbau e.V.:
www.dmbv.de

Gütegemeinschaft energieeffiziente Gebäude e.V.:
www.guetezeichen-neh.de

Gütegemeinschaft
Holzbau – Ausbau – Dachbau e.V.:
www.ghad.de

Qualitätsgemeinschaft Deutscher Fertigbau e.V. (QDF):
www.bdf-ev.de

Bundes-Gütegemeinschaft Montagebau und Fertighäuser e.V. (BMF):
www.guetesicherung-bau.de

Vereinigung ZimmerMeisterHaus:
www.zmh.com

Gütegemeinschaft Fertigkeller e.V.:
www.kellerbau.info

Bei der Überprüfung Ihres zukünftigen Vertragspartners können Sie auch Informationen darüber einholen, ob er Mitglied in einer der genannten Gütegemeinschaften ist. Diese Gütegemeinschaften und ihre Richtlinien allein sagen über die konkret erbrachte Leistung bei einzelnen Bauvorhaben zwar noch nicht viel aus, sie sind jedoch ein Indiz dafür, dass Ihr Fertighausanbieter zumindest bereit ist, sich der unabhängigen Überprüfung eines Fachausschusses zu stellen.

Außer den Gütegemeinschaften gibt es auch die Dachorganisationen im Bereich des Fertigbaus. Dies sind bei den Holz-Fertighausanbietern in Deutschland gleich zwei: zum einen der Bundesverband Deutscher Fertigbau (BDF), zum anderen der Deutsche Fertigbauverband e.V. (DFV). Alle Adressen und Anschriften der Verbände finden Sie im Anhang. Die Dachorganisationen sind aber nur Interessenvertreter der Fertighausanbieter und daher für Sie als unabhängiger Verbraucher eher von nachgeordnetem Interesse. Trotzdem ist es sinnvoll, Ihren Fertighausanbieter anzusprechen, ob er Mitglied in einem der Dachverbände ist und wenn nicht, nachzufragen, warum er es nicht ist.

Einige der Gütegemeinschaften des Fertigbaus vergeben sogenannte RAL-Zertifizierungen. Diese RAL-Zertifizierungen sollen einen Anhaltspunkt für die Qualität eines Produktes liefern.

Was ist ein RAL-Zertifikat?
RAL ist eine alte Buchstabenkombination und stand zuzeiten der Weimarer Republik für „Reichsausschuß für Lieferbedingungen". Dieser wurde 1925 ins Leben gerufen. Auch nach dem Zweiten Weltkrieg blieb man dieser Buchstabenkombination treu. Daher führt die heutige Nachfolgeinstitution den vollständigen Namen: „RAL – Deutsches Institut für Gütesicherung und Kennzeichnung e.V.". Diese Einrichtung ist ein Spitzenverband von über 100 Mitgliedsverbänden des Handwerks, der Industrie und auch des Verbraucherschutzes sowie staatlicher Einrichtungen der Bundesrepublik Deutschland, der die Qualität von Produkten überwacht und gegen Nichteinhaltung auch vorgeht.

Diese Institution vergibt unter anderem sogenannte Zertifikate. Die RAL-Zertifizierung im Fertighausbau bedeutet im Grunde, dass sowohl die Produktion, wie auch das zu produzierende Produkt einer regelmäßigen Qualitätskontrolle unterzogen werden. Bei dieser unabhängigen Kontrolle der Fertighaushersteller werden verschiedene Aspekte des laufenden Hausbaus überprüft. Hinsichtlich der Produktion werden z. B. bei Holz-Fertighausherstellern die Holzfeuchte und der Holzschutz des verarbeiteten Materials überprüft, hinsichtlich des zu erstellenden Produkts z. B. die Statik, der Wärmeschutz oder auch der Schall- und Brandschutz.

Diese Zertifizierungen sind u.a.:
- beim Blockhausbau das RAL GZ 402-1 und 402-2,
- beim Niedrigenergiehausbau das RAL-GZ 965,
- beim Fertigkellerbau das RAL GZ 518.

Damit kennen Sie die wichtigsten Eckpunkte für eine unabhängige Herstellerüberprüfung. Vergleichen Sie auch in diesen Punkten die einzelnen Hersteller untereinander. Wer hat eine entsprechende Zertifizierung und wer nicht?

Garantieerklärungen
Manchmal enthalten Verträge auch Garantieerklärungen. Garantien gehen über übliche Gewährleistungen hinaus. Der Hersteller räumt hier also freiwillig zusätzliche Garantieversprechen ein. Manchmal wird das im Vertrag geregelt, und manchmal gibt es ein zusätzliches Dokument, in dem festgehalten ist, welche Garantien bestehen. Wenn etwas Derartiges Vertragsbestandteil werden soll, muss das Dokument auch im Kaufvertrag als Vertragsbestandteil benannt sein. Nur dann kann man sicher sein, dass es wirksam vereinbart ist. In der Garantievereinbarung selber sollte man auf folgende Punkte achten:
- Umfang und Art der Garantie,
- Dauer der Garantie und
- Wege der Behebung im Bedarfsfall.

Das heißt im Einzelnen:
- Es werden in den Garantieerklärungen nicht nur Einzelteile benannt, sondern auch Bauteilkombinationen (also nicht nur der

Heizungsbrenner, sondern das gesamte Heizungssystem).

- Es werden klare Zeiträume benannt oder mindestens Betriebsstunden der Geräte, die definieren, wie lange welche Garantie gilt.

- Es werden klare Zielvereinbarungen getroffen, auf welchem Wege Probleme im Bedarfsfalle behoben werden (wer kommt z. B. wann vorbei, wenn im ersten Winter plötzlich die Heizung ausfällt?).

Zahlungsplan

Bau- und Leistungsbeschreibung als Grundlage auch des Zahlungsplans

Wenn Sie ein Fertighaus erwerben, gehört auch eine Bau- und Leistungsbeschreibung dazu. Ein Zahlungsplan sollte immer mit einer solchen Bau- und Leistungsbeschreibung eng verzahnt werden, damit Sie genau wissen, wann Sie welche Leistung bezahlen – bis hin zu Details wie den Innentüren, Badarmaturen, Fußbodenleisten oder anderen Dingen. Daher ist es sinnvoll, Sie machen Ihre Bau- und Leistungsbeschreibung zur Grundlage für den Zahlungsplan; denn in den Bau- und Leistungsbeschreibungen der Fertighausanbieter sind diese Details üblicherweise zumindest erfasst, in den Zahlungsplänen der Verträge derselben Fertighausanbieter hingegen fast nie.

Baubeschreibungen sind sehr unterschiedlich aufgebaut, und sie folgen in ihrem Aufbau auch nicht immer exakt der Reihenfolge der Baumaßnahmen. Aber alles das macht nichts. Denn trotzdem kann jede Bau- und Leistungsbeschreibung als Grundlage zur Definition der Ratenzahlungen dienen.

Wenn die einzelnen Bauleistungen Ihrer Bau- und Leistungsbeschreibung durchnummeriert sind, dann können Sie daraus Zahlungsraten definieren. Nehmen wir an, Ihre Baubeschreibung hat 30 durchnummerierte Bauleistungsabschnitte. Dann übertragen Sie diese 30 Bauleistungsabschnitte in eine Tabelle und legen daneben fest, was für jede dieser Bauleistungen prozentual und in Euro an Zahlung fällig wird, wenn die Teilleistung vollständig und mangelfrei erbracht ist.

Hat Ihre Baubeschreibung keine Nummerierung, können Sie entweder in einer Tabelle für jede zu zahlende Rate den dazugehörigen Baubeschreibungstext aufnehmen, oder Sie nummerieren die einzelnen Bauleistungen einfach nachträglich durch. Insgesamt 10 bis 20 Zahlungsraten sind noch überschau- und gut steuerbar. Hat der Fertighausanbieter in seinem ursprünglichen Vertrag nur fünf oder sieben Zahlungsraten, kann man theoretisch auch darauf eingehen und die Leistungen aus der Baubeschreibung auf fünf oder sieben Zahlungsraten aufteilen. Wichtig dabei ist immer nur, dass die zu erbringende Leistung für jede Rate exakt definiert ist und dass bei jeder Rate auch nur jeweils das gezahlt wird, was zuvor auf der Baustelle auch bereits erbracht ist.

Überzahlungen vermeiden

Wichtig ist ferner, dass für die einzelnen Schritte nicht zu viel gezahlt wird. Eine Faustregel ist, dass bis zum geschlossenen Rohbau nicht mehr als 60 %, maximal 65 % der Bausumme gezahlt sein sollten. Denn zu diesem Zeitpunkt ist weder die Heizung im Haus installiert, noch sind der Estrich und die gesamten Oberflächengewerke wie Boden- und Wandbeläge verlegt. Auch die Sanitärgegenstände und

Armaturen müssen noch angeschlossen, Türen gesetzt werden etc. Selbst wenn das Haus einen hohen Vorfertigungsgrad hat, bleiben auch nach Aufstellen des Hauses auf der Baustelle noch viele Leistungen offen.

Schlussrate nicht zu niedrig regeln

Ein weiterer wichtiger Punkt ist, dass die Schlussrate noch mindestens 5 % – besser deutlich mehr – betragen sollte, damit für Sie bis zum Schluss ausreichende Sicherheiten bestehen bleiben. Denn gemäß § 641 Absatz 3 BGB haben Sie das Recht, für Baumängel, die Sie erkennen, das Doppelte der zur Beseitigung des Mangels notwendigen Kosten einzubehalten. Das können schnell Summen sein, die sich im Bereich von 5 % und mehr der Bausumme bewegen. Ist dann kein ausreichender Betrag mehr da, können Sie einen gegebenenfalls berechtigten Einbehalt gar nicht mehr umsetzen. Zumindest 10 % als Schlussrate sind daher angemessen.

Sicherheitseinbehalt regeln

Nach § 632 a) Absatz 3 BGB haben Sie das Recht, 5 % der Bausumme von Anbeginn an einzubehalten als Sicherung für die rechtzeitige Herstellung des Bauwerks ohne wesentliche Mängel. Das große Problem hierbei ist allerdings, dass Sie Mängelfreiheit vor Abnahme nicht immer einfach prüfen können. Vereinbaren Sie daher zusätzlich, dass auch dieser Sicherheitseinbehalt erst nach Abnahme ausbezahlt wird.

Gewährleistungseinbehalt regeln

Ferner haben Sie nach geltender Rechtsprechung die Möglichkeit, einen Gewährleistungseinbehalt in Höhe von bis zu 5 % der Bausumme über den Zeitraum der gesamten Gewährleistung (nach BGB fünf Jahre ab Abnahme des Bauwerks) einzubehalten. Der Gewährleistungseinbehalt ist jedoch nicht gesetzlich geregelt, sondern muss vertraglich vereinbart sein, wenn er wirksam werden soll.

Dieser Gewährleistungseinbehalt dient dazu, bei möglichen Gewährleistungsproblemen handlungsfähig zu bleiben. So kann es zum Beispiel sein, dass ein Fertighaushersteller kein Interesse an einer Mangelbehebung hat, oder aber er kann den Mangel gar nicht mehr beheben, weil das Unternehmen während der Gewährleistungszeit in die Insolvenz rutschte.

Bürgschaft als Option

Viele Fertighausanbieter schlagen alternativ zu den Sicherheitseinbehalten Bankbürgschaftsregelungen vor. Wenn der Fertighausanbieter sich partout gegen den Gewährleistungseinbehalt wehrt, können auch Sie ihm alternativ anbieten, diesen über eine Bürgschaft zu regeln. Das heißt, Sie zahlen zwar auch die letzten 5 % an ihn aus, die Bank des Fertighausanbieters bürgt über diesen Betrag aber für den Fertighaushersteller, sodass sichergestellt ist, dass allen Gewährleistungsfällen bis fünf Jahre nach Abnahme des Bauwerks vom Fertighausanbieter auch nachgegangen wird. Eine solche Bürgschaft sollte unwiderruflich, unbefristet, unbedingt und selbstschuldnerisch unter Verzicht auf Einrede der Vorausklage sein. Auch eine zusätzliche Regelung der Bürgschaft „auf erste Anforderung" wäre denkbar, damit sie im Bürgschaftsfall auch wirklich schnell und unkompliziert an Ihr Geld kommen. Die Kosten der Bürgschaft sollte dann, wenn der Fertighausanbieter eine Bürgschaftsregelung verlangt, auch der Fertighausanbieter tragen.

Eine Bürgschaft benötigen Sie vor allem dann, wenn ein Fertighausanbieter von Ihnen Geld verlangt, ohne dass dafür bereits eine Leistung erbracht wurde. Da Sie dieses generell vermeiden sollten, sind auch Bürgschaften nicht zwingend. Es gibt aber kleinere Anbieter, die z. B. die Vorbestellung des Holzes für das Haus nicht in jedem Fall vorfinanzieren können. Soll die Holzbestellung dann im Voraus von Ihnen bezahlt werden, ist eine Bankbürgschaft des Fertighausanbieters zwingend erforderlich. Denn es könnte ja sein, dass der Fertighausanbieter nach Ihrer Zahlung und während der Holzbestellung oder Lagerung des Holzes in der Werkstatt in die Insolvenz rutscht. Dann wäre Ihr Geld weg.

Bei Bürgschaften ist allergrößte Vorsicht geboten: Bürgschaft ist nicht gleich Bürgschaft. Es kommt auf die Regelungen im Detail an. Eine Bankbürgschaft des Fertighausanbieters bzw. von dessen Bank muss, wie erwähnt, grundsätzlich unwiderruflich, unbefristet, unbedingt und selbstschuldnerisch sein. Ferner sollte geregelt werden, dass die Kosten der Bürgschaft der Fertighausanbieter trägt. Wenn Sie die Bürgschaftsurkunde ausgehändigt bekommen, sollten Sie sich die Echtheit von der ausstellenden Bank direkt bestätigen lassen.

Umgekehrt kann es sein, dass der Fertighaushersteller von Ihnen eine Bürgschaft will, denn auch er geht ja ein gewisses Risiko ein, z. B. wenn er das Holz oder Fenster etc. für das Haus bestellt. Wenn Sie dem Fertighaushersteller eine Bürgschaft erteilen, müssen Sie darauf achten, dass diese Bankbürgschaft von der Gegenseite niemals „auf erstes Anfordern“ gezogen werden kann und auch niemals unter „Verzicht auf Einrede der Vorausklage“ oder ähnliche Formulierungen enthält. Ihre Bankbürgschaft sollte immer deutlich gekennzeichnet sein mit dem Zusatz „Nicht auf erstes Anfordern“. Im Streitfall zwischen Ihnen und dem Bauträger würde das Geld dann ggf. zunächst einmal beim zuständigen Gericht hinterlegt und der Bauträger hätte keinen direkten Zugriff darauf, sondern dieser Zugriff würde abhängig gemacht vom Ausgang eines Verfahrens.

Eine Alternative zu Bankbürgschaften können sogenannte Abtretungserklärungen sein. Das heißt, die in Ihrem Kreditvertrag mit der Bank festgelegte Kreditauszahlung können Sie an den Fertighausanbieter abtreten. Dadurch erhält der Fertighausanbieter einen Anspruch auf Kreditauszahlung, allerdings nur dann, wenn er die entsprechenden Leistungen auch erbracht hat. Hier liegt allerdings auch schon das Problem. Damit das wirklich sicher funktionieren könnte, müsste Ihre Bank erstens einen sehr exakten Ratenzahlungsplan haben und exakt wissen, wann was gezahlt wird (Wann wird der Kellerrohbau gezahlt? Was ist der Kellerrohbau? Gehören z. B. dazu auch der Hausanschluss und die Kellerfensterlichtschächte?). und zweitens müsste Ihre Bank die Einhaltung der Dinge vor Ort penibel überprüfen. Da Banken das weder fachlich noch personell können, sollten Sie von Abtretungen generell die Finger lassen. Sie sind sonst nicht mehr Herr darüber, welcher Betrag überwiesen wird und welcher nicht.

Beispiel Zahlungsplan

Ein Beispiel für einen Zahlungsplan, der mit einer Bau- und Leistungsbeschreibung und deren Inhalten gekoppelt ist, könnte etwa wie folgt aussehen:

Für die Bausumme von 250.000 Euro inkl. Mehrwertsteuer gilt nachfolgender Zahlungsplan, wobei 5 % der Bausumme gemäß § 623a) Absatz 3 BGB als Sicherheitseinbehalt bis zur rechtzeitigen Herstellung des Bauwerks ohne wesentliche Mängel von Anfang an zurückbehalten werden – und zwar bis nach Abnahme des Gebäudes – und 5 % als Gewährleistungseinbehalt bis zum Ablauf der Gewährleistungszeit (fünf Jahre nach Abnahme gemäß BGB) ebenfalls von Anfang an zurückbehalten werden. Entsprechend verbleibt eine Summe von 225.000 Euro.		
1. Rate 1,5 %	3.750 Euro	*Fällig nach vollständiger Erbringung der Leistungen Punkt 1 bis 2 gemäß Bau- und Leistungsbeschreibung* (das könnte z.B. nach Erstellung und erfolgreich genehmigtem Bauantrag sein)
2. Rate 2,5 %	6.250 Euro	*Fällig nach vollständiger Erbringung der Leistungen Punkt 3 bis 5 gemäß Bau- und Leistungsbeschreibung* (das könnte z.B. den Erdaushub für einen Keller und Abtransport auf die Deponie umfassen sowie Anbindung an die öffentlichen Versorgungsleitungen)
3. Rate 10 %	25.000 Euro	*Fällig nach vollständiger Erbringung der Leistungen Punkt 5 bis 8 gemäß Bau- und Leistungsbeschreibung* (das könnte z.B. den Kellerrohbau umfassen inklusive Fenster und Lichtschächte)
4. Rate 40 %	100.000 Euro	*Fällig nach vollständiger Erbringung der Leistungen Punkt 9 bis 15 gemäß Bau- und Leistungsbeschreibung* (das könnte z.B. die Aufstellung des Hauses auf dem Keller umfassen inklusive Außenputz, fertig gedecktem Dach, Fenster, Rollläden, Innentreppe und verlegter Hausinstallation – Elektro und Sanitär – in den Wänden)
5. Rate 6 %	15.000 Euro	*Fällig nach vollständiger Erbringung der Leistungen Punkt 16 bis 17 gemäß Bau- und Leistungsbeschreibung* (das könnte z.B. die Installation der Heizungsanlage umfassen inklusive Speicher- und Warmwassertechnik sowie die Installation von Heiz- und Sanitärleitungen)
6. Rate 5 %	12.500 Euro	*Fällig nach vollständiger Erbringung der Leistungen Punkt 18 bis 20 gemäß Bau- und Leistungsbeschreibung* (das könnte z.B. den Estrich und alle gegebenenfalls zu erledigenden Innenputzarbeiten umfassen)
7. Rate 5 %	12.500 Euro	*Fällig nach vollständiger Erbringung der Leistungen Punkt 21 bis 23 gemäß Bau- und Leistungsbeschreibung* (das könnte z.B. sämtliche Boden- und Wandbeläge umfassen inklusive Montage der Innentüren)
8. Rate 5 %	12.500 Euro	*Fällig nach vollständiger Erbringung der Leistungen Punkt 24 bis 26 gemäß Bau- und Leistungsbeschreibung* (das könnte z.B. die Fertigmontage der Elektroinstallation, der Sanitärgegenstände und Armaturen umfassen)
9. Rate 5 %	12.500 Euro	*Fällig nach vollständiger Erbringung der Leistungen Punkt 27 bis 29* (das könnte z.B. Sockelputz, Außentreppe, Vordach, Außenbeleuchtung, gegebenenfalls Kiesstreifen ums Haus, Terrasse und eventuell Briefkasten und Hausnummer betreffen)
10. Rate 10 %	25.000 Euro	*Fällig nach vollständiger Erbringung der Leistung Punkt 30* (das könnte z.B. nach Endreinigung Zug um Zug gegen Übergabe und Beseitigung letzter Mängel sein)

Wenn der Bau rechtzeitig und mangelfrei erstellt ist, kann nach einer erfolgten und erfolgreichen Abnahme des Gebäudes auch der Sicherheitseinbehalt an das Fertighausunternehmen überwiesen werden. Das sind weitere 5 %. Damit sind schließlich insgesamt 95 % an das Unternehmen ausbezahlt. Einbehalten bis zum Schluss der Gewährleistungszeit, also fünf Jahre lang, bleiben dann noch 5 %. Oder aber diese werden – wie beschrieben – über eine Bürgschaftsregelung abgesichert.

Hinweis

Wenn Sie ein Gebäude auf eigenem Grund- und Boden bauen lassen, dann ist der Hausanbieter in der Gestaltung seiner Zahlungsraten letztlich frei. Würde er Ihnen hingegen ein Haus zusammen mit einem Grundstück anbieten, müsste er sich an die Zahlungsraten-Vorgaben der sogenannten Makler- und Bauträgerverordnung (MaBV) halten. Mehr zu diesem Thema erfahren Sie in dem Ratgeber „Kauf eines Reihen- oder Doppelhauses" der Verbraucherzentrale: www.vz-ratgeber.de

Hilfen bei der Vertragsprüfung

Wie auf Seite 72 dargelegt, bieten die Verbraucherzentralen im gesamten Bundesgebiet Möglichkeiten nicht nur der Baubeschreibungs-, sondern auch der Vertragsprüfung an. Auf Seite 72 finden Sie auch eine Aufstellung der Bundesländer, in denen dies erfolgt.

Auch hinsichtlich der Vertragsprüfung lohnen längere Anfahrten zu den Beratungsstellen der Verbraucherzentrale; denn eine Vertragsunterzeichnung über den Wert einer sechsstelligen Summe ohne vorherige sorgsame Prüfung ist schlichtweg nicht zu empfehlen.

Weitere Informationen finden Sie auch unter www.verbraucherzentrale.de und dann bei den bezeichneten Bundesländern.

Neben den Angeboten der Verbraucherzentrale können Sie natürlich auch direkt eine anwaltliche Prüfung bei einem niedergelassenen Rechtsanwalt veranlassen.

In der Regel wird anwaltliche Hilfe erst in Anspruch genommen, wenn konkrete Probleme vorliegen, seien es z. B. erhebliche Terminüberschreitungen oder Mängel, die nicht beseitigt werden. Inwieweit in einer solchen Situation Ansprüche durchsetzbar sind, hängt wesentlich von den entsprechenden Vertragsunterlagen ab. Häufig können Bauherren berechtigte Ansprüche aufgrund unklarer und unvollständiger Verträge nicht oder nur teilweise durchsetzen.

Dies können Sie vermeiden, indem Sie rechtzeitig vor dem Abschluss von Verträgen Kontakt mit einem auf Baurecht spezialisierten Anwalt aufnehmen und diesen die Unterlagen vor Vertragsabschluss prüfen lassen. Dadurch schafft er eine für Sie günstige Ausgangsposition. Entscheidend dabei ist, dass der Anwalt mit der aktuellen Rechtsprechung im Baurecht vertraut ist, denn nur ein in diesem Bereich prozesserfahrener Anwalt kann Ihnen in diesem komplexen Rechtsgebiet weiterhelfen. Erfahrene Anwälte in Ihrer Nähe finden Sie z. B. über die ARGE Baurecht (Arbeitsgemeinschaft für Bau- und Immobilienrecht im Deutschen Anwaltsverein): www.arge-baurecht.de

Diese Prüfung der Vertragsunterlagen durch den Anwalt hat den Vorteil, dass dieser das Bauvorhaben und die Vertragssituation von Beginn an kennt und bei auftretenden Problemen sofort angemessen reagieren kann.

Fachanwälte finden Sie auch im Branchenfernsprechbuch www.gelbeseiten.de, oder Sie fragen bei der Anwaltskammer nach. Wichtig ist für Sie, vorab die Honorarbasis (z. B. Stundenbasis oder Honorar nach Streitwert gemäß Rechtsanwaltsvergütungsgesetz (RVG)) und die Höhe des voraussichtlichen Honorars zu klären und dies ggf. schriftlich zu vereinbaren.

Wie vergleichen Sie Angebote richtig?

Vergleichbarkeit herstellen

Viele Angebote sind überhaupt nicht vernünftig miteinander vergleichbar, z.B. weil die Leistungen, die man für sein Geld erhält, völlig unterschiedlich beschrieben sind. Ein Preis, der zunächst sehr günstig aussehen mag, kann sich ganz schnell als sehr ungünstig darstellen, wenn noch viele Zusatzleistungen hinzukommen, die in der Baubeschreibung bislang nicht enthalten sind. Vergleichbarkeit können Sie passiv herstellen, indem Sie alle Baubeschreibungen nebeneinanderlegen und schauen, was in ihnen enthalten ist und was nicht. Als Basis kann hierbei die Musterbaubeschreibung der Verbraucherzentralen dienen. Oder Sie gehen umgekehrt heran und stellen die Leistungen, die Sie wünschen, selbst zusammen und bitten auf dieser Basis um ein Angebot. Das ist bei den meisten Fertighausherstellern aber gar nicht möglich, da diese meist mit langjährig erprobten Verfahren arbeiten, die sie nicht für ein einzelnes Haus umarbeiten werden. Und umgekehrt können Sie natürlich nicht Holzbauwissen quasi aus dem Ärmel schütteln. Daher ist es sinnvoll, die Vergleichbarkeit auf gewisse Rahmendaten einzugrenzen; das sind energetische Standards, allgemeine Qualitätsstandards und Ausbaustandards.

Aufbauend auf der ersten, einfachen Checkliste von Seite 33 f. kann Ihnen hierbei die nachfolgende ausführliche Checkliste helfen: Sie können sie für die jeweiligen Angebote, die Ihnen vorliegen, selber ausfüllen. Danach können Sie die ausgefüllten Checklisten nebeneinanderlegen und die Angebote auf diese Weise viel besser miteinander vergleichen.

Leistungsumfang des Fertighausangebotes vom (Herstellernamen):

Planungs- und Bauleitungsleistungen:	Ja	Nein
Entwurfsplanung	☐	☐
Baugenehmigungsplanung	☐	☐
Ausführungsplanung	☐	☐
Leistungen von Fachingenieuren	☐	☐
Bauleitung	☐	☐
Koordination sämtlicher behördlicher Abnahmen	☐	☐
Koordination sämtlicher Subunternehmer	☐	☐

Individuelle Planungsmöglichkeiten:	Ja	Nein
Individuelle Grundrissanpassungen in allen Geschossen möglich	☐	☐
Spätere Grundrissveränderung möglich (angepasst an die Lebensumstände)	☐	☐
Voneinander unabhängige Nutzbarkeit der Geschosse gegeben (z.B. Option Einliegerwohnung)	☐	☐
Barrierefreiheit einfach nachrüstbar (u.a. Hauszugang, Treppe, Bäder)	☐	☐
Grundstück:	**Ja**	**Nein**
Baugrunduntersuchung (Bodengutachten)	☐	☐
Grobabsteckung und Feineinmessung für Baugrube inkl. Schnurgerüst	☐	☐
Untersuchung und Sicherstellung der Anfahrbarkeit durch den Auftragnehmer	☐	☐
Freimachung Grundstück (kleine Büsche, Bäume etc.)	☐	☐
Baustelleneinrichtung:	**Ja**	**Nein**
Komplette Baustelleneinrichtung (Bauzaun, Kran, Kranaufstellplatz, Gerüste, Toilette, etc.)	☐	☐
Kosten für Baustrom und Bauwasseranschluss sowie -betrieb während der Bauzeit	☐	☐
Erdarbeiten:	**Ja**	**Nein**
Aushub der Baugrube	☐	☐
Abfahrt des Erdreichs und Deponiegebühren	☐	☐
Deponiegebühren für Sonderentsorgungen (z.B. betastetes Erdreich)	☐	☐
Bei hohem Grundwasserstand: Grundwasserabsenkung während der Kellerbauarbeiten	☐	☐
Falls notwendig: Dränage an den Kelleraußenwänden	☐	☐
Wiederverfüllen der Baugrube	☐	☐
Andecken von Mutterboden / Humus (Rohplanie)	☐	☐
Geländemodellierung (Feinplanie) / Stützmaßnahmen auf dem Grundstück	☐	☐
Füllmaterial, wenn der Aushub zum Verfüllen nicht geeignet ist	☐	☐
Hausanschlüsse:	**Ja**	**Nein**
Aushub aller notwendigen Kanäle für alle Hausanschlüsse	☐	☐
Verlegung von Strom, Telekommunikation und gegebenenfalls Kabel-TV-Anschlüssen von Grundstücksgrenze bis Gebäude	☐	☐
Verlegung von gegebenenfalls Gas- oder Fernwärmeleitungen von Grundstücksgrenze bis Gebäude	☐	☐
Verlegung von Zuwasserrohren von Grundstücksgrenze bis Gebäude	☐	☐
Verlegung von Abwasserrohren von Gebäude bis Grundstücksgrenze inklusive Bau des Kontrollschachtes	☐	☐
Gebäudebodenplatte (bei Hausbau ohne Keller):	**Ja**	**Nein**
Bodenplatte als WU-Betonbodenplatte	☐	☐
Sauberkeitsschicht, Trennlage und Kieslage unter Bodenplatte	☐	☐
Bodenplatte unterseitig und stirnseitig gedämmt	☐	☐

Gebäudekeller:	Ja	Nein
Keller als WU-Beton-Keller	☐	☐
Kellerunterseite gedämmt	☐	☐
Kelleraußenwände gedämmt	☐	☐
Wohnraumhöhe nach Landesbauordnung im Keller	☐	☐
Wandverputzung im gesamten Keller	☐	☐
Wandoberflächenbehandlung im gesamten Keller	☐	☐
Deckenverputzung im gesamten Keller	☐	☐
Deckenoberflächenbehandlung im gesamten Keller	☐	☐
Raumbeheizung im gesamten Keller	☐	☐
Schwimmender Estrich im gesamten Keller	☐	☐
Bodenbeläge im gesamten Keller inkl. geeigneter Dampfbremse	☐	☐
Wasseranschlüsse im Keller (z.B. Waschmaschine, WC)	☐	☐
Genügend Elektroanschlüsse in allen Räumen und Fluren im Keller	☐	☐
Gedämmte Kellerdecke in unbeheizten Kellerräumen	☐	☐
Dämmung zwischen beheizten und unbeheizten Kellerbereichen	☐	☐
Ausreichend große Kellerfenster zur Belichtung von Wohnräumen (nach Landesbauordnung ca. 10 % der Raumgrundfläche) inklusive Fluchtwegeignung und Schutzmaßnahmen gegen Wassereintritt	☐	☐
Lichtschächte mit Gitterrostauflage vor Kellerfenstern oder Absturzsicherung	☐	☐

Gebäude:	Ja	Nein
EnEV-Standard	☐	☐
KfW-Effizienzhaus-Standard 70	☐	☐
KfW-Effizienzhaus-Standard 55	☐	☐
Passivhaus-Standard	☐	☐
Nachweis der Luftdichtigkeit der Gebäudehülle	☐	☐
Zentrale Be- und Entlüftungsanlage	☐	☐
Dezentrale Be- und Entlüftungsanlagen	☐	☐
Mind. 300-Liter-Schichtenspeicher	☐	☐
Malerarbeiten im gesamten Haus	☐	☐
In Bädern und WC Fliesenarbeiten mit raumhoher Wandverfliesung	☐	☐
Sanitärgegenstände in freier Auswahl mit Benennung von Preisobergrenzen	☐	☐
Handtuchhalter, WC-Papierhalter in Bad und WC	☐	☐
Großer Spiegel bündig im Wandfliesenbett in Bad und WC	☐	☐
Genügend Elektroanschlüsse in allen Räumen und Fluren	☐	☐
Internet-, Telefon und Kabel-TV-Anschluss in allen Wohnräumen	☐	☐

Gebäude:	Ja	Nein
Treppe schallentkoppelt, grundiert und gestrichen mit Vollholzstufen	☐	☐
Bodenbeläge in den Wohnbereichen	☐	☐
Parkettbodenbeläge in den Wohnbereichen	☐	☐
Fensterausführung abgestimmt auf Energieeffizienzklasse	☐	☐
Kunststoff-Rahmen	☐	☐
Holz-Rahmen	☐	☐
Holz-Alu-Rahmen	☐	☐
Sonnenschutz (Jalousien) an allen Fenstern der Wohngeschosse	☐	☐
Rollläden an allen Fenstern der Wohngeschosse	☐	☐
Außen liegender Sonnenschutz für Dachflächenfenster	☐	☐
Klingelanlage	☐	☐
Gegensprechanlage in allen Geschossen	☐	☐
Sonstiges:	**Ja**	**Nein**
Endreinigung	☐	☐
Außenanlage:	**Ja**	**Nein**
Eingangspodest und Vordach	☐	☐
Außenbeleuchtung an Eingang und Terrasse	☐	☐
Briefkasten	☐	☐
Frostsicherer Außenwasserhahn	☐	☐
Terrasse inklusive Unterkonstruktion	☐	☐
Balkon inklusive Unterkonstruktion	☐	☐
Zugangsweg zum Haus	☐	☐

Neben dem Angebotsvergleich hilft Ihnen diese Checkliste auch dabei sicherzustellen, dass Sie keine wesentlichen Kostenpunkte übersehen. Denn erst wenn alle diese Leistungen auch in Ihrer Kostenplanung erfasst sind, haben Sie einen einigermaßen objektiven Kostenüberblick. Um die Kosten sicher im Griff zu haben, hilft Ihnen auch der Titel „Kostenfallen beim Immobilienkauf“ der Verbraucherzentrale detailliert weiter (⇢ Seite 35).

Die Vertragsverhandlungen

Der Weg zu einem Haus ist nie einfach. Es sei denn, Sie entdecken das perfekte, gebrauchte Haus, das man Ihnen zu sehr fairen Konditionen von privat an privat ohne die vermittelnde Tätigkeit eines Maklers anbietet. Wenn Sie glaubten, der Hausbau mit einem Fertighausanbieter sei preiswerter, einfacher und kostensicherer als mit einem Architekten, dann werden Sie schnell feststellen, dass das nicht automatisch so ist. Es kommt eben immer darauf an, mit wem sie planen und bauen. Das Internet ist voll von Erfahrungen mit allen möglichen Fertighausanbietern. Wenn Sie das Stichwort „Ärger" in Kombination mit dem von Ihnen bevorzugten Hausanbieter bei einer Internet-Suchmaschine eingeben, werden Sie möglicherweise mehr zu lesen bekommen, als Ihnen lieb ist.

Um den Bau eines Fertighauses werden Sie sich genauso kümmern müssen wie um jeden anderen Bau auch. Es ist eine Illusion zu glauben, mit einem Fertighaus kaufe man ein fix und fertiges Sorglospaket. Ganz im Gegenteil: Sie sind stark gefordert. Wie gut der Hausbau gelingen wird, hängt vor allem auch von Ihnen und Ihren Vorbereitungen ab. Und das bedeutet eine sorgfältige Vertragsverhandlung, sodass am Ende ein Vertrag steht, der möglichst viele potenzielle Konfliktfelder klar regelt.

Viele Bauherren haben vor einem Hausbau nur relativ wenig Erfahrungen mit Verträgen oder gar Vertragsverhandlungen. Ausbildungsverträge, Arbeitsverträge, Mietverträge, Handyverträge, Autokaufverträge sind zumeist die einzigen Verträge, die man bis dato unterzeichnet hat. Über diese Verträge wird in der Regel aber nicht verhandelt. Meistens werden sie von Arbeitssuchenden, Mietern oder Kunden so unterzeichnet, wie sie ihnen vorgelegt werden. Hinzu kommt, dass man bei vielen Vertragsabschlüssen durch geltendes Recht und eine umfassende Rechtsprechung gut geschützt ist. Das ist im Baurecht ganz anders. Die hier geltenden Regelungen sind für Verbraucher in weiten Teilen völlig unzureichend und mit erheblichen Risiken behaftet. Obwohl es sich beim Bau eines Hauses zumeist um die größte Einzelinvestition im Leben eines durchschnittlichen Verbrauchers handelt, ist er dabei gesetzlich nur sehr wenig geschützt. So ist ein Fertighausunternehmen z.B. ohne Weiteres berechtigt, den gesamten Kaufpreis vorab zu verlangen. Kommt ein Käufer einem solchen Verlangen nach und wird das Fertighausunternehmen kurz darauf insolvent, ist das gesamte Geld des Käufers verloren. Während bei Haustürgeschäften und im Internethandel viele noch so kleine Details gesetzlich geregelt sind, ist beim Hausbau nur sehr wenig geregelt, und mit einem Schlag kann deshalb die Existenz ganzer Familien unwiederbringlich vernichtet werden. Dessen müssen Sie sich bewusst sein, wenn Sie an ein solches Projekt gehen. Sie und nur Sie sind voll verantwortlich für das, was sie tun und vertraglich regeln. Der Staat hilft Ihnen dabei mit seinen gesetzlichen Bestimmungen nur sehr wenig. Auch Rechtsschutzversicherungen lehnen die Absicherung von Streitfällen aus Bauvorhaben zumeist ab.

Trotz dieses Umstandes kaufen viele Menschen Einbauküchen mit deutlich größerer Sorgfalt als ganze Fertighäuser. Das liegt daran, dass sie Wesen und Gestaltung von Einbauküchen durchschauen. Sie wissen, dass es billige und hochwertige Küchen gibt, sie wissen, dass das u.a. mit den verwendeten Materialien zu tun hat. Es ist ein Unterschied, ob eine Küche aus Pressspan besteht oder aus Massivholz. Und es ist ein Unterschied, mit welchen Geräten sie ausgestattet ist, ob Kühlschrank, Herd, Ofen oder Geschirrspüler von einem renommierten Markenhersteller kommen, der für seine hohe Qualität bekannt ist oder nicht. Und natürlich bespricht man diese Ausstattung im Detail, bevor man einen Kaufvertrag unterzeichnet. Auch die Maße werden natürlich im Detail besprochen, das Problem von Elektro-anschlüssen wird erörtert. Den genauen Liefertermin will man selbstverständlich ebenso wissen wie die Details des Zahlungsverlaufs.

Bei einem Hauskauf hingegen wird vielfach einfach ein vorgelegter Vertrag unterzeichnet, ohne dass wesentliche Bau- und Abwicklungsdetails sauber und differenziert durchgesprochen sind. Weder ist die genaue Hausausstattung zu diesem Zeitpunkt geregelt, noch gibt es einen vereinbarten Liefer- oder Fertigstellungstermin. Ob ein Haus überhaupt auf einem Grundstück errichtet werden kann, ist nicht selten ebenso unklar wie die Frage, ob der Bebauungsplan die gewünschte Bauweise überhaupt zulässt und welche vorbereitenden Maßnahmen der Bauherr selber organisieren und zusätzlich finanzieren muss.

Der Unterschied ist, dass die Investition in eine Einbauküche selbst bei einem vollständigen Fehlschlag in den meisten Fällen noch zu verkraften wäre. Ein Fehlschlag bei einem Hauskauf mit plötzlich auftauchenden hohen zusätzlichen Kosten und Rechtsrisiken hingegen ist für die meisten Verbraucher finanziell nicht zu verkraften. Und man sollte auch die psychischen Belastungen nicht unterschätzen, die aus einem Hausbau resultieren. Das Leben ist heute in vielen Bereichen sehr geordnet. Vieles wird einem abgenommen oder ist im Zweifel relativ klar geregelt: von der Anzahl der Urlaubstage eines Angestellten bis zur Krankenversicherung. Auf einer Baustelle, auf der Sie Bauherr sind, wird Ihnen gar nichts abgenommen. Sind Sie der Situation nicht gewachsen, ist das Ihr Problem. Wenn Sie das Bauvertragsrecht dann nicht kennen oder DIN-Normen oder was auch immer, wird das niemanden interessieren. Überträgt sich der Stress einer Baustelle dann auf eine Familie, kann das sehr gefährlich werden. Denn die Wahrscheinlichkeit, dass Sie zuvor gemeinsam schon einmal mit einer Risikoinvestition in sechsstelliger Höhe konfrontiert waren und Konflikte und ernste Auseinandersetzungen mit Profis auf der anderen Seite aushalten mussten, ist eher gering. Sie werden mit einer gewissen Wahrscheinlichkeit in neue Dimensionen vorstoßen. Prüfen Sie sich gründlich selbst, ob Sie sich das wirklich zutrauen. Es gibt viele Bauherren, die nach einem Hausbau sagen, dass sie diesen nicht unternommen hätten, wenn ihnen vorher klar gewesen wäre, was auf sie zukommt. Und leider zeigt sich auch, dass nicht alle Ehen den durch eine möglicherweise sehr herausfordernde Baustelle ausgelösten Stress überstehen.

Sind Sie also ein durchaus harmoniebedürftiger Mensch, der Konflikte und Auseinandersetzungen eher scheut, sollten Sie sich die Entscheidung für einen Hausbau gut überlegen. Denn Sie werden bereits bei den Vertragsverhandlungen eine Ahnung davon bekommen, was auf Sie zukommt. Bei Vertragsverhandlungen zum Kauf eines Fertighauses oder eines Massiv-Fertighauses sitzen Ihnen in aller Regel ausgewiesene Verkaufsprofis gegenüber, die schon viele Häuser verkauft haben. Diese Profis werden sehr schnell spüren, welcher Menschentyp Sie sind und wie man darauf eingehen kann. Ängstlichen Menschen begegnet man gerne mit Sicherheitsversprechen, zögerlichen mit temporären Top-Angeboten etc.

Manche Unternehmen haben eigene Verkäufer, andere haben freie Verkäufer, die z.B. auf Provisionsbasis arbeiten. Fast nie aber hat ein Verkäufer auch das Recht, Verträge verbindlich abzuschließen. Und damit hat er natürlich auch nicht das Recht zu verbindlichen Zusagen.

Ferner sind Verkäufer meist keine Bautechniker oder Ingenieure, mit denen Sie Ausstattungsdetails technisch versiert besprechen können. Ein häufiger Satz ist daher: „Das können wir dann nach Vertragsschluss mit unseren Architekten klären." Außerdem werden Sie gegebenenfalls ebenso hören, das müsse man „erst einmal mit der Geschäftsführung besprechen".

Typische Verkäuferformulierungen samt Erläuterungen dazu finden Sie nachfolgend. Sie werden in den Verkaufsgesprächen schnell feststellen, dass Sie immer einmal wieder bestimmte Formulierungen aus dem Weg räumen müssen, um wieder zur sachlichen Klärung eines Punktes zurückzukommen. Viele Argumente sind entweder Beruhigungspillen oder Argumente zur kurzfristigen Verunsicherung, um Sie von weiteren Forderungen abzuhalten.

Verkäuferformulierung	Erläuterungen
„Wenn wir das bei jedem machen würden, kämen wir gar nicht mehr zum Hausbau..."	Gerne genommenes Argument, wenn es z.B. darum geht, die Bemusterung des Hauses vor Vertragsabschluss durchzuführen, oder auch, wenn der Vorberatungsaufwand steigt, weil Sie viele Detailfragen haben. Aber ohne Beratung gibt es nun einmal keinen Hausverkauf. Wem das zu viel Aufwand ist, der muss sich gegebenenfalls überlegen, ein weniger beratungsintensives Produkt zu verkaufen als ausgerechnet ein Haus.
„Sie sind der Erste, der das so will...."	Beliebte Aussage, wenn der Kunde einen Punkt einmal ganz genau klären will. Sie können aber darauf vertrauen, dass Sie nicht der erste Interessent sind, der genauer nachfragt. Und selbst, wenn es so wäre, müsste das nicht schlecht sein. Hätte nicht irgendwann irgendein erster Homo sapiens die Idee gehabt, seine Höhle zu verlassen und ein Haus zu bauen, gäbe es heute wohl nicht einmal Fertighausanbieter.
„Damit hatten wir noch nie Probleme..."	Gerne erwähnt im Zusammenhang mit vertraglichen Regelungen oder Regelungen in der Baubeschreibung, die zum Nachteil des Kunden ausfallen. Klar, dass das Unternehmen damit noch nie Probleme hatte, es trifft im Zweifel ja auch den Kunden...
„Wenn Sie so viele Bedenken haben, mit uns zu bauen, sollten Sie sich vielleicht doch noch einmal überlegen, ob Sie wirklich mit uns bauen wollen..."	Eine Formulierung, die sich dann gut einsetzen lässt, wenn die Verhandlung mit dem Kunden schon relativ weit gediehen ist und man dem Kunden signalisieren will, dass das Vertrauen des Unternehmens in den Kunden ja da ist, das Vertrauen umgekehrt aber offenbar wohl leider nicht. Es geht beim Bauen aber nicht um Vertrauen, sondern es geht um den richtigen Vertrag und viel Kontrolle.
„Zum Bauen gehört auch Vertrauen..."	Zum Bauen gehören vor allem die richtige Vertragsgrundlage und eine gründliche Baustellenkontrolle. Baupartner sind weder Liebende noch Freunde, sondern sie sind in der Regel ganz schlicht Vertragspartner, nicht mehr und nicht weniger.

Verkäuferformulierung	Erläuterungen
„Das garantiere ich Ihnen..."	Garantien des Unternehmens werden nur rechtsverbindlich, wenn sie schriftlich im Vertrag fixiert sind, den ein dazu Bevollmächtigter des Unternehmens unterzeichnet. Eine mündliche Garantie eines dazu meist gar nicht befugten Verkäufers nutzt Ihnen herzlich wenig.
„Unser erstes Ziel sind zufriedene Kunden..."	Das erste Ziel eines jeden Unternehmens sind schwarze Zahlen, seien Sie sicher.
„Das kann ich so nicht entscheiden, das müsste ich erst einmal mit der Verkaufsleitung/Geschäftsführung besprechen..."	Das kann so sein, das muss aber nicht so sein. Dahinter kann auch Verhandlungstaktik stecken, um den „Schwarzen Peter" von Ihrem direkten Gesprächspartner zu nehmen, hin zu einer anonymeren Ebene. Ihr Gesprächspartner kann sich dann präsentieren als derjenige, der sich für Sie ja wirklich einsetzt, aber damit leider „oben" nicht durchdringt.
„Das können wir dann alles nach der Vertragsunterzeichnung klären..."	Was in welchem Rahmen nach einer Vertragsunterzeichnung noch geklärt wird, darf doch stark hinterfragt werden, vor allem, was dann überhaupt noch kostenneutral geklärt werden kann und wird. Der Vertrag ist das zentrale Dokument, vor dessen Unterzeichnung alles geklärt und geregelt werden sollte. Auch die vollständigen Kosten sollten klar sein. Auf einen solchen Satz eines Verkäufers, der meist ja auch gar keine Entscheidungsvollmachten des Unternehmens hat, sollten Sie sich keinesfalls verlassen.
„Wir verkaufen unsere Häuser natürlich nicht jedem. Wir müssen auch unsererseits spüren, dass der Kunde zu uns passt..."	Eine unter Verkäufern immer wieder gerne bemühte Aussage, die gleich auch noch den Anschein von Exklusivität in sich trägt. Die Wirklichkeit sieht anders aus: Man möchte natürlich am liebsten die pflegeleichten Kunden, kritische Kunden eher nicht.
„Wir bauen nur mit hochwertigen Produkten..."	Ob die Produkte „hochwertig" sind oder nicht, lässt sich üblicherweise erst nach kritischer Durchsicht der Baubeschreibung seriös sagen. Verkäufer sind allerdings selten Bautechniker oder Ingenieure und Ihre Bauprodukt- und Baustoffkenntnis ist zumeist eher gering. Klar ist: Je geringer der Wareneinsatz ist, umso höher ist die Gewinnmarge des Herstellers.

Sie sollten sich vor Vertragsverhandlungen nicht der Illusion hingeben, dass man Sie für besonders wichtig erachtet, nur weil Sie sich für ein Haus interessieren. Es ist bei allen Kunden ein längerer Weg von der Interessensbekundung bis zur Vertragsunterzeichnung.

Verkäufer sehen viele Interesssenten, die dann schließlich doch nicht kaufen. Häufig genug platzt ein Geschäft auch im letzten Moment noch aus ganz anderen Gründen, z.B. weil die Finanzierung des Kunden nicht klappt oder er das Grundstück doch nicht erhält oder er überraschend den Arbeitsplatz wechselt und samt Familie in eine andere Stadt zieht.

Hinzu kommt, dass einige Hersteller mehrere Hundert Häuser im Jahr errichten. Da sind Sie ein Kunde unter vielen. Es kann Ihnen daher gerade auch bei Herstellern mit einer hohen Absatzmenge an Häusern leicht passieren, dass diese möglicherweise nicht einmal auf eine einzige Ihrer Forderungen eingehen. Dann müssen Sie sich allerdings umgekehrt die Frage stellen, ob Sie Bittsteller sind oder Bauherr und ob ein solches Unternehmen wirklich der richtige Partner für Sie ist. In manchen Unternehmen herrscht auch die Devise: „Wer uns jetzt schon Ärger macht, wird uns später auf der Baustelle erst recht Ärger machen." Und man wird im Zweifel lieber auf Sie als Kunden verzichten.

Verhandlungsvorgehen

Wenn Sie ein Haus gesehen haben, das für Sie in die nähere Wahl kommt, ist es das Sinnvollste, dass man sich neben den potenziellen Kosten relativ zügig den Vertrag ansieht. Denn es ist wenig effizient, wenn man stundenlang über mögliche Ausstattungsvarianten spricht, ohne dass man überhaupt weiß, ob man vertraglich zusammenfinden wird. Das Einfachste ist, man kommuniziert das auch und lässt sich möglichst früh einen Mustervertrag aushändigen, um diesen durchsehen zu können. Dazu muss im Vertrag noch keine exakte Kaufsumme eingetragen sein, und es müssen auch noch nicht alle Vertragsanlagen fertig vorliegen. Es geht dabei nur darum, dass man die wesentlichen vertraglichen Regelungen, die sich das Unternehmen vorstellt, frühzeitig überprüfen und schauen kann, ob das Unternehmen mit sich reden lässt.

Die einfachste Form einer Vertragsverhandlung ist die schriftliche. Dabei sendet einfach ein Vertragspartner einen Vertragsvorschlag als offenen EDV-Text. Der Empfänger kann in diesen Text schriftlich seine konkreten Änderungswünsche eintragen, diese markieren und das Dokument zurücksenden. Über den wechselseitigen Austausch des Dokuments kann auf diese Weise schließlich ein Vertrag entstehen, den beide Seiten mittragen können.

Wenn Sie einem Unternehmen vorschlagen, Ihnen einfach einen Kaufvertragsentwurf zuzusenden, werden Sie aber mitunter feststellen, dass nicht alle Unternehmen das gern tun. Manche möchten einen Vertrag erst dann losschicken, wenn sie relativ sicher sind, dass der Kunde anbeißt. Andere möchten den Vertrag lieber zu einem vertraulichen Gespräch mitbringen und ihn begleitend erläutern, um im besten Fall danach auch gleich die Unterschrift zu erhalten.

Alles das hilft Ihnen aber letztlich wenig. Am sinnvollsten ist es, Sie können sich den Vertragsentwurf möglichst früh in Ruhe durchsehen und ihn gegebenenfalls prüfen lassen, um dann Nachbesserungsvorschläge einzubringen. Reagiert das Unternehmen darauf schon früh ablehnend, können Sie sich weitere Verhandlungen möglicherweise relativ bald sparen und mit Ihrer Haussuche an anderer Stelle fortfahren.

Scheitern von Verhandlungen

Im Zuge von Verhandlungen sollten Sie sich von vornherein auch auf deren mögliches Scheitern einstellen. Es kann auch sein, dass ausgerechnet bei dem von Ihnen stark bevorzugten Haus der Vertrag gravierende Rechtsnachteile aufweist, über die das Unternehmen auch nicht verhandeln möchte. Das Scheitern von Vertragsverhandlungen gehört aber beim Verhandeln zum täglichen Geschäft. Man sollte sich mit diesem Scheitern daher auch nicht lange aufhalten, sondern zügig die nächsten Optionen ansehen. Vertragsverhandlungen sind übrigens immer erst dann gescheitert, wenn man sie für gescheitert erklärt. Es ist also nicht besonders klug, einem Fertighausanbieter eine E-Mail zu senden mit einem Inhalt wie „Dann eben nicht!" oder Ähnliches. Wenn Ihnen der Fertighausanbieter mitteilt, dass er für die von Ihnen vorgeschlagenen Vertragsänderungen keine Möglichkeit sieht, kann man ihm das Heft des Handelns elegant überlassen. Man meldet sich dann gegebenenfalls zunächst einmal gar nicht wieder und wartet einfach ab, ob sich der Hersteller seinerseits noch einmal meldet. Parallel kann man die Zeit zur Suche nach Alternativen nutzen. Ganz schlecht ist es, markige Abschiedsworte beim Hersteller zu hinterlassen und sich dann beispielsweise ein halbes Jahr später doch noch einmal dort zu melden, weil man auch an anderer Stelle nicht weitergekommen ist. Denn exakt das kann sich dieser Hersteller dann zusammenreimen, und somit kennt er Ihre eher schwache Verhandlungsposition.

Verhandlungsbegleitung

Wenn man sich eine Verhandlung mit den Profis eines Fertighausanbieters nicht zutraut, kann man sich natürlich auch zu Verhandlungen begleiten lassen. In der Regel ist es aber zunächst ausreichend, dass die vom Hausanbieter vorgelegten Dokumente wie Kaufvertrag und Baubeschreibung eingehend geprüft werden, z.B. durch einen Fachanwalt und Ingenieur im Hintergrund. Denn diese Dokumente bilden ja später die Grundlage für das Bauvorhaben. Daher ist es weniger die Verhandlung selbst, die wichtig ist, als vielmehr die sorgfältige Prüfung der Unterlagen. Sinnvoll kann es sein, nach intensiver Prüfung mit den Dokumenten und gebündelten konkreten Nachbesserungswünschen technischer und rechtlicher Art auf den Fertighausanbieter zuzugehen. Dann verhandelt man nicht mühsam um jedes Detail einzeln, sondern legt einmal geschlossen alle Nachbesserungsvorschläge vor. Auch diese Nachbesserungsvorschläge kann man – wie schon erwähnt – durchaus als schriftlichen Vorschlag übermitteln.

Alternativen

Wenn Ihnen das alles zu aufwändig wird und Sie merken, dass Sie nicht wirklich weiterkommen, dann kann eine Überlegung auch sein, alternative Wege zu einem Hausbau mit einem Fertighausanbieter oder Massiv-Fertighausanbieter zu suchen. Die erste Alternative ist ein gebrauchtes Haus. Das heißt aber, dass Sie sich erst einmal auf die Suche nach einem solchen Haus machen müssen, und das heißt dann letztlich auch, dass Sie Ihr Grundstück aufgeben müssten, um auf einem ganz anderen Weg an Wohneigentum zu gelangen.

Die zweite Alternative ist, mit einem Architekten zu bauen. Davor schrecken allerdings viele Menschen zurück, da sie bei diesem Weg vor allem die Kostensicherheit vermissen. Die Kostensicherheit im Fertighausbau ist allerdings sehr relativ, wenn man nicht alle Vertragsunterlagen sehr sorgsam überprüft. Ein weiteres gewichtiges Argument, welches sehr häufig gegen das Bauen mit einem Architekten angeführt wird, sind die hohen Honorarkosten. Das ist nicht von der Hand zu weisen. Sie können davon ausgehen, dass ein Architekt, wenn er alle Phasen des Planen und Bauens des Hauses betreut, etwa 11 % der Nettobausumme des Hauses als Honorar erhält. Bei einem Haus mit Nettobaukosten von 250.000 Euro sind das satte 27.500 Euro. Auf der anderen Seite wissen Sie wegen der separaten Ausweisung des Architektenhonorars, das nicht im Kaufpreis versteckt ist, dass ein Architekt z.B. kein Interesse am Einsatz minderwertiger Materialien hat, um Kosten zu sparen. Denn sein Gewinn steigt durch solche Maßnahmen nicht. Anders als bei allen anderen Baumodellen ist hier der Architekt Ihr Treuhänder. So haben Architekten z. B. auch eine Schutzpflicht gegenüber Ihrem Vermögen. Wird diese grob verletzt, haftet der Architekt dafür. Und bezüglich der Kosten können Sie Ihrem Architekten natürlich sehr klare Vorgaben machen. Wenn Sie ihm von vornherein mitteilen, dass Ihr Haus z. B. nicht mehr als 280.000 Euro kosten darf inklusive sämtlicher Nebenleistungen brutto und auch seinem Honorar, dann hat er früh Klarheit über die maximalen Kosten, die zusätzlich im Architektenvertrag fixiert sein sollten.

Vielen Menschen scheint es auch zu kompliziert zu sein, einen Architekten zu suchen und zu finden, der ein geeignetes Haus planen kann. Da ist es schon viel einfacher, mit ein paar Mausklicks im Internet ein paar Hausanbieter anzusehen. Man kann mittlerweile sogar ganze Häuser online kaufen. Aber wer das wirklich tut, muss dann eben auch mit den potenziellen Konsequenzen leben.

Architekten in Ihrer Umgebung finden Sie übrigens sehr einfach, z. B. indem Sie in den „Gelben Seiten" Ihrer Kommune oder Ihres Landkreises unter dem Stichwort „Architekten" nachsehen. Sie können dann eine beliebige Anzahl herausgreifen und mit einem einfachen Brief anschreiben. Etwa wie folgt:

(→ siehe nächste Seite)

Familie Mustermann
Musterstraße 1
12345 Musterstadt

Architekturbüro
Baumann
Baustraße 1
12345 Musterstadt

Musterstadt, den

Sehr geehrter Herr Baumann,

wir würden gerne in Bauhausen ein Einfamilienhaus errichten. Unser Gesamtbudget beträgt ca. 280.000 Euro inklusive sämtlicher Nebenkosten (auch Architektenhonorar). Nur das Grundstück selbst (allerdings noch ohne Erschließung) fällt nicht in dieses Budget. Das Grundstück haben wir bereits erworben.

Wir hatten zunächst an den Bau eines Fertighauses gedacht, können uns aber auch ein individuelles Haus vorstellen, das einerseits unsere Bedürfnisse und andererseits auch die Baukultur unserer Region aufgreift.

Wir möchten unser Haus gerne in Massiv- / in Holzfertigbauweise errichten. / Wir sind noch unentschlossen, ob wir unser Haus massiv oder in Holzfertigbauweise errichten wollen.

Aus diesem Grund möchten wir bei Ihnen anfragen, ob Sie hier in der Region bereits Einfamilienhäuser im oben genannten Preissegment von ca. 280.000 Euro gebaut haben, die wir uns einmal ansehen könnten. Über die Zusendung einer kleinen Liste mit Angabe der Bauherren würden wir uns sehr freuen. Nach einer Besichtigung der Objekte würden wir dann gegebenenfalls gern wieder auf Sie zukommen.

Mit freundlichen Grüßen

Familie Mustermann

Alternativ können Sie auch versuchen, die Internetseiten der Büros über eine Internetsuche herauszufinden, wenn Sie deren Telefonnummer und Namen über das Telefonbuch recherchiert haben. Dort stellen heute schon viele Büros ihre Hausprojekte mit Bildern vor. Fällt einem dabei ein interessantes Haus auf, kann man auch direkten, telefonischen Kontakt zum Architekturbüro suchen.

Sie können sich in der Folge dann in Ruhe Architektenhäuser in Ihrer Umgebung ansehen und auch die Architekten selber kennenlernen. Ist ein Architektenhaus intelligent geplant, muss es nicht teurer sein als ein Fertighaus, und Sie haben dann von Beginn an einen Fachmann als Treuhänder an Ihrer Seite.

Ein erfahrener und kostenbewusster Architekt, der seine Region und seine Handwerker gut kennt, kann daher durchaus eine Alternative zum Fertighausanbieter sein. Nicht zuletzt dann, wenn Sie auch nach regionaler Baukultur suchen. Diese nämlich werden Sie bei Fertighausherstellern nicht ohne Weiteres bekommen. Viele Kataloghäuser folgen eher einem nicht allzu hinterfragten Massengeschmack und weniger einer wirklich regionalen Baukultur. Es ist eine große Herausforderung, Vergangenheit und Gegenwart des Bauens in einer Region überzeugend zusammenzubringen.

Es gibt auch Architekten, die mit regionalen Holzhausausanbietern zusammenarbeiten und auf diese Weise hohe Vorfertigung und regionale Baukultur durchaus miteinander in Verbindung bringen können.

Einige Sätze zur Baukultur

Die industrielle Hausproduktion ermöglicht längst vieles, was früher nicht möglich war. Der Haustyp „Bayern“ kann problemlos nach Schleswig-Holstein geliefert werden und der Haustyp „Nordsee“ problemlos nach Oberbayern. Denn unsere Bebauungspläne sind fast immer reine Kubatur- und Maßfestlegungen. Ob sie nun irgendwo ein oberbayerisches Landhaus aufstellen oder direkt daneben ein friesisches Küstenhaus, Hauptsache, die Dachwinkel und die Hausabmessungen stimmen. Die Bebauungspläne sind das Ende jeder Baukultur, da sie fast immer ausschließlich Kubatur-, Maß- und Standortfestlegungen vorgeben, die ein Mitarbeiter des Bauamtes später möglichst einfach nachprüfen kann. Dabei waren es nie die Dachwinkel oder die Hausabmessungen, die ein Ortsbild ausmachten, sondern schlicht und einfach die Konstruktionsweisen und verwendeten Baumaterialien, die fast immer aus der Region kamen, da ein Transport über weite Strecken unnötig aufwändig und sehr teuer gewesen wäre. Dies führte ganz automatisch zu einem sehr einheitlichen Siedlungsbild bei durchaus sehr unterschiedlichen einzelnen Häusern. Heute haben wir das Gegenteil: Fast auf den Zentimeter identische Hausabmessungen und auf den Grad identische Dachneigungen bei Verwendung Hunderter komplett unterschiedlicher, meist künstlicher Baustoffe.

Vor Erfindung von Bebauungsplänen waren die Menschen letztlich viel freier in ihrem Bauen. Ihre einzige Einschränkung bildeten das Baumaterial und die Konstruktionsweise. Die angebliche Freiheit, die wir heute beim Bauen haben, ist letztlich nur noch die, zwischen Hunderten von teilweise absurdesten Bauma-

Haustyp „Allgäu"

Im Allgäu gab es vor einigen Jahren einen Workshop, initiiert von F. Aicher, zum Thema regionale Baukultur. Geplant werden sollte ein Haus, das die Traditionen des Bauens im Allgäu aufgreift und zeitgemäß fortentwickelt. Hervorgegangen aus dem Workshop ist der regionale Haustyp „Allgäu" aus Weißtannen-Massivholz des Büros Noichl-Blüml aus Oberstdorf. Einige Jahre später wurde dieser Typ erstmals durch eine örtliche Zimmerei gebaut und zeigt, dass Fertighausbau und regionale Baukultur gut miteinander harmonieren können.

terialien wählen zu können. Und das sieht man unseren Neubaugebieten natürlich auch an. Eine tatsächliche Baukultur wird heute kaum mehr umgesetzt. Eine Streusiedlung, in der die Häuser wie hingewürfelt um eine Kirche stehen, aber alle aus den gleichen Baumaterialien bestehen, wirkt für unser Auge viel harmonischer als eine streng rechtwinklig und parallel ausgerichtete Neubausiedlung, in der jedes Haus aus anderen Baustoffen besteht. Achten Sie einmal darauf, es wird Ihnen auffallen!

Falls dieses Thema Sie interessiert, dann ist Ihr Hausbau genau der richtige Anlass, um auch über solche Zusammenhänge einmal nachzudenken. Es kann Spaß machen, und es kann interessant sein, die regionale Baukultur zu entdecken und ihr nachzuspüren. Man kann sie nicht mehr historisierend aufbauen. Warum sollte man das auch tun? Aber es ist eine interessante Frage, wie eigentlich die Baukultur in ihrer Region heute aussehen würde, wenn sie eine Chance bekommen hätte, bis in die heutige Zeit fortzubestehen. Schwere, wulstige Dachüberstände mit geweißten Dachbalken, Kunststoff-Haustüren, Sprossenfenster mit falschen Sprossen und manches mehr, was die Kataloge heute so offerieren, würden Sie ganz sicher nicht finden.

Wenn Sie bereits ein Grundstück besitzen, lassen Sie sich nicht hetzen! Nehmen Sie sich Zeit, um Ihr Bauvorhaben gründlich und gut vorzubereiten! Und nehmen Sie sich auch die Zeit, einmal der Baukultur in Ihrer Region nachzuspüren! Ihr Haus wird die Baukultur nicht mehr retten. Aber umso mehr sticht ein schlichtes, regionales Haus hervor und bleibt auch beim Wiederverkauf Kaufinteressenten sehr viel eher in Erinnerung als ein Kataloghaus.

Ein allererster Anfang, um regionaler Baukultur einmal in einem ersten Ansatz auf die Spur zu kommen, kann übrigens ein Ausflug in eines der mittlerweile zahlreichen regionalen Freilichtmuseen sein. Eine Übersicht über fast alle dieser Anlagen finden Sie im Internet z. B. unter www.vl-freilichtmuseen.de.

Man sollte die Vergangenheit freilich nicht romantisieren, und niemand von uns will mehr in diesen oft dunklen, niedrigen und im Winter oft auch sehr kalten historischen Häusern wohnen. Aber selbst ein modernes Passivhaus kann Elemente einer baukulturellen Region, in der es selbst eben steht, problemlos aufgreifen, wenn sich der Planer diesen Herausforderungen verpflichtet fühlt.

Wenn Sie einmal direkt aus einer Fertighausausstellung in ein solches Freilichtmuseum fahren, werden Sie schnell feststellen, dass Sie in der Fertighausausstellung etwas sehr schmerzlich vermissten: das regionale Siedlungsbild. Gesehen haben Sie viele bunte Häuser, eines extravaganter als das andere. Nicht gesehen haben Sie ein einheitliches Siedlungsbild, ganz simpel durch die Verwendung einheitlicher, regionaler Baustoffe und regional typischer Konstruktionsweisen und Baudetails. Aber gerade das ist es, was regionale Baukultur über Jahrhunderte immer ausmachte und was die moderne Baugesetzgebung völlig übersehen hat.

Einige Planer haben sich dem Thema der regionalen Baukultur verschrieben und sehr zeitgemäße Lösungen gefunden. Manche diese Lösungen wurden auch umgesetzt.

Es gibt längst viele solcher Beispiele aus verschiedenen Regionen Deutschlands. Bei Interesse daran können Sie sich einfach an das Institut Bauen und Wohnen wenden (Adresse → Anhang).

Der Keller

Beim Fertigbau ist im Hauspreis in keinem Fall automatisch auch der Preis für den Keller inbegriffen. Es gibt sogar eine ganze Reihe von Fertighausanbietern, die grundsätzlich keinen Kellerbau anbieten. Sie als Käufer müssen den Keller dann in Eigenregie planen und bauen lassen. Aber gerade der Keller gehört zu den kritischen Bauteilen Ihres Hauses, weil er direkte Erdberührung hat. Er muss setzungsfrei gegründet sein und sorgsam gegen Erdfeuchte und eventuelles Grundwasser abgedichtet sein.

Keller oder Bodenplatte?

Auch wenn bei dem von Ihnen bevorzugten Haustyp vom Fertighausanbieter kein Keller angeboten wird, sind praktisch alle angebotenen Haustypen unterkellerbar. Die einzige Frage für Sie ist, ob Sie einen Keller wollen oder ob Sie Ihr Fertighaus einfach auf eine Bodenplatte setzen lassen. Sie sollten sich dies gut überlegen: Zwar kostet ein Keller zwischen 20.000 Euro und 50.000 Euro, aber er steigert in jedem Fall den Wiederverkaufswert Ihres Hauses. Die Massiv-Fertighausangebote am Markt schließen größtenteils den Bau eines Kellers mit ein, nicht zuletzt deswegen, weil für diese Anbieter der Kellerbau als Teil eines Massiv-Fertighauses vertrautes Terrain ist.

Kellerersatzraum – Alternative zum Keller?

Kellerersatzräume sind ebenerdige Verschläge oder Schuppen, seltener tatsächlich komplett geschlossene Räume und ganz selten beheizte Räume. Wenn Sie ausreichend Platz auf Ihrem Grundstück haben, können Sie die Errichtung solcher Kellerersatzräume überdenken. Diese werden allerdings nur selten von klassischen Fertighausherstellern angeboten. Bedenken sollte man bei Kellerersatzräumen auch, dass sie – um wirklichen Ersatz zu bieten – auch die gleiche Raumqualität wie Kellerräume haben sollten, also mindestens trocken und luftdicht sein müssen. Denn wenn sie sonst über den Winter Gartenmöbel aus Metall oder Fahrräder hineinstellen, werden diese allein schon durch die permanent eindringende Luftfeuchtigkeit schnell rosten.

Die Kellerplanung und der Kellerbau

Falls Sie einen Keller haben möchten, ist es sehr sinnvoll, diesen nach Möglichkeit ebenfalls vom Fertighausanbieter zu beziehen. Das hat für Sie den Vorteil, dass Sie alles aus einer Hand erhalten und zum z. B. bei späteren Problemen an den Schnittstellen zwischen Keller und Fertighaus nicht plötzlich Haftungsfragen auftauchen, bei denen Sie langwierig die Schuldfrage klären lassen müssen. Klären Sie aber vorab, ob alle notwendigen Zusatzleistungen wie z. B. die Vermessung des Grundstücks sowie der Aushub und Abtransport des Erdmaterials, inklusive Deponiegebühren, und die Stellung des Schnurgerüsts im Preis inbegriffen sind. Auch Fragen der späteren Wiederverfüllung und Geländeanmodellierung ans Haus sollten geklärt sein. Ist dies nicht der Fall, kommen nochmals erhebliche Zusatzkosten auf Sie zu. Der Kellerbau umfasst grundsätzlich folgende Schritte:

- die Baugrunduntersuchung,
- die Grundstücksvermessung und Einmessung des Kellers
- die Erstellung der Kellerpläne,
- die Statik und Prüfstatik für den Keller,
- die Baueingabe und Beantragung der Hausanschlüsse,
- die Ausschreibung und Vergabe der Bauleistung,
- den Kellerbau mit
  - der Fundamenterstellung und Bodenplatte,
  - der Herstellung der Hausanschlüsse,
  - der Aufmauerung und Deckenbetonierung
  - der Abdichtung, Dränagelegung und Wiederverfüllung,
- den Kellerausbau mit
  - Fenster- und Türenmontage,
  - Verputz,
  - Einbringung von Estrich- und Bodenbelag,
  - Heizungs-, Sanitär- und Elektromontage,
- Wärmeschutz z. B. der Kellerdecke,
- die Baukontrolle mit fachgerechter Abnahme und Abrechnung.

Stellen Sie sicher, dass Sie alle oben genannten Punkte bei Ihrer Kellerplanung berücksichtigt haben und wissen, welche Gesamtkosten auf Sie zukommen.

Falls Sie den Keller in Eigenregie bauen lassen müssen, können Sie in der Regel zwischen zwei Wegen wählen:

- der Planung und Errichtung eines individuellen Kellers mit einem Architekten oder
- der Errichtung eines Kellers durch einen Fertigkelleranbieter.

In beiden Fällen müssen selbstverständlich alle notwendigen Schnittstellen mit dem später aufzusetzenden Haus exakt abgestimmt sein, also z. B. Hausmontagepunkte, Treppenläufe, Außentreppen, Fensteranordnungen, Kaminführung etc.

Wenn Sie sich dafür entscheiden, mit einem Architekten den Keller zu planen und zu bauen, wird dieser in der Regel nach der Auftragserteilung gemeinsam mit Ihnen den Kellergrundriss entwickeln und die weitere Vorgehensweise gemäß den vorher beschriebenen Arbeitsschritten koordinieren und überwachen. Obwohl es sich „nur" um einen Keller handelt, erbringt der Architekt für diese Aufgabe Leistungen wie beim Bau eines kompletten Hauses. Sie benötigen daher selbst für eine „kleine" Aufgabe wie einen Keller einen Architekten mit Planungs- und Bauleitungserfahrung. Wenn Sie keinen erfahrenen Architekten kennen oder auf eine Empfehlung zurückgreifen können, sollten Sie die Architektensuche gezielt gestalten, indem Sie eine Reihe von Architekten kontaktieren und Ihr Bauvorhaben kurz schildern. Auf Seite 118 finden Sie ein Muster für Ihr Anschreiben an Architekten.

Architekten finden Sie im Branchenbuch unter „Architekturbüros". Architekten sind eine solche Ansprache durchaus gewöhnt und verfahren gleichermaßen bei der Suche von Handwerksunternehmen. Für einen Überblick über die Vorbereitung und Durchführung eines Bauvorhabens empfehlen wir Ihnen auch in diesem Zusammenhang den Ratgeber „Richtig bauen: Ausführung" der Verbraucherzentrale.

Wenn Sie sich dafür entscheiden, mit einem Fertigkelleranbieter zu bauen, sollten Sie darauf achten, ob dieser Mitglied in einer Gütegemeinschaft wie z. B. der Gütegemeinschaft Fertigkeller e.V. ist. Die Adresse dieses Verbandes von Fertigkelleranbietern finden Sie im Anhang zu diesem Buch. Achten Sie unbedingt darauf, ob alle Schritte des Kellerbaus von dem Fertigkelleranbieter auch angeboten werden. Oft ist es so, dass Vermessung, Einmessung, Bodengutachten und Baueingabe als Aufgaben bei Ihnen verbleiben. In einem solchen Fall müssen Sie zusätzlich einen Bauleiter einschalten, der die Ausführung koordiniert. Es kann sich dabei z. B. um einen bauleitungserfahrenen Architekten handeln, den Sie wie bereits beschrieben suchen können.

Tipp

Wenn Sie Ihr Wunschhaus gefunden haben, für das der Fertighausanbieter aber keinen Keller anbietet, können Sie sich von verschiedenen Fertigkelleranbietern die genaue Baubeschreibung eines zu Ihrem Haustyp passenden Kellers kommen lassen und mit der Bitte um eine Kostenschätzung an Bauunternehmen aus Ihrer Umgebung weitergeben. Vergleichen Sie die Preisdifferenzen.

Der Vertrag mit dem Kellerbauunternehmen

Vor der eigentlichen Bauphase kommt nun noch der Vertragsabschluss mit dem Kellerbauer. Ganz wichtig hierbei ist es, dass Sie die technischen Merkblätter Ihres Fertighausanbieters zum Vertragsbestandteil des Kellerbauers machen. Denn der Keller muss streng nach den technischen Vorschriften des Hausherstellers gebaut werden (z. B. Kontaktpunkte, Tragfähigkeiten etc.), damit anschließend das Haus des Fertighausanbieters passgenau darauf errichtet werden kann.

Beim Vertragsabschluss mit dem Kellerbauer orientiert man sich wie beim Abschluss mit dem Fertighausanbieter am Werkvertragsrecht des BGB (Bürgerliches Gesetzbuch §§ 631 bis 651). → Seite 73 ff.

Familie Mustermann
Musterweg 1
12345 Musterstadt

Herrn
Architekten Meier
Meierweg 2
12345 Musterstadt

Musterstadt, den

Betr.: Neubau eines Kellers für ein Fertighaus

Sehr geehrter Herr Meier,

wir, Familie Mustermann aus Musterstadt, planen den Bau eines Kellers, auf den nach Fertigstellung ein Fertighaus gesetzt werden soll. Wir möchten mit der Planung und Bauleitung des Kellers einen Architekten aus unserer näheren Umgebung beauftragen und möchten daher auch bei Ihnen anfragen, ob Sie bereits entsprechende Bauvorhaben durchgeführt haben.

Wenn ja, würden wir uns über die Zusendung von Angaben über Referenzobjekte ähnlicher Größe und Ansprechpartner auf Bauherrenseite freuen, die Sie bei solchen Projekten betreut haben. Wir würden uns nach Durchsicht der Unterlagen und Besichtigung der Referenzobjekte dann nochmals mit Ihnen in Verbindung setzen.

Mit freundlichen Grüßen

Familie Mustermann

Hinsichtlich der Vertragsgestaltung selber können Sie grundsätzlich zwischen zwei Varianten wählen, dem Einheitspreisvertrag und dem Pauschalpreisvertrag.

- **Der Einheitspreisvertrag**
  Beim Einheitspreisvertrag wird auf Grundlage des vorliegenden Angebotes bei den Vergabeverhandlungen zunächst eine vorläufige Vertragssumme vereinbart. Nach Fertigstellung der Arbeiten werden die Massen der einzelnen Positionen des Angebotes aufgemessen. Diese Daten dienen dann als Grundlage zur Ermittlung des endgültigen Betrags. Der Endpreis kann niedriger oder höher sein als die vorläufige Vertragssumme.

- **Der Pauschalpreisvertrag**
  Beim Pauschalpreisvertrag wird bei Vertragsabschluss ein Pauschalpreis vereinbart, der alle Nebenleistungen enthält, die zur ordnungsgemäßen Erbringung der Leistungen notwendig sind. Es findet kein Aufmaß der tatsächlich erbrachten Leistung mehr statt. Mehr- oder Minderleistungen in geringem Umfang werden nicht mehr berücksichtigt.

Beide Vertragsformen haben Vor- und Nachteile: Während Sie beim Einheitspreisvertrag Glück haben können, z. B. weil sich ganze Positionen als überflüssig herausstellen und wegfallen, kann es auch umgekehrt sein, dass Sie eine ganze Reihe von notwendigen Positionen übersehen haben und nun viele Nachforderungen auf Sie zukommen. Dies passiert Ihnen beim Pauschalpeisvertrag nicht, hier steht vorrangig das Ziel im Vordergrund, also die zu erbringende Leistung, nicht die dafür benötigte Zeit oder Materialmenge und diese Leistung muss vom Unternehmer erbracht werden, auch wenn das in einem gewissen Rahmen zusätzliche Arbeiten oder zusätzlichen Materialaufwand erfordert.

Allerdings hilft Ihnen auch der Pauschalpreisvertrag nicht in jeder Situation. Haben Sie in Ihrer Ausschreibung für Erdarbeiten z. B. den Aushub einer Baugrube vereinbart und das entsprechende Erdreich als Tonerde deklariert, dann wird Ihnen auch der Pauschalpreisvertrag nichts nutzen, wenn sich plötzlich herausstellt, dass es sich doch um Felsboden handelt.

Beim Bauvertrag zwischen Ihnen und dem Unternehmer müssen Sie auf folgende Punkte in jedem Fall achten:

- Lassen Sie sich unabhängig von einem sachkundigen Anwalt beraten, wenn Sie Zweifel an einzelnen Passagen des Vertrages haben, oder holen Sie weitere Angebote ein.

- Vereinbaren Sie die Vertragsform und die Rechtsgrundlage, also z. B. Pauschalpreisvertrag nach BGB.

- Vereinbaren Sie den Vertrag auf der Grundlage des vom Unternehmer ausgefüllten Leistungsverzeichnisses bzw. Angebots inklusive aller Anlagen, wie Detailzeichnungen.

- Benennen Sie im Vertrag genaue Auftragssummen mit Netto- und Bruttoangaben, z. B. jene aus der Ausschreibung bzw. jene aus den Vergabeverhandlungen. Schreiben Sie fest, wann, wie und in welcher Form der Unternehmer Sie auf eventuelle Kostenüberschreitungen aufmerksam machen muss.

- Vereinbaren Sie klare Regelungen zur Abwicklung der Rechnungszahlungen. Vereinbaren Sie diese aber in jedem Falle nach dem Prinzip der primären Leistungserbringung und dann nachfolgender Zahlung. Für den Fall, dass Sie Ratenzahlungen vereinbaren, heißt dies z. B., dass Sie erst nach tatsächlich erbrachter Leistung und technischer Überprüfung mit Ihrem Architekten Gelder freigeben.

- Vereinbaren Sie nach einer festen Struktur Zwischengespräche zur gemeinsamen Sachstandsfeststellung mit dem Unternehmer über die jeweils erfolgten Leistungen.

- Vereinbaren Sie die verbindliche Einhaltung eines Bauzeitenplanes. Der Bauzeitenplan sollte als Anlage in den Kaufvertrag genommen werden.

- Vereinbaren Sie einen verbindlichen Fertigstellungstermin, evtl. mit Konventionalstrafe bei Nichterfüllung.

- Vereinbaren Sie für die Dauer der Gewährleistungszeit einen Sicherheitseinbehalt. Sie sind zum Einbehalt eines gewissen Geldbetrages der Auftragssumme berechtigt, wenn Sie dies vereinbart haben. Bei großen Summen (Kellerrohbau) sollten Sie 5 % der Auftragsbruttosumme einbehalten.

- Benennen Sie alle Anlagen des Vertrags, z. B. Leistungsverzeichnisse (LV), besondere und zusätzliche Vertragsbedingungen aus dem LV, Technische Merkblätter des Fertighausanbieters, Nachweise über Eintragungen bei der Handwerkskammer, Versicherungsnachweise etc.

- Vereinbaren Sie eine „salvatorische Klausel“, das heißt, dass bei Ungültigkeit eines Paragraphen des Vertrages nicht gleich der ganze Vertrag ungültig ist.

Tipp

Auch für den Kellerbau können Sie auf einen Mustervertrag des ZDB zurückgreifen: Den Einzelgewerk/Handwerkervertrag. (⇢ siehe auch Seite 95 ff.)

Der Kellerbau

Unabhängig davon, ob Sie mit einem Architekten zusammenarbeiten oder mit einem Fertigkellerbauer, während des Bauablaufs sollten Sie das Geschehen wachsam begleiten. Sie sollten regelmäßig auf der Baustelle präsent sein, möglichst aber zu unterschiedlichen Zeiten, sodass sich niemand auf Ihre Anwesenheitszeiten einstellen kann. Es kann hierbei dazu kommen, dass Ihnen offensichtliche Baumängel auffallen.

Um eine gute Mängeldokumentation und Beseitigung zu gewährleisten, ist es wichtig, dass Sie sich unabhängig von dem von Ihnen beauftragten Architekten oder Bauleiter selbstständig ein Bild der erbrachten Leistungen machen, am besten täglich. Wichtig hierbei sind

- ein gemeinsames, abgestimmtes Vorgehen mit dem von Ihnen beauftragten Architekten oder Bauleiter und
- eine gute, eigenständige Dokumentation Ihrerseits.

Dazu ist es notwendig, dass Sie unabhängig vom Architekten oder Bauleiter und für sich ein Bautagebuch führen. In dem Bautagebuch halten Sie alle Vorkommnisse auf einer Baustelle im täglichen Rhythmus fest. Dokumentieren Sie anhand von Gesprächsnotizen, Ablaufbeobachtungen und Fotodokumentationen den Bauablauf und dabei aufgetretene Probleme. Dies kann für Sie von großer Bedeutung sein.

Ihre Bautagebucheintragungen sollten mindestens immer folgende Eckwerte enthalten:

- Datum, Uhrzeit und laufende Nummer des Berichts
- Wie ist das Wetter, die Temperatur?
- Welche Firmen sind mit wie viel Personen anwesend?
- Wie ist der Stand der Arbeiten?
- Notizen zu Anordnungen, Besprechungen, Vorkommnissen
- Welche Fotos wurden gemacht?

Wenn Sie den Eindruck haben, einen Baumangel bemerkt zu haben, halten Sie dies schriftlich genau fest, auch fotodokumentarisch, und informieren Sie hiervon unverzüglich Ihren Architekten oder Bauleiter.

Tipp

Lassen Sie sich grundsätzlich alle Mängelrügen, die Ihr Bauleiter ausspricht, schriftlich geben oder zufaxen. Legen Sie diese gewerke- und datumsweise geordnet ab. So haben Sie eine unabhängige Kontrolle, dass Ihren Beanstandungen auch tatsächlich nachgegangen wird, und Sie behalten einen unabhängigen Überblick über die erforderlichen Nachbesserungen.

Es ist sinnvoll, sich ein Bautagebuch frühzeitig aus vorgefertigten Formularen zusammezustellen. Auf Seite 130 und 131 finden Sie einen Beispielentwurf. Durch die Vorformulierung laufen Sie weniger Gefahr, wichtige Eintragungen, wie z. B. Datum, Uhrzeit, Temperaturen, Witterungsverhältnisse, An- und Ablieferungen oder anwesende Firmen, zu vergessen. In diesem Tagebuch halten Sie parallel auch Ihre Mängelfeststellungen fest, die Sie dann in Kopie an Ihren Bauleiter weitergeben. Die Mängeldokumentation muss insbesondere Folgendes enthalten:

- Datum, Gewerk und beauftragtes Unternehmen,
- eine genaue Beschreibung des Mangels,
- evtl. eine Fotodokumentation des Mangels,
- bei bereits eingetretenen Schäden eine genaue Beschreibung des Schadens.

Ihr Bauleiter kann sich mit diesen Angaben nun auf der Baustelle nochmals kundig machen und dann eine offizielle Mängelrüge an den Unternehmer aussprechen.

Bautagebuch				Lfd. Nr.	Datum					Uhrzeit		von bis
Sonne	Wolkig	Regen	Schnee	Frost	Mo	Di	Mi	Do	Fr	Sa	So	Temp. ca. °C
Bauvorhaben:												

Anwesende

.... Firma

.... Anzahl der Mitarbeiter

.... Firma

.... Anzahl der Mitarbeiter

.... Firma

.... Anzahl der Mitarbeiter

Feststellungen, Stand der Arbeiten

....

....

....

....

Anordnungen, Besprechungen, Abnahmen

....

....

....

....

Dokumentation, Fotos von

....

....

Bautagebuch				Lfd. Nr.	Datum					Uhrzeit		von bis
Sonne	Wolkig	Regen	Schnee	Frost	Mo	Di	Mi	Do	Fr	Sa	So	Temp. ca. °C
Bauvorhaben:												

Anwesende

.... Firma

.... Anzahl der Mitarbeiter

.... Firma

.... Anzahl der Mitarbeiter

.... Firma

.... Anzahl der Mitarbeiter

Feststellungen, Stand der Arbeiten

....

....

....

....

Anordnungen, Besprechungen, Abnahmen

....

....

....

....

Dokumentation, Fotos von

....

....

Kellerabnahme und Gewährleistung

Nach Fertigstellung der von ihm zu erbringenden Leistungen hat der Kelleranbieter Anspruch auf die Abnahme seiner Leistung. Der Begriff der Abnahme bedeutet, dass Sie die erbrachten Bauleistungen „entgegennehmen" und als vertragsgemäß anerkennen. Mängel stehen der Abnahme also nicht unbedingt entgegen. Die Rechte aus bekannten Mängeln gehen Ihnen auch nicht verloren, wenn die Mängel bei der Abnahme vorbehalten werden. Sie stellen z. B. bei der Abnahme fest, dass ein Kellerfenster klemmt oder kaputt ist, und lassen dies im Abnahmeprotokoll festhalten. Aber es ist natürlich sinnvoll, zum Zeitpunkt der Abnahme keine Mängel mehr rügen zu müssen, sondern ein mängelfreies Gewerk auch übergeben zu bekommen. Etwas anderes ist es mit so genannten verdeckten Mängeln, die als solche nicht sofort erkennbar sind und deren Wirkungen sich oft erst sehr viel später zeigen. So kann es z. B. passieren, dass sie erst nach dem Einzug feststellen, dass eine Wand feucht ist, weil in ihr z. B. ein Rohr gebrochen ist. Ebenso wie bei vorbehaltenen Mängeln haben Sie aber auch hier ein Recht auf Behebung. Die Abnahme hat rechtlich folgende Auswirkungen:

- Der Unternehmer hat dann Anspruch auf Schlusszahlung.
- Die Gefahr für Schäden an der Leistung liegt jetzt beim Auftraggeber.
- Ohne Vorbehalt verliert der Auftraggeber den Anspruch auf fehlende Vertragsleistungen und die Beseitigung bekannter Mängel.
- Der Gewährleistungszeitraum beginnt.
- Umkehr der Beweislast auf den Auftraggeber (der Käufer muss ab dann Mangel nachweisen).

Tipp

Auf keinen Fall sollten Sie eine Kellerabnahme mit einem Fertighausanbieter durchführen, wenn dieser Ihnen das Haus inklusive Keller erstellt. Hier sollten Sie mit der Kellerabnahme in jedem Fall unbedingt warten, bis auch die Schlussabnahme des Hauses erfolgen kann, so dass Sie das Gesamtbauwerk entgegennehmen und alle evtl. Mängel offensichtlich sind und eine einheitliche Gewährleistungszeit für alle Bauelemente und Gewerke gilt.

Um innerhalb der Gewährleistungsfrist nach Abnahme (nach BGB fünf Jahre) sachlich fundiert und rechtlich sicher gegenüber dem Kelleranbieter auftreten zu können, ist es wichtig, dass Sie bei der Abnahme bestimmte Regeln einhalten. Unabdingbar ist hierbei, eine förmliche Abnahme durchzuführen mit einem schriftlichen Abnahmeprotokoll, das alle Teilnehmer unterschreiben müssen. Das Abnahmeprotokoll muss unbedingt folgende Punkte enthalten:

- Datum, Ort und Uhrzeit der Abnahme,
- die vollständigen Namen und die Funktion aller Anwesenden (Auftraggeber, evtl. Bauleiter oder Architekt, Unternehmer),

- die Übergabe von Unterlagen (Schlüssel, Papiere, Pläne etc.) muss dokumentiert sein,
- die strukturelle Vorgehensweise der Abnahme muss dokumentiert sein (z. B. Beginn im Außenbereich, dann Gang in den Keller),
- ebenso die Wetterlage (Bewölkt? Sonnenschein? Schneedecke/schneebedeckte Bauteile? Temperatur? Luftfeuchtigkeit?),
- sichtbare Schäden und Mängel müssen aufgelistet und genau beschrieben werden, evtl.auch als Fotografie zur Anlage genommen werden,
- die ungefähre Höhe der Kosten für die Beseitigung der bestehenden Mängel muss dokumentiert sein,
- der Termin für Mängelbeseitigung muss vereinbart sein,
- ebenso die Höhe des Einbehalts bis zur Mängelfreiheit (nach BGB das Doppelte der zur Mangelbeseitigung notwendigen Kosten),
- halten Sie exakt fest, welche Bereiche nicht begangen oder eingesehen werden konnten, und klammern Sie diese notfalls aus,
- die Dauer der Abnahme muss dokumentiert sein, und
- alle Teilnehmer müssen das Protokoll unterschreiben, zumindest beide Vertragsparteien.

Achten Sie darauf, dass es nur ein verbindliches Abnahmeprotokoll gibt, das von allen gegengezeichnet wird und das jeder in Form eines Durchschlags ausgehändigt bekommt. Vermeiden Sie in jedem Fall, dass Parallelprotokolle geschrieben werden und nachher jeder alles gegenzeichnet. Die Gefahr ist groß, dass dies in einer rechtlich völlig wirren und paradoxen Situation endet.

Jeder Beteiligte erhält einen Durchschlag des Protokolls. Stellen Sie sicher, dass das Protokoll vollständig ist und dass alle Punkte, die Sie mit ins Protokoll aufgenommen haben wollten, auch tatsächlich mit ins Protokoll aufgenommen wurden.

Besteht das Abnahmeprotokoll aus mehreren Seiten, sollte jede Seite von allen Beteiligten unterzeichnet werden.

Die Abnahme des Kellers muss gut vorbereitet sein. Das heißt für Sie als Auftraggeber vor allem, dass Sie zum einen gut informiert auf die Baustelle kommen und zum anderen ausreichend Zeit mitbringen.

Tipp

Entscheidend für eine Kellerabnahme, bei der der Keller nicht vom Fertighausanbieter selbst errichtet wurde, ist, dass Sie den Fertighausanbieter vor Abnahme des Kellers mit auf die Baustelle nehmen und ihn schriftlich seine Vorbehalte zu dem erstellten Kellerbauwerk fixieren lassen. Diese Vorbehalte müssen vom Kellerbauer unbedingt beseitigt werden und im Abnahmeprotokoll mit ihm Berücksichtigung finden.

Die Baudurchführung

Wenn der Kellerbau separat vom Hausbau erfolgt, hat mit ihm die Bauphase schon begonnen. Wenn kein Keller gebaut wird oder Haus und Keller gemeinsam aus einer Hand gebaut werden, beginnt die Bauphase erst jetzt.

Die Baueingabe

Da die Planungsunterlagen einzelner Haustypen von Fertighaus- und Massiv-Fertighausanbietern in der Regel bereits fertig in der Schublade liegen und dadurch ja auch Bestandteil des Vertrages mit Ihnen werden können, ist die Baueingabe durch den Fertighausanbieter oft nur ein formaler Akt. Wichtig dabei ist aber zu klären, ob der Fertighausanbieter die Baueingabe auch komplett abwickelt, also neben den Planzeichnungen und Berechnungen für das Gebäude (vor allem Statik und Energiebedarf) z. B. auch einen Lageplan erstellen lässt, die kompletten Unterlagen bei der Behörde einreicht und alle auftauchenden Fragen und Probleme während der behördlichen Prüfung der Unterlagen klärt. Darüber hinaus müssen Sie klären, ob in der Baueingabe des Hauses auch die Baueingabe für den eventuellen Keller mit enthalten ist. Sollte das nicht der Fall sein, müsste diese umgehend nachgereicht werden.

Versicherungen während der Bauzeit

Bevor die heiße Bauphase beginnt (dies gilt vor allem auch für den Fall, dass Sie Ihren Keller individuell planen und bauen), sollten Sie für ausreichenden Versicherungsschutz sorgen. Nicht nur das fertige Gebäude ist versicherbar, sondern auch das Objekt in der Bauphase. Sie sollten die folgenden vier auf jeden Fall abschließen:

- die Feuerrohbauversicherung,
- die Bauleistungsversicherung,
- die Bauherrenhaftpflichtversicherung sowie
- die verbundene Wohngebäudeversicherung.

Wenn Sie den Keller separat bauen, müssen Sie die Versicherungen auch dann schon haben.

Die Feuerrohbauversicherung

Die Feuerrohbauversicherung schützt Sie ab Baubeginn gegen eventuelle Brandschäden und ist für die Bauzeit beitragsfrei unter der Voraussetzung, dass von Baubeginn an auch eine Wohngebäudeversicherung abgeschlossen wird.

Die Bauleistungsversicherung

Die Bauleistungsversicherung deckt die Risiken aller am Bau Beteiligten ab. Der Beitrag wird deshalb auch auf alle Beteiligten umgelegt. Die Versicherung tritt für jeden Schaden ein, der durch ein unvorhergesehenes Ereignis verursacht wurde, unabhängig davon, wer den Schaden zu vertreten hat. Hierzu gehören beispielsweise Schäden durch Vandalismus oder unvorhersehbare Witterungseinflüsse.

Die Bauherrenhaftpflichtversicherung

Die Bauherrenhaftpflichtversicherung schützt Sie vor Schadensersatzforderungen, die durch Personen- oder Sachschäden durch Ihr Bauvorhaben entstanden sind. Die Versicherung prüft hierbei die Haftungsfrage, begleicht berechtigte Ansprüche und wehrt unberechtigte Ansprüche für Sie ab.

Die verbundene Wohngebäudeversicherung

Die verbundene Wohngebäudeversicherung schützt Sie vor finanziellen Schäden durch Brand, Blitzschlag, Explosion, Sturm, Hagel etc. nach Erstellung der Hauses und Bezugsfertigkeit. Die Absicherung gegen Feuer von Beginn an ist Voraussetzung für die Erteilung eines Darlehens. Auch Elementarschäden (z. B. durch Überschwemmungen, Lawinen oder Erdbeben) können gegen Aufpreis mitversichert werden.

Es ist unmöglich, allgemeine Empfehlungen abzugeben, welche Versicherung wo sinnvoll abzuschließen ist. Wichtig ist, dass Sie dieses Problem nicht vergessen und sich von einem Fachmann beraten lassen. Sie sollten sich einen Überblick verschaffen und dann gemäß Ihren individuellen Bedürfnissen eine Absicherung vornehmen. Dabei hilft Ihnen auch der Ratgeber: „Haus und Wohnung richtig versichern“, den Sie bei den Verbraucherzentralen erhalten: www.vz-ratgeber.de

Sofern Sie Eigenleistungen vornehmen und dabei Helfer einsetzen, sind Sie verpflichtet, diese bei der örtlichen Bau-Berufsgenossenschaft anzumelden. Ihre Helfer sind dann bei Unfällen versichert. Die Bauberufsgenossenschaften haben unter www.bgbau.de Informationen erstellt, die private Bauherren abrufen können.

Tipp

Wenn Sie selbst Hand anlegen, also konkret auf der Baustelle tätig sind, sollten Sie unbedingt auch an eine Unfallversicherung denken. Wenn Sie Kinder haben, sollten Sie diese keinesfalls mit auf die Baustelle nehmen. Auf Baustellen gibt es für Kinder unzählige Gefahrenstellen.

Der Bauablauf im Überblick

Mit dem Bauablauf kommt nun viel Neues auf Sie zu, das für die meisten der anderen Beteiligten Routine ist. Daher ist es unabdingbar, dass Sie sich vor Beginn der Bauphase mindestens mit dem Grundgerüst des Bauablaufs und den einzelnen Arbeitsschritten und Gewerken vertraut machen. Nachdem Ihr Baugesuch von den kommunalen Behörden positiv beschieden wurde, händigt Ihnen die zuständige Kommune den so genannten „Roten Punkt“ aus, ein rotes Signet, zumeist auf einem DIN-A4-Blatt aufgedruckt, das Sie gut sichtbar an

Ihrem Bauplatz aushängen müssen und das Ihre Bauberechtigung dokumentiert.

Je nachdem, ob Sie ein klassisches Holzfertighaus, ein Massiv-Fertighaus oder ein Bausatz- bzw. Selbstbau-Haus bauen, ist der Bauablauf unterschiedlich. Charakteristisch für den Fertigbau ist der hohe Vorfertigungsgrad von Bauelementen bereits im Werk. Fenster und Türen sind beispielsweise in Wandelementen schon ebenso enthalten wie die Elektroinstallation. Bei der Errichtung eines Bausatzhauses folgt der Bauablauf dagegen dem üblichen Gewerkeablauf.

Das vorliegende Kapitel stellt die unterschiedlichen Varianten des Ablaufs bei der Errichtung von Holz-Fertighäusern und Massiv-Fertighäusern vor und zeigt darüber hinaus den üblichen gewerkebezogenen Ablauf bei der Errichtung eines Selbstbau-Hauses.

Kellerbau bzw. Bodenplatte

Der erste Arbeitsschritt besteht darin, auf dem Grundstück eine tragfähige Fläche zu schaffen, auf die später das Gebäude gestellt werden kann. Dies erfolgt entweder durch die Errichtung eines Kellers oder lediglich einer Bodenplatte. Dabei werden auch alle notwendigen Anschlussleitungen für Wasser, Strom, Telefon, Kabelanschluss, evtl. Gas und die Abwasserleitungen vorbereitet, damit sie an den für das Haus notwendigen Stellen zur Verfügung stehen.

Nachfolgend werden die Arbeitsabläufe beim Kellerbau erläutert.

Als Allererstes wird auf Ihrem Bauplatz die Baustelleneinrichtung vorgenommen. Es werden Lagerplätze für das Baumaterial festgelegt, Bauzäune aufgestellt, Baustrom gelegt, Bauwagen und WC-Häuschen werden abgestellt. Falls Kräne und andere Großgeräte erforderlich sind, werden auch diese aufgestellt, nachdem benötigte Laufrichtung, Schwenkkreis etc. feststehen. Wenn Sie Ihr Fertighaus ohne Keller bzw. Bodenplatte gekauft haben, müssen Sie sich um diese Dinge selbst kümmern oder z. B. einen externen Bauleiter auf Honorarbasis mit der Bauleitung beauftragen. Massiv-Fertighausanbieter hingegen erstellen den Keller – wie im betreffenden Kapitel erwähnt – meist mit.

Als Nächstes erfolgt nun mit Pflöcken die so genannte Grobabsteckung, welche die Hauskanten und Ecken des Hauses definiert. Dann wird mit den Erdarbeiten begonnen, also mit dem Aushub und der Sicherung der Grube.

In der Baugrube wird das Schnurgerüst erstellt. Darunter versteht man die Markierung der Gebäudeecken mittels dreier vertikal in den Boden getriebener Holzpflöcke, die durch zwei horizontal angenagelte Bretter ergänzt werden. Ein solcher Schnurbock nimmt dann die zu spannenden Schnüre auf (daher auch das Wort Schnurgerüst), die die Hausaußenkanten markieren. Anschließend folgen die Fundamentarbeiten. Hier wird in der Regel zunächst die Grundleitung gelegt, dann wird eine Kiesschüttung in die Grube eingebracht, es werden Folien, mitunter auch Dämmung gelegt, und dann wird die Bodenplatte selbst gegossen.

Auf der Bodenplatte beginnt dann der Maurer mit seinen Arbeiten, wenn ein gemauerter Keller erstellt wird. Er setzt zunächst nur eine Steinschicht in der gewünschten Wandanordnung des Grundrisses auf die Bodenplatte, um notfalls noch Korrekturen vornehmen zu

Betonieren der Bodenplatte

Kellerbau

können und um die Horizontalsperren (meist Dichtungsbahnen) auf diese erste Steinschicht aufbringen zu können. Anschließend mauert er gleichmäßig bis zur Kellerdecke auf. Danach wird die Kellerdecke betoniert. Ist diese fertig, beginnt er mit der Aufmauerung des nächsten Geschosses, oder aber es erfolgt an exakt diesem Punkt, nämlich der fertiggestellten Kellerdecke, die Übergabe an den Fertighausanbieter, der auf diese Decke nun sein Fertighaus setzt.

Wird ein Betonkeller gebaut, erfolgt statt des Mauerns die Verschalung und Betonierung. Wenn Sie sich für einen Fertigkeller entschieden haben, werden nach dem Betonieren der Bodenplatte die bereits im Werk vorgefertigten Wand- und Deckenelemente gesetzt und danach mittels Ortbeton zu einem massiven Bauteil miteinander verbunden.

Ist der Keller so weit fertig erstellt, und ist es kein WU-Betonkeller kann er von außen bereits gegen Feuchtigkeit und eindringendes Wasser abgedichtet werden, wozu u.a. ein spezieller Bitumenanstrich erfolgt. Sind diese Schutzhaut mit allen Schichten fertiggestellt und gut abgetrocknet sowie Dränageplatten und Schutzbahn gestellt, kann die umlaufende Grube wieder verfüllt werden, direkt am Haus zumeist mit einer Kiesfüllung. Zuvor wird auf Höhe der Fundamentsohle bzw. Bodenplatte kellerumlaufend noch ein so genanntes Dränagerohr eingelegt, welches das in den Boden von oben einsickernde Wasser schneller in ein kiesgefülltes Sickerloch abführt.

Vor dem Kellerbau und währenddessen erfolgt die Verlegung der eingangs erwähnten Hausanschlüsse. Das Fehlen einer Abwasserleitung lässt sich nach dem Betonieren der Bodenplatte nicht mehr korrigieren.

Das Aufstellen eines Holz-Fertighauses

Ist die Bodenplatte bzw. der Keller fertig gestellt, besteht der nächste Arbeitsschritt darin, das Fertighaus zu montieren. Hier gibt es deutlich Unterschiede zwischen den einzelnen Konstruktionsweisen.

Das Holz-Fertighaus in Holzrahmenbauweise

Bei dieser Konstruktionsweise werden bereits im Werk sämtliche Wandelemente vorgefertigt und auf der Baustelle montiert. Das geschieht geschossweise, wobei jeweils die Holzgeschossdecken als Arbeitsbühne für das nächste Geschoss dienen. In der Regel geht das sehr schnell. Eingespielte Teams von Fertighausanbietern schaffen die Aufstellung eines Hauses ab Oberkante Keller bzw. Bodenplatte innerhalb eines Tages. Auch die Fenster und die Haustüre sind meist schon in die Wandelemente eingebaut. Es folgt dann am nächsten Tag nur noch die Dacheindeckung, und das Haus ist komplett wettergeschützt. Je nach vertraglich vereinbarter Ausbaustufe erfolgt entweder die Übergabe an den Eigentümer, oder der Innenausbau beginnt. Dieser dauert bei schlüsselfertiger Erstellung in der Regel weitere 10 bis 12 Wochen. Die nachfolgende Bildserie zeigt Ihnen beispielhaft die Arbeitsabläufe beim Aufstellen eines Holz-Fertighauses in Holzrahmenbauweise.

Das Holz-Fertighaus in Holzskelettbauweise

Hier wird zuerst das Holzskelett gestellt und dieses dann mit Wand oder Fensterelementen ausgefacht. Es kann aber auch eine Vorfertigung der Skelettbauteile schon im Werk erfolgt sein, sodass auf der Baustelle eine zügige Montage möglich ist. Der Aufbau bis zur Regendichtheit dauert je nach Hausgröße zwei bis drei Tage. Danach beginnt auch hier der konventionelle Ausbau je nach vertraglich vereinbarter Ausbaustufe mit einer Dauer von ca. zwölf Wochen bei schlüsselfertiger Erstellung.

Erste Wandtafeln kommen

Das Erdgeschoss steht

Die Zwischendecke ist gelegt

Die Giebel werden montiert

Dachzwischenwände werden gestellt

Dachbalken und Giebelspitzen werden eingefügt

Dachelemente werden aufgelegt

Das Dach wird eingedeckt

Das Holz-Fertighaus in Blockbauweise

Beim Blockhaus werden die Wandelemente nicht vorgefertigt, sondern zugeschnittene und nummerierte Einzelteile in Paketen auf die Baustelle gebracht und zunächst sortiert. Innerhalb von ca. zwei Wochen werden diese dann zusammengefügt, bis schließlich das Gebäude wettergeschützt ist. Danach beginnt je nach vertraglich vereinbarter Ausbaustufe der konventionelle Ausbau mit einer Dauer von ca. zwölf Wochen bei schlüsselfertiger Erstellung.

Das Aufstellen eines Massiv-Fertighauses

Da der Massivhausanbieter in der Regel auch die Bodenplatte bzw. den Keller erstellt, kommt es hier fast nie zu einem Unternehmerwechsel auf der Baustelle. Massivhausanbieter arbeiten manchmal mit vorgefertigten Wand- und Deckenelementen, die auf der Baustelle zusammengefügt werden. Je nach Hersteller kann es sogar sein, dass nicht nur einzelne Wandelemente geliefert werden, sondern komplett vorgefertigte Gebäudeelemente, in denen Fenster, Türen und Wandfliesen bis hin zu kompletten Bädern und Küchen fertig montiert sind. Die Außenhülle ist bei Massivhausherstellern, die mit Wandelementen arbeiten, nach ein bis zwei Tagen regendicht. Danach wird je nach vereinbarter Ausbaustufe das Gebäude übergeben oder der schlüsselfertige Ausbau beginnt. Durch das Zusammensetzen komplett vorgefertigter Gebäudeelemente lässt sich die Ausbauzeit nochmals erheblich reduzieren.

Der Innenausbau folgt bei allen Konstruktionsweisen in der Regel der üblichen Gewerkeabfolge am Bau, die am Beispiel des Selbstbau-Hauses in Massivbauweise im Folgenden beschrieben wird.

Der Bauablauf beim Selbstbau-Haus in Massivbauweise

Nach den selbst ausgeführten Rohbauarbeiten des Kellers folgt das Aufmauern des Erdgeschosses und des Dachgeschosses. Hier wird zunächst jeweils nur eine Steinschicht in der gewünschten Wandanordnung des Grundrisses auf die Betondecken gesetzt, um notfalls noch Korrekturen vornehmen zu können und um die Horizontalsperren (meist Dichtungsbahnen wie z. B. Dachbahnen) auf diese erste Steinschicht aufbringen zu können. Anschließend wird gleichmäßig bis zur geplanten Decke aufgemauert. Die Erdgeschossdecke wird in der Regel betoniert, die Decke über dem Dachgeschoss manchmal zusammen mit dem Dachstuhl in Holz ausgeführt.

Ist im Rohbau das letzte Geschoss so weit aufgemauert, dass Giebelwände und Kniestockwände stehen, kann der Dachstuhl gesetzt werden. Ist dieser gesetzt, gilt der Rohbau als abgeschlossen, und Sie können Richtfest feiern.

Nach dem Richtfest wird der Dachstuhl eingedeckt. Dies ist ein wichtiges Etappenziel: Ab jetzt ist Ihr Rohbau gegen Regen, Wind und Schnee gut schützt.

Fenster und Türen

Als Nächstes können die Fenster eingesetzt und es kann eine provisorische Eingangstür eingebaut werden. Der Rohbau ist jetzt vor unliebsamem Zutritt geschützt, und es kann mit dem Innenausbau begonnen werden. Parallel dazu werden die notwendigen Klempner- bzw. Blechnerarbeiten, wie zum Beispiel das Herstellen der Übergänge von Dachgauben zur Dachfläche, das Eindichten der Kaminanschlüsse etc. erstellt.

Heizungsarbeiten

Jetzt kann die wichtigste Phase des Innenausbaus beginnen, da die montierten Fenster und Türen alle Folgegewerke vor zu großen Temperaturschwankungen schützen und auch wertvolle Einbauten wie Heizbrenner, Sanitärgegenstände etc. vor Diebstahl geschützt sind. Zunächst wird die Rohrverlegung der Heizung in Angriff genommen. Steig- und Fallstränge der Vor- und Rückläufe von der Heizzentrale zu den Heizkörpern sowie die Kopplung der Heizzentrale an die interne Versorgung über einen Öltank oder aber an die externe Versorgung über Gasleitungen oder Fernwärme etc. wird verlegt.

Sanitärarbeiten

Parallel zu den Heizungsarbeiten werden das Leitungssystem für Zu- und Abwasser und die speziellen Vorrichtungen und Führungen für die Bereitstellung von Warmwasser montiert.

Elektroinstallationsarbeiten

Danach wird im Haus eine Vielzahl von Kabelführungen, von den einzelnen Zimmern zu Verteilern und von dort an eine zentrale Zählerstelle (meist im Hausanschlussraum) verlegt.

Schlosserarbeiten

In dieser Zeit können auch Schlosserarbeiten wie z. B. die Geländermontage, Anbringen der Vordächer und anderes ausgeführt werden, soweit diese im Lieferumfang des Hauses miteingeschlossen sind.

Putzer- bzw. Gipserarbeiten

Wenn Heizungs-, Sanitär- und Elektroinstallation abgeschlossen sind, können sämtliche Innenwände des Hauses sowie die Raumdecken verputzt werden.

Rollladenarbeiten

In die beim Rohbau bereits montierten Rollladenkästen können nun die Rollläden eingesetzt werden. Von innen werden dann die Gurtrollen und -bänder montiert.

Fassadenarbeiten

Abhängig von der Wetterlage können nun auch die Außenwände verputzt oder mit anderen Oberflächenmaterialien versehen werden.

Estricharbeiten

Nach Trocknung der Innenputze wird in allen Räumen Estrich eingebracht. Meist handelt es sich dabei um einen sogenannten schwimmenden Estrich, der aus einer auf dem Rohboden liegenden Trittschall-Dämmschicht und einer darauf aufgebrachten Estrichschicht besteht. Diese wird in der Regel als Zementestrich ausgeführt. Der direkte Kontakt des Estrichs mit den Wänden wird durch das Stellen kleiner Randstreifen verhindert.

Bodenbelagarbeiten

Ist der Estrich gut ausgetrocknet, kann mit dem Verlegen von Fliesen oder Parkett begonnen werden. Teppicharbeiten werden ganz zum Schluss nach den Malerarbeiten ausgeführt.

Montage der Haustüre

Nach den Fliesenarbeiten sind die meisten Arbeiten fertiggestellt, die Schmutz erzeugen oder schweres Gerät erforderlich machen, das beim Betreten des Hauses Schäden an der Haustüre verursachen kann. Dies ist daher der richtige Zeitpunkt für den Austausch der provisorischen Bautür gegen die richtige Haustür.

Innentüren

Sind die Fliesenarbeiten bzw. Parkettarbeiten ausgeführt, folgt der Einbau der Innentüren.

Montage der Sanitärgegenstände

Sind die Böden und Wände in den Bädern gefliest, folgt die Montage der Sanitärgegenstände wie Waschbecken, WCs etc.

Malerarbeiten

Ganz zum Schluss folgen die Malerarbeiten an allen Innenwänden und -decken und, soweit erforderlich, an der Außenfassade.

Montage von Heizkörpern, Schaltern und Steckdosen

Nach den Malerarbeiten können die Heizkörper endgültig montiert werden. Außerdem werden die Schalter und Steckdosen gesetzt.

Gebäudereinigung

Der letzte Schritt besteht in der Endreinigung des Hauses, das nun bezugsfertig ist.

Außenanlagen

Die Außenanlagen werden abhängig von der Jahreszeit erstellt. Es ist jedoch ratsam, dass auch der Hauszugang bei Bezugsfertigkeit hergestellt ist, damit Sie nicht ständig Schmutz ins neue Haus bringen.

Die Bauabwicklung

Ein guter Bauvertrag mit guten Vertragsanlagen ist die Grundlage für eine ebenfalls gute Baudurchführung, aber er ist keinesfalls eine Garantie dafür. Daher muss auch die Baudurchführung selbst gut überwacht werden. Ein grundlegender Unterschied dabei ist, ob Sie ein Holz-Fertighaus bauen oder ein Massiv-Fertighaus. Bei einem hohen Vorfertigungsrad eines Holz-Fertighauses steigt die Bauqualität tendenziell. Denn die maschinellen Fertigungsschritte in einer Halle sind üblicherweise besser durchzuführen, als die klassische Massivbauweise vor Ort, bei der mehrere Gewerke bei jedem Wind und Wetter koordiniert werden müssen. Das heißt, der örtliche Kontrollaufwand sinkt üblicherweise mit dem Grad der Vorfertigung.

Wenn beim Fertighaushersteller bereits die Wasser- und Elektroinstallation in die Wände eingebaut werden, sowie Fenster und Rollläden und auch die Außendämmung montiert sind, steigt die Wahrscheinlichkeit, dass dies ordentlich durchgeführt wurde. Wird bei einem Massiv-Fertighaus hingegen zunächst durch einen Subunternehmer der Rohbau erstellt und dann durch einen anderen Subunternehmer die Wasserinstallation, taucht bereits die Frage auf, ob die Anschlüsse richtig durch den Rohbau geführt sind, schallentkoppelt montiert und auch gedämmt wurden.

Der Kontrollaufwand beim Bau von Massiv-Fertighäusern ist üblicherweise ungleich höher als der beim Bau von Holzfertighäusern. Holzfertighausbauer arbeiten relativ selten mit Subunternehmen. Denn Subunternehmer im Bereich Holzfertigbau, die selbstständig einen hohen Vorfertigungsgrad nach exakter Vorgabe der eigentlichen Hersteller umsetzen können, gibt es am Markt praktisch nicht. Gerade dieses Know-how ist ja der Marktvorsprung der Hersteller, der über viele Jahre erarbeitet wurde.

Das verhält sich bei den Anbietern von Massiv-Fertighäusern ganz anders. Hier findet man sogar Franchisenehmer am Markt. Das heißt, es gibt zwar irgendeinen Markennamen, unter dem das Produkt Haus angeboten wird, der Hausbauvertrag wird später aber mit einem regionalen Franchisenehmer geschlossen. Der Franchisenehmer ist jedoch häufig keinesfalls ein ausgebildeter Bauingenieur oder Architekt. Es kann sein, dass er nur einen kurzen Hausbaukurs von wenigen Wochen genossen hat und vorher z.B. Versicherungsmakler oder Ähnliches war. Dieser lokale Franchisenehmer sucht sich dann wiederum einen Pool regionaler Handwerker zusammen, die er mit dem Hausbau beauftragt. Eine ordentliche und ordentlich geführte Baustelle wird dabei dann kaum entstehen. Denn es fragt sich natürlich, wer eigentlich die professionelle Bauüberwachung übernimmt. Daher gilt grundsätzlich:

Wer ein Haus anbietet, sollte Kenntnis vom Hausbau haben oder Fachleute beschäftigen, die eine ordnungsgemäße Bauausführung auch wirksam überwachen können, in Kenntnis von DIN-Normen und allgemein anerkannten Regeln der Technik. Daher: Augen auf, wenn Sie einen Vertrag schließen sollen mit einem Vertragspartner, der die Bauleistungen nicht selbst erbringt!

Baubegleitende Kontrolle

Bei Massiv-Fertighäusern ist aufgrund teilweise doch sehr zweifelhafter Baustellenüberwachung durch die Anbieter eine baubegleitende Vor-Ort-Kontrolle durch einen Fachmann eigentlich unerlässlich. Diese kann z. B. von einem Sachverständigen durchgeführt werden. Hier ist zu unterscheiden zwischen öffentlich bestellten und vereidigten Sachverständigen und Sachverständigen ohne öffentliche Bestellung und Vereidigung. An die öffentlich bestellten und vereidigten Sachverständigen werden zwar gemeinhin die höchsten Anforderungen gestellt, aber auch unter diesen Fachleuten gibt es eine schwankende Qualität.

Der Begriff „Sachverständiger" ist zudem nicht geschützt, letztlich kann sich jeder so nennen. Eine Grundvoraussetzung muss deshalb sein, dass Ihr Sachverständiger ausgebildeter Bauingenieur oder Architekt ist und Bauerfahrung oder Bauleitungserfahrung vorweisen kann. Einige Bauingenieure und Architekten haben sich sogar schon auf die baubegleitende Qualitätskontrolle spezialisiert, andere wiederum bieten diese überhaupt nicht an. Daher ist das Einfachste, man nimmt sich die „Gelben Seiten" der Kommune oder des Landkreises heraus, in dem man bauen will, und sieht dort unter dem Stichwort „Sachverständige Bau/Bausachverständige/Sachverständige für Schäden an Gebäuden" nach oder alternativ unter www.gelbeseiten.de. Die dort Genannten kann man dann durchtelefonieren und bei ihnen nachfragen, ob sie eine baubegleitende Qualitätskontrolle anbieten und durchführen würden.

Gehen Sie davon aus, dass Sie bei einem Massiv-Fertighausbau zumindest vor jeder größeren Zahlungsrate, die Sie überweisen, eine technische Kontrolle dazu auf der Baustelle haben sollten, ob alle zugesagten Leistungen auch mangelfrei erbracht wurden. Haben Sie zehn größere Zahlungsraten vereinbart, würde das bedeuten, dass Sie etwa zehn Termine auf der Baustelle haben werden. Manchmal kann es klug sein, noch zwei, drei weitere Termine zwischen die Fertigstellungstermine zu legen, um auch zu sehen, wie es an später verdeckten oder zugebauten Stellen aussieht, also entweder wie der Bodenplattenunterbau gelegt ist oder der Estrichunterbau oder die Dachdämmung samt Dampfbremse. Rechnen Sie bei einem Sachverständigen mit einem Stundensatz von ca. 80 bis 150 Euro netto; bei 10 einstündigen Terminen müssten Sie also ca. 800 bis 1.500 Euro netto zusätzlich einplanen. Hinzu kommen eventuell noch Anfahrt- und zusätzliche Kosten, falls z. B. eine schriftliche Stellungnahme notwendig wird. Wenn Sie das aber mit der Gesamtsumme vergleichen, die Sie investieren, ist das doch ein relativ kleiner Betrag. Verzichten Sie jedoch darauf, kann es Ihnen passieren, dass Sie Baumängel, aus denen Bauschäden erwachsen können, möglicherweise gar nicht erkennen und zwangsläufig nicht rechtzeitig gegensteuern können und dadurch weiter gegebenenfalls auch Ihr Recht auf ordnungsgemäß durchzuführende Nachbesserungen verlieren.

Es ist wie mit der gründlichen Bauvorbereitung: Wer hier spart, hat zwar am Ende möglicherweise das Geld für die Prüfung der Baubeschreibung und des Kauvertrages tatsächlich gespart, aber es kann ihm passieren, dass er mit einem unvollständigen und ungünstigen Vertrag und einer sehr lückenhaften Baubeschreibung in das Bauvorhaben startet, dies mit allen finanziellen, rechtlichen und technischen Risiken, die daran hängen.

Die Baustellenkontrolle beim Bauen mit dem Holz-Fertighausanbieter konzentriert sich meist auf den Keller- oder Bodenplattenbau und dann den Hausausbau. Aufgrund der hohen Vorfertigung sind hier daher zumeist weniger Termine notwendig. Jedoch kann man sich mit diesen ebenfalls zumindest an den größeren Zahlungsraten orientieren.

Es gibt spezielle Bauherrenschutzvereinigungen wie den Bauherrenschutzbund (BSB) und den Verband privater Bauherren (VPB), die freilich ebenso für ihre Arbeit bezahlt werden wollen und zudem einen Mitgliedsbeitrag verlangen. Dabei müssen diese beiden Verbände keineswegs das günstigste regionale Angebot haben. Am einfachsten sehen Sie sich das einmal in Ruhe im Internet an (Adressen ⇢ Anhang). Entscheidend ist und bleibt letztlich aber, dass Sie einerseits eine fachlich qualifizierte Person aus der Region finden und andererseits mit dieser Person auch menschlich gut auskommen. Denn sie wird zu Ihrer eigentlichen Vertrauensperson während der Bauphase. Erleben Sie diese für Sie wichtige Person dann als unhöflich oder kurz angebunden oder erklärungsunwillig, wird daraus schnell ein schwieriges Verhältnis. Deshalb sollten Sie keine Sachverständigen beauftragen, von denen Sie sich nicht zuvor persönlich ein Bild gemacht haben. Es ist darüber hinaus nicht sinnvoll, Verträge über eine komplette Baubegleitung zu unterzeichnen, sondern es reicht völlig, wenn der Sachverständige von Termin zu Termin beauftragt wird. Wichtig ist dabei nur eine verlässliche Klärung darüber mit ihm, dass er die fälligen Termine auch flexibel wahrnehmen kann.

Mängel, Streit, Zahlungseinbehalte während der Bauphase

Baustellen laufen entweder dann reibungslos, wenn tatsächlich keine Baumängel auftreten, oder aber im ungünstigen Fall, wenn entstandene Baumängel gar nicht entdeckt werden. Die meisten Bauherren haben nicht die Qualifikation, Mängel tatsächlich zu erkennen. Ob z. B. eine Trinkwasseranlage korrekt installiert wurde, mit allen notwendigen Sicherheitseinrichtungen, Ventilen und Dämmungen, kann ein Laie nicht beurteilen. Selbst ein Architekt muss hier sehr bald einen Fachingenieur hinzuziehen, damit die Installation auf ihre Richtigkeit überprüft werden kann.

Manche Bauherren wollen Mängel jedoch auch einfach nicht sehen. Selbst wenn solche Mängel allzu augenfällig sind, förmlich ins Auge stechen, lassen sich viele Bauherren mit wenigen Sprüchen relativ einfach beruhigen, anstatt dass sie der Sache sehr sorgsam nachgehen. Auseinandersetzungen auf dem Bau kosten nämlich viel Kraft. Das kommt oft daher, dass nicht sachlich argumentiert wird, sondern sehr schnell emotional. Selbst wenn Sie selbst sachlich bleiben, muss das nicht heißen, dass sich auch die Gegenseite sachlich verhält. Ein rüder und brüsker Umgangston scheint gerade bei manchen Unternehmen aus dem Bereich

Massiv-Fertighausbau fast schon zur Strategie zu gehören, um Kunden einzuschüchtern.

Ihr entscheidendes Werkzeug auf der Baustelle ist daher die Möglichkeit, die Beseitigung eines Mangels in angemessener Frist zu verlangen, dazu nötigenfalls auch mehrfach aufzufordern und dann eine sogenannte Selbstvornahme auf Kosten des ursprünglichen Unternehmers anzukündigen, wenn der Mangel nicht beseitigt wird. Bei einer Selbstvornahme werden Sie selbst tätig und beauftragen ein anderes Fachunternehmen mit der Beseitigung des Mangels auf Kosten des Unternehmens, das die Mangelbeseitigung verweigerte. Dies ist gemäß § 637 BGB ausdrücklich möglich.

Die üblichen Schritte im Zusammenhang mit dem Auftreten eines Mangels während der Bauphase und vor Abnahme sind:

- Der Hausanbieter wird schriftlich auf einen Mangel aufmerksam gemacht und zur Mangelbeseitigung aufgefordert.
- Häufig bestreitet der Hausanbieter zunächst das Bestehen eines Mangels.
- Dann muss er schriftlich aufgefordert werden, die Mangelfreiheit unter Angabe und Vorlage der dies betreffenden DIN-Normen und der allgemein anerkannten Regeln der Technik nachvollziehbar darzulegen. Die Beweislast liegt vor der Abnahme grundsätzlich beim Hausanbieter, der das Haus baut.
- Kommt der Hausanbieter dem nicht oder nur unzureichend nach, erhält er die erneute Aufforderung zur Mangelbeseitigung innerhalb angemessener Frist. Dazu erhält er auch die Mitteilung, dass bei erneutem, fruchtlosem Verstreichen der Frist ein anderes Unternehmen auf seine Kosten mit der Mangelbeseitigung beauftragt wird.
- Reagiert er weiterhin nicht, kommt es zu einem Geldeinbehalt (gemäß BGB § 641 Absatz 3 des doppelten Betrages dessen, der zur Beseitigung des Mangels notwendig ist). Dieses Geld dient dann dazu, ein anderes Unternehmen mit der Nachbesserung des Mangels zu beauftragen.

Bei Holzfertighäusern mit hohem Vorfertigungsgrad ist das Nachbessern durch ein externes Unternehmen allerdings gar nicht so einfach. Jedoch sind Mängel bei Häusern mit hohem Vorfertigungsgrad wie erwähnt auch deutlich seltener als bei Masiv-Fertighäusern.

Schriftverkehr auf Baustellen sollte nach Möglichkeit früh unter Mitwirkung eines Fachanwaltes für Bau- und Architektenrecht oder eines Rechtsanwalts mit Interessenschwerpunkt Baurecht erfolgen. Solche Schreiben müssen nicht gleich vom Anwalt selbst kommen. Das ist teuer und lässt angespannte Situationen manchmal sogar erst richtig eskalieren, wenn dann auch die Gegenseite über einen Anwalt antwortet. Besser ist fast immer, der Anwalt hält sich zunächst im Hintergrund, bekommt aber vorab alle Briefentwürfe zur Korrekturdurchsicht vorgelegt. Dann kann er frühzeitig mitsteuern und Formulierungen ändern oder mit aufnehmen lassen, die möglicherweise später einmal wichtig werden könnten.

Viele Bauherren verrennen sich in endlosen Diskussionen und Telefonaten mit Bauleitern, Handwerken und anderen, obwohl sie vor einer Abnahme nicht einmal die Beweislast zum Nachweis eines Mangels tragen. Und sie lassen sich anschließend dann auch allzu oft und allzu schnell durch harsche und brüske Schreiben von Prokuristen oder Geschäftsführen beeindrucken, die dann unter Umständen auch noch mit rechtlichen Schritten drohen. Das ist alles wenig zielführend. Der zielorientierteste Weg im Fall von Mängeln ist der, sich die Mangelfreiheit dezidiert darlegen zu lassen, diese Darlegung dem eigenen, unabhängigen Baubegleiter oder Sachverständigen zur Gegenprüfung vorzulegen und – falls notwendig – dem Hausanbieter zu widersprechen, Geldeinbehalt vorzunehmen und Selbstvornahme anzukündigen. Je klarer, strukturierter und konsequenter Ihr Vorgehen ist, umso eher wird auch die Gegenseite merken, dass Sie etwas vom Vorgehen bei Mängeln verstehen und Ihr Recht nötigenfalls in Anspruch nehmen werden. Umso eher wird man Sie und Ihre Mangelanzeige auch ernst nehmen.

Gehen Sie emotional eskalierenden Situationen auf Baustellen nach Möglichkeit aus dem Weg. Oft erreichen Sie mit einem sachlichen, klaren Briefwechsel, der durch einen Anwalt vorsorglich gegengeprüft wird, schneller mehr. Natürlich ist das umständlicher und aufwändiger, aber das sollte es Ihnen wert sein.

Übrigens: Vorsicht mit E-Mails! Eine Mangelrüge, die per E-Mail oder auch per Fax ausgesprochen wurde, kann schon aus formalen Gründen unwirksam sein. Es sollte grundsätzlich der klassische Briefweg gewählt werden, und zwar in Form von Einwurf-Einschreiben, um nicht schon an formalen Vorgaben der deutschen Rechtsprechung zu scheitern. Allein dieses kleine Detail kann Ihnen bereits zeigen, wie sinnvoll die präventive Einschaltung eines Anwaltes sein kann; denn spätestens ein sorgfältig arbeitender Anwalt würde Sie auch auf solche Details hinweisen.

Auf der nachfolgenden Seite finden Sie einige typische Formulierungen, die gerne benutzt werden, um Nachfragen von Laien auf der Baustelle möglichst rasch abzuwehren.

Typische Bauleiter-Formulierungen	Erläuterungen
„Das ist alles zulässig und nach DIN…“	Ob etwas korrekt nach DIN ausgeführt ist oder nicht, sagt einem am ehesten die jeweilige DIN-Norm selbst. Daher wäre bei einer solchen Aussage immer die einfachste Feststellung, dass Ihnen die DIN-Normen, nach denen gearbeitet wurde, mit der jeweils darin enthaltenen Detailregelung einfach konkret anzugeben sind. DIN-Normen sind mittlerweile leider ein großes Geschäft geworden, und selbst wenige Seiten Papier werden nur für völlig überteuerte Preise angeboten. Daher ist es gut, dass die Beweislast vor der Abnahme beim Bauunternehmen liegt. Von diesem fordern Sie dann den Nachweis der DIN-Konformität unter Angabe der aktuell gültigen DIN-Norm und der dortigen Detailregelung. Diese konkrete Angabe kann Ihr unabhängiger Sachverständiger dann wiederum gegenprüfen.
„Das ist kein Mangel…“	Ob ein Sachverhalt einen Mangel darstellt oder nicht, hängt von mehreren Faktoren ab. Ein Baumangel muss nicht zwingend einen Bauschaden nach sich ziehen. Ein Baumangel kann z.B. bereits bestehen, wenn im Bad andere als die vereinbarten Fliesen gelegt wurden. Bis zur Abnahme liegt der Nachweis, dass kein Baumangel vorliegt, beim Bauunternehmen. Der Satz, „Es liegt kein Mangel vor!“, reicht dafür nicht aus, sondern dann muss ein exakter Nachweis anhand von Herstellerangaben, DIN-Normen und allgemein anerkannten Regeln der Technik darüber vorgelegt werden, dass kein Mangel vorliegt.
„Was soll denn daran nicht in Ordnung sein?“	Die Frage müssen Sie gar nicht beantworten. Es ist nicht Ihre Aufgabe, Darlegungen für eine ordnungsgemäße Bauausführung zu geben, sondern das Unternehmen muss Ihnen die Freiheit von Baumängeln nachweisen, nötigenfalls durch Vorlage und Abgleich mit den gültigen DIN-Normen und allgemein anerkannten Regeln der Technik.
„Damit hatten wir noch nie Probleme…“	Das mag sein oder nicht. Vielleicht ist das Problem auch einfach nur nie zuvor gesehen worden. Das spielt aber auch keine Rolle. Wenn Ihnen eine Bauausführung nicht mangelfrei erscheint, muss der Unternehmer den Beweis der Mangelfreiheit antreten.
„Da wären Sie aber der Erste, bei dem das so ausgeführt wird…“	Auch das mag sein. Vielleicht sind Sie dann sogar der Erste, bei dem es korrekt ausgeführt wird. Auch das alles spielt aber keine Rolle, denn auch hier gilt: Erscheint Ihnen eine Bauausführung nicht mangelfrei, muss der Unternehmer den Nachweis der Mangelfreiheit erbringen.
„Das können Sie gar nicht anders machen…“	Fast alles kann man anders machen. Grundsätzlich muss nach der vertraglich vereinbarten Baubeschreibung und den vereinbarten Plänen gebaut werden. Daher ist es auch so wichtig, dass Sie auch die Pläne vor Baubeginn erhalten.
„Ich bin jetzt seit 20 Jahren auf dem Bau, und glauben Sie mir…“	Es ist nicht so relevant, wie lange eine Person auf dem Bau tätig ist. Viel wichtiger ist, dass sie offen ist, Probleme anzuerkennen und bereit ist, aus Fehlern zu lernen. Man kann auch 20 Jahre lang etwas falsch machen oder eventuell neuere DIN- und Technikentwicklungen nicht mitbekommen.

Die Mängelbeseitigung in der Bauphase

Der große Vorteil beim Bauen mit dem Fertighausanbieter ist, dass Sie nur einen Ansprechpartner für die Mängelbeseitigung haben. Während Sie beim Planen und Bauen mit dem Architekten eine ganze Reihe verschiedener Handwerker und Unternehmen auf der Baustelle haben, mit den entsprechenden Arbeits- und Haftungsschnittpunkten, ist dies im Fertigbau größtenteils nicht der Fall. Die einzige Schnittstelle mit möglichen Problemen entsteht beim Fertigbau dann, wenn Keller und Haus von unterschiedlichen Herstellern geliefert werden. In diesem Zusammenhang ist die Kellerabnahme (⇢ siehe Seite 132 f.) sehr wichtig und sollte kritisch und sorgfältig vorgenommen werden.

Ein Nachteil beim Bauen mit dem Fertighausanbieter liegt darin, dass der Bauleiter bei der Erstellung eines Fertighauses im Auftrag des Unternehmers handelt. Es kann also passieren, dass der Unternehmer Bauprobleme vor Ihnen verheimlicht.

Grundsätzlich bleibt Ihnen während der Bauphase eines Fertighauses nur wenig Zeit, Mängel direkt zu erkennen und sofort einzugreifen. Vor allem bei den klassischen Holzfertighäusern müssen Sie davon ausgehen, dass die Außenhülle binnen weniger Tage steht und Sie daher kaum Zeit haben, entsprechend einzugreifen, falls etwas schiefgeht.

Für Sie als Laie ist es schwierig, eine Mängelbeseitigung einzufordern, ohne den formal richtigen Weg zu kennen. Helfen kann Ihnen in der Situation z. B. die Einschaltung eines unabhängigen Holzbausachverständigen für die Dauer der Hauserstellung und Abnahme, der gemeinsam mit Ihnen die Baustelle kontrollierend im Auge behält.

In jedem Fall sind zwei Dinge ganz entscheidend, die Sie auch als Laie einfach erstellen können: eine möglichst lückenlose Fotodokumentation und ein Bautagebuch, mit dem Sie jeden Ihrer Besuche auf der Baustelle dokumentieren. Genau wie im Fall des Kellerbaus stellen Sie ein solches Bautagebuch am besten aus vorgefertigten Blättern her, damit Ihre Eintragungen sofort die richtige Ordnung haben und Sie keine wesentlichen Punkte vergessen. Da im Streitfall vor Gericht gehefteten Bautagebüchern nicht die Beweiskraft zukommt wie gebundenen, können Sie kopierte Bautagebuchblätter in einem Copy-Shop natürlich auch gleich binden lassen, bevor Sie diese ausfüllen.

Ihre Bautagebucheintragungen beim Hausbau wie auch beim Kellerbau sollten mindestens folgende Eintragungen enthalten:

- Datum, Uhrzeit und laufende Nummer des Berichts
- Wie ist das Wetter, die Temperatur?
- Welche Firmen sind mit wie viel Mann anwesend?
- Wie ist der Stand der Arbeiten?
- Notizen zu Anordnungen, Besprechungen, Vorkommnissen
- Welche Fotos wurden gemacht?

Abnahme und Gewährleistung

Nach der Fertigstellung des Gebäudes folgt die sogenannte Abnahme des Hauses. Gegenüber dem klassischen Hausbau mit dem Architekten ist dies bei einem Fertighaus ein umfangreicher Schritt, denn es werden alle ausgeführten Leistungen auf einmal abgenommen.

Der Vorteil liegt in einer einheitlichen Gewährleistungszeit für alle auftretenden Mängel. Der Nachteil besteht darin, dass einzelne wichtige Arbeitsschritte nicht mehr geprüft werden können. Ob die Dampfbremse z. B. fehlerfrei ausgeführt wurde, lässt sich am fertigen Objekt nicht mehr durch Sichtkontrolle feststellen. Innerhalb der dann folgenden Gewährleistungszeit besteht jedoch eine Nachbesserungspflicht durch den Hersteller, wenn solche Fehler erkennbar werden.

Die Hausabnahme und die Gewährleistung

Nach Fertigstellung der von ihm zu erbringenden Leistungen hat der Fertighausanbieter, genauso wie der Kellerbauer, Anspruch auf eine Abnahme seiner Leistung. Und genauso wie beim Kellerbauer gilt auch im Fall des Fertighauses: Der Begriff der Abnahme bedeutet, dass Sie die erbrachten Bauleistungen „entgegennehmen“ und in der Hauptsache als vertragsgemäß anerkennen. Mängel stehen der Abnahme also auch hier nicht unbedingt entgegen. Die Rechte aus bekannten Mängeln gehen Ihnen gegenüber dem Fertighausanbieter nicht verloren, wenn die Mängel bei der Abnahme vorbehalten werden. Bei sogenannten verdeckten Mängeln, die als solche nicht sofort erkennbar sind und deren Wirkungen sich oft erst sehr viel später zeigen, haben Sie aber auch hier einen Anspruch auf Behebung innerhalb der Gewährleistungszeit. Die Abnahme hat rechtlich die gleichen Auswirkungen wie beim Kellerbau:

- Der Unternehmer hat Anspruch auf Schlusszahlung.
- Das Risiko für Schäden an der Leistung liegt jetzt beim Käufer.
- Ohne Vorbehalt verliert der Käufer den Anspruch auf fehlende Vertragsleistungen und die Beseitigung bekannter Mängel.
- Der Gewährleistungszeitraum beginnt.
- Umkehr der Beweislast auf den Auftraggeber (der Käufer muss ab dann den Mangel nachweisen).

Und wie beim Kellerbau auch, müssen Sie bei der Durchführung der Abnahme Ihres Fertighauses auf ganz bestimmte Regularien achten, um innerhalb der Gewährleistungsfrist nach Abnahme (nach BGB fünf Jahre) sachlich fundiert und rechtlich sicher gegenüber dem Fertighausanbieter auftreten zu können. Unabdingbar ist also eine förmliche Abnahme mit einem schriftlichen Abnahmeprotokoll, das alle Teilnehmer unterschreiben müssen. Ein solches Abnahmeprotokoll muss unbedingt folgende Punkte enthalten:

- Datum, Ort und Uhrzeit der Abnahme,
- die vollständigen Namen und die Funktion aller Anwesenden (Auftraggeber, Bauleiter, Unternehmer),
- Übergabe von Unterlagen (Schlüssel, Papiere, Pläne etc.) muss dokumentiert sein,
- die strukturelle Vorgehensweise der Abnahme muss dokumentiert sein (z. B. Beginn im Keller, dann Gang in die oberen Geschosse und aufs Dach, schließlich Begutachtung von außen),
- die Wetterlage ist zu dokumentieren (bewölkt? Sonnenschein? Schneedecke/schneebedeckte Bauteile? Temperatur? Luftfeuchtigkeit?),
- sichtbare Schäden und Mängel müssen aufgelistet und genau beschrieben werden, evtl. auch als Fotografie zur Anlage genommen werden,
- etwaige Schadenshöhe der bestehenden Mängel muss dokumentiert werden,
- eine Frist zur Mängelbeseitigung muss vereinbart werden,
- die Höhe des Einbehalts bis zur Mängelfreiheit muss vereinbart werden,
- Bereiche, die nicht begangen oder eingesehen werden konnten, müssen schriftlich festgehalten und aus der Abnahme ausgeklammert werden,
- die Dauer der Abnahme muss festgehalten werden, und
- alle Teilnehmer müssen unterschreiben, zumindest aber beide Vertragsparteien.

Bereiten Sie die Abnahme gut vor! Kommen Sie gut informiert auf die Baustelle und bringen Sie ausreichend Zeit mit! Außerdem sollten Sie für den Abnahmetermin Ihres Fertighauses auf einigermaßen guten Wetterbedingungen bestehen. Um die Abnahme sorgfältig vorzubereiten, ist es – wie beim Kellerbau –unbedingt notwendig, dass Sie einige Tage vor dem angesetzten Termin allein oder in Begleitung z. B. Ihres Sachverständigen durch das Gebäude gehen. Machen Sie sich genaue Notizen und nehmen Sie diese später zum Abnahmetermin mit. Machen Sie sich gleich eine Liste der Bereiche, die Sie nicht besichtigen können, sei es aus bautechnischen oder anderen Gründen (z. B. weil die Kelleraußenwände schon mit Erdreich aufgefüllt sind oder weil eine Bautür etwa zum Heizungskeller abgeschlossen ist und niemand einen Schlüssel dabei hat). Nehmen Sie zu Ihrer Vorbesichtigung auch die komplette Baubeschreibung des Fertighausanbieters mit, und überprüfen Sie mindestens stichprobenartig, ob die einzelnen Ausführungen der Baubeschreibung entsprechen. Und denken Sie unbedingt daran, folgende Utensilien mitzunehmen:

- Wasserwaage,
- Zollstock, Rollmaßband oder Lasermessgerät,
- Taschenlampe,
- Grundausrüstung an Werkzeug (Schraubenzieher, Schraubenschlüssel, Hammer, Zange),
- Schreibutensilien, evtl. auch ein Diktiergerät,
- Fotoapparat,
- Pflaster und Verbände,
- sämtliche Pläne in jeweils aktuellem Planstand,
- die Baubeschreibung bzw. Leistungsbeschreibung und
- das Protokoll der Bemusterung.

Vermeiden Sie auch bei der Vorbegehung Termindruck oder Abendstunden mit schwierigen Sichtverhältnissen. Falls Sie befürchten, bei der Abnahme mit dem Fertighausanbieter Schwierigkeiten zu bekommen, können Sie überlegen, vorab auch einen Gutachter einzuschalten, der die erbrachten Leistungen in Augenschein nimmt und der Ihnen Ihre Anspruchsaussichten detailliert darlegt.

Achten Sie bei der Abnahme des Fertighauses unbedingt darauf, dass es nur ein verbindliches Abnahmeprotokoll gibt, das von allen gegengezeichnet wird und das jeder in Durchschrift ausgehändigt bekommt. Vermeiden Sie in jedem Fall, dass Parallelprotokolle geschrieben werden und nachher sozusagen jeder alles gegenzeichnet.

Ein Abnahmeprotokoll für ein komplettes Haus muss gut vorbereitet sein. Es empfiehlt sich, hier nötigenfalls auch eine Mängelliste schon vorzubereiten, die dann zur Anlage des Protokolls gemacht wird.

Damit Sie bei Ihrer Abnahme an alles denken und nichts vergessen, finden Sie nachfolgend eine Checkliste mit allen Punkten, die Sie bei der Abnahme überprüfen sollten. Nach Überprüfung können Sie die Punkte in der Liste jeweils abhaken. Alles, was Ihnen beim Überprüfen der Punkte auffällt und einen Mangel bedeuten kann, lassen Sie ins Abnahmeprotokoll aufnehmen.

Nicht immer verläuft eine Abnahme harmonisch. Oft gibt es Streit darüber, ob irgendwo ein Mangel vorliegt oder nicht. Dann nimmt man ganz einfach auch dies ins Protokoll auf: „Der Haushersteller behauptet, es liege kein Mangel vor. Der Hauskäufer vertritt jedoch die Auffassung, es liege ein Mangel vor. Bis zum Nachweis anhand der betreffenden DIN-Normen/allgemein anerkannten Regeln der Technik durch den Haushersteller, dass kein Mangel vorliegt, behält der Hauskäufer folgenden Geldbetrag ein: ...“

Lesen Sie sich die Checklisten in Ruhe durch. Wenn Sie sich mit der Materie nicht wirklich sicher fühlen, schalten Sie für die Hausabnahme einen Sachverständigen ein. Adressen von vereidigten Sachverständigen werden Ihnen beispielsweise von der Industrie- und Handelskammer auf Anfrage zugesendet. Sie finden sie auch im Online-Sachverständigenverzeichis der IHK: www.svv.ihk.de. Die Sachverständigen sind verschiedenen Fachgebieten zugeordnet, z. B. dem Fachgebiet Schäden an Gebäuden. Klären Sie im Vorfeld, wie viel Jahre Erfahrung der Sachverständige hat, und lassen Sie sich Referenzen geben. Prüfen Sie diese Referenzen und treffen Sie klare Honorarvereinbarungen.

Hinsichtlich der Gewährleistungszeit ist es wichtig zu wissen, dass bei der Anmeldung von Ansprüchen unterschiedlich vorzugehen ist, je nachdem, ob der Vertrag auf der Grundlage der VOB oder des BGB abgeschlossen wurde: Während bei der VOB-4-Jahres-Frist ein ordnungsgemäßes Mängelschreiben an den Unternehmer innerhalb dieser vier Jahre Frist reicht, um die Gewährleistungszeit zu unterbrechen, ist dies im Falle der BGB-5-Jahres-Frist anders. Hier wird die Gewährleistungszeit nur unterbrochen durch Anerkenntnis des Mangels seitens des Unternehmers, durch Einleitung eines selbstständigen Beweisverfahrens oder durch Klageerhebung Ihrerseits. Entdecken Sie am Haus einen Mangel kurz vor Ablauf der Gewährleistungszeit, ist es ratsam, sofort einen auf Baurecht spezialisierten Anwalt einzuschalten, der Ihnen hilft, Ihre Ansprüche zu sichern.

Und schließlich noch etwas: Es nützt Ihnen im Fall eines gelieferten Fertighauses nichts, eine Bauabnahme einfach gar nicht stattfinden zu lassen, um so die Gewährleistungsfrist möglichst unendlich hinauszuzögern, denn exakt wie im Falle des Kellerbaus kann auch beim darauf montierten Fertighaus spätestens der Einzug der Käufer in das Haus bei nicht offiziell erfolgter Abnahme des Bauwerks vor Gericht als anerkannte Abnahme gelten.

Die Gewährleistungsfrist beginnt mit dem Tag der erfolgten Abnahme: vier Jahre nach VOB oder fünf Jahre nach BGB.

Die folgenden Checklisten helfen Ihnen, wichtige Prüfpunkte bei der Hausabnahme nicht zu vergessen. Es handelt sich um Prüfpunkte, bei denen häufig Mängel gefunden werden. Punkte, die Sie überprüft haben, haken Sie einfach ab.

Checkliste für die Hausabnahme – Innen

Innenbereich – Keller	Räume:	z.B. Flur							
01 Kelleraußentür									
	Musterübereinstimmung Baubeschreibung	☐	☐	☐	☐	☐	☐	☐	☐
	Schwenkradius	☐	☐	☐	☐	☐	☐	☐	☐
	Öffnungsrichtung	☐	☐	☐	☐	☐	☐	☐	☐
	Türhöhe / Türbreite	☐	☐	☐	☐	☐	☐	☐	☐
	Schließmechanismus / Schlüssel	☐	☐	☐	☐	☐	☐	☐	☐
	Beschläge	☐	☐	☐	☐	☐	☐	☐	☐
	Wetterschenkel	☐	☐	☐	☐	☐	☐	☐	☐
	dichtes Schließen / Türfalzdichtungen	☐	☐	☐	☐	☐	☐	☐	☐
	Türblattoberfläche	☐	☐	☐	☐	☐	☐	☐	☐
	Zargenoberfläche / Zargen-Wand-Anschluss	☐	☐	☐	☐	☐	☐	☐	☐
	Türbänder / Befestigung	☐	☐	☐	☐	☐	☐	☐	☐
	Lotrechter Einbau	☐	☐	☐	☐	☐	☐	☐	☐
02 Innentüren									
	Musterübereinstimmung Baubeschreibung	☐	☐	☐	☐	☐	☐	☐	☐
	Schwenkradius	☐	☐	☐	☐	☐	☐	☐	☐
	Öffnungsrichtung	☐	☐	☐	☐	☐	☐	☐	☐
	Türhöhe / Türbreite	☐	☐	☐	☐	☐	☐	☐	☐
	Schließmechanismus / Schlüssel	☐	☐	☐	☐	☐	☐	☐	☐
	Beschläge	☐	☐	☐	☐	☐	☐	☐	☐
	Dichtes Schließen / Türfalzdichtungen	☐	☐	☐	☐	☐	☐	☐	☐
	Türblattoberfläche	☐	☐	☐	☐	☐	☐	☐	☐
	Zargenoberfläche / Zargen-Wand-Anschluss	☐	☐	☐	☐	☐	☐	☐	☐
	Türbänder / Befestigung	☐	☐	☐	☐	☐	☐	☐	☐
	Lotrechter Einbau	☐	☐	☐	☐	☐	☐	☐	☐
03 Fenster									
	Musterübereinstimmung Baubeschreibung	☐	☐	☐	☐	☐	☐	☐	☐
	Schwenkradius	☐	☐	☐	☐	☐	☐	☐	☐
	Öffnungsrichtung	☐	☐	☐	☐	☐	☐	☐	☐
	Schließmechanismus	☐	☐	☐	☐	☐	☐	☐	☐
	Beschläge	☐	☐	☐	☐	☐	☐	☐	☐
	Dichtes Schließen	☐	☐	☐	☐	☐	☐	☐	☐
	Glasoberfläche	☐	☐	☐	☐	☐	☐	☐	☐
	Befestigung	☐	☐	☐	☐	☐	☐	☐	☐
	Wandanschluss	☐	☐	☐	☐	☐	☐	☐	☐
	Lotrechter Einbau	☐	☐	☐	☐	☐	☐	☐	☐

Checkliste für die Hausabnahme – Innen

Innenbereich – Keller		Räume: z.B. Flur							
04 Fensterbänke									
	Oberfläche (Kratzer, Risse, Sprünge)	☐	☐	☐	☐	☐	☐	☐	☐
	Waagerechter Einbau	☐	☐	☐	☐	☐	☐	☐	☐
	Wandanschluss	☐	☐	☐	☐	☐	☐	☐	☐
05 Rollläden									
	Gangbarkeit	☐	☐	☐	☐	☐	☐	☐	☐
	Rollladenband lotrecht	☐	☐	☐	☐	☐	☐	☐	☐
	Verschmutzung	☐	☐	☐	☐	☐	☐	☐	☐
	Verdunkelung	☐	☐	☐	☐	☐	☐	☐	☐
	Befestigung Rollladenklappe	☐	☐	☐	☐	☐	☐	☐	☐
06 Wandflächen									
Tapeten	Ebenheit	☐	☐	☐	☐	☐	☐	☐	☐
	Anstrich	☐	☐	☐	☐	☐	☐	☐	☐
	Nähte bei Tapeten, Anschlüsse, Stöße	☐	☐	☐	☐	☐	☐	☐	☐
Putz	Oberflächenstruktur	☐	☐	☐	☐	☐	☐	☐	☐
	Gleichmäßigkeit	☐	☐	☐	☐	☐	☐	☐	☐
	Ebenheit	☐	☐	☐	☐	☐	☐	☐	☐
	Anstrich, Anschlüsse	☐	☐	☐	☐	☐	☐	☐	☐
Wandfliesen	Musterübereinstimmung Baubeschreibung	☐	☐	☐	☐	☐	☐	☐	☐
	Ebenheit	☐	☐	☐	☐	☐	☐	☐	☐
	Fugenbreite / Fugenverlauf	☐	☐	☐	☐	☐	☐	☐	☐
	Sprünge	☐	☐	☐	☐	☐	☐	☐	☐
	Durchstoßpunkte Sanitärinstallation	☐	☐	☐	☐	☐	☐	☐	☐
	Bordüren	☐	☐	☐	☐	☐	☐	☐	☐
	Ablagen mit Gefälle zum Raum	☐	☐	☐	☐	☐	☐	☐	☐
	Übergänge zu Anschlussbauteilen (Tür etc.)	☐	☐	☐	☐	☐	☐	☐	☐
	Befestigungen (Klopftest)	☐	☐	☐	☐	☐	☐	☐	☐
Vorwand-installation	Befestigung	☐	☐	☐	☐	☐	☐	☐	☐
	Übergänge zu Anschlusswänden	☐	☐	☐	☐	☐	☐	☐	☐
	Revisionsöffnungen	☐	☐	☐	☐	☐	☐	☐	☐
Sockelleisten	Waagerechter Einbau	☐	☐	☐	☐	☐	☐	☐	☐
	Oberfläche	☐	☐	☐	☐	☐	☐	☐	☐
	Wand- / Bodenanschluss	☐	☐	☐	☐	☐	☐	☐	☐
	Stöße	☐	☐	☐	☐	☐	☐	☐	☐

Checkliste für die Hausabnahme – Innen

Innenbereich – Keller	Räume:	z.B. Flur							
07 Deckenuntersichten									
Tapeten	Ebenheit	☐	☐	☐	☐	☐	☐	☐	☐
	Anstrich	☐	☐	☐	☐	☐	☐	☐	☐
	Nähte bei Tapeten, Anschlüsse, Stöße	☐	☐	☐	☐	☐	☐	☐	☐
	Deckenauslässe (Elektro)	☐	☐	☐	☐	☐	☐	☐	☐
Putz/Wärmedämmung	Oberflächenstruktur	☐	☐	☐	☐	☐	☐	☐	☐
	Gleichmäßigkeit	☐	☐	☐	☐	☐	☐	☐	☐
	Ebenheit	☐	☐	☐	☐	☐	☐	☐	☐
	Anstrich, Anschlüsse	☐	☐	☐	☐	☐	☐	☐	☐
	Deckenauslässe (Elektro)	☐	☐	☐	☐	☐	☐	☐	☐
08 Bodenbeläge									
Teppich bzw. Linoleum	Musterübereinstimmung Baubeschreibung	☐	☐	☐	☐	☐	☐	☐	☐
	Ebenheit	☐	☐	☐	☐	☐	☐	☐	☐
	Schadenfreiheit	☐	☐	☐	☐	☐	☐	☐	☐
	Fußleisten	☐	☐	☐	☐	☐	☐	☐	☐
Bodenfliesen	Musterübereinstimmung Baubeschreibung	☐	☐	☐	☐	☐	☐	☐	☐
	Ebenheit	☐	☐	☐	☐	☐	☐	☐	☐
	Fugenbreite / Fugenverlauf	☐	☐	☐	☐	☐	☐	☐	☐
	Beschädigungen	☐	☐	☐	☐	☐	☐	☐	☐
	Durchstoßpunkte Sanitärinstallation	☐	☐	☐	☐	☐	☐	☐	☐
	falls vorhanden: Bodenabläufe	☐	☐	☐	☐	☐	☐	☐	☐
	Messingabschlussleisten/Übergänge	☐	☐	☐	☐	☐	☐	☐	☐
09 Elektroinstallation									
	Schalter, Anzahl und Lage	☐	☐	☐	☐	☐	☐	☐	☐
	Steckdosen, Anzahl und Lage	☐	☐	☐	☐	☐	☐	☐	☐
	Schalterprogramm	☐	☐	☐	☐	☐	☐	☐	☐
	Funktionsfähigkeit	☐	☐	☐	☐	☐	☐	☐	☐
	Lichtauslässe, Anzahl und Lage	☐	☐	☐	☐	☐	☐	☐	☐
	Herdanschluss	☐	☐	☐	☐	☐	☐	☐	☐
	Zugerscheinung an Steckdosen	☐	☐	☐	☐	☐	☐	☐	☐
10 Heizungsinstallation									
	Heizkörper / Dichtigkeit	☐	☐	☐	☐	☐	☐	☐	☐
	Heizkörper / Oberfläche	☐	☐	☐	☐	☐	☐	☐	☐
	Abnahme Schornsteinfeger	☐	☐	☐	☐	☐	☐	☐	☐
	Falls vorhanden: Entlüftung	☐	☐	☐	☐	☐	☐	☐	☐

Checkliste für die Hausabnahme – Innen

Innenbereich – Keller		Räume: z.B. Flur							
10 Heizungsinstallation									
	Befestigung	☐	☐	☐	☐	☐	☐	☐	☐
	Heizkörper, Lage, Anzahl, Größe	☐	☐	☐	☐	☐	☐	☐	☐
	Funktionsfähigkeit / Dosierung / Thermostat	☐	☐	☐	☐	☐	☐	☐	☐
11 Sanitärinstallation									
	Armaturen, Musterübereinstimmung	☐	☐	☐	☐	☐	☐	☐	☐
	Objekte, Musterübereinstimmung	☐	☐	☐	☐	☐	☐	☐	☐
	Befestigung	☐	☐	☐	☐	☐	☐	☐	☐
	Einbauhöhe	☐	☐	☐	☐	☐	☐	☐	☐
	Silikondichtungen	☐	☐	☐	☐	☐	☐	☐	☐
	Funktionsfähigkeit	☐	☐	☐	☐	☐	☐	☐	☐
	Waagerechte Montage	☐	☐	☐	☐	☐	☐	☐	☐
	Duschtrennwände	☐	☐	☐	☐	☐	☐	☐	☐
	Bad- / WC-Accessoires vollständig?	☐	☐	☐	☐	☐	☐	☐	☐
12 Treppen									
	Musterübereinstimmung	☐	☐	☐	☐	☐	☐	☐	☐
	Identische Antrittshöhen	☐	☐	☐	☐	☐	☐	☐	☐
	Befestigung Geländer	☐	☐	☐	☐	☐	☐	☐	☐
	Geländerhöhen	☐	☐	☐	☐	☐	☐	☐	☐
	Handläufe, Befestigung	☐	☐	☐	☐	☐	☐	☐	☐
	Handläufe, Oberfläche	☐	☐	☐	☐	☐	☐	☐	☐
	Kopfhöhen	☐	☐	☐	☐	☐	☐	☐	☐
13 Heizungsanlage									
Heizungsraum	Raumbelüftung (Zuluft / Abluft)	☐	☐	☐	☐	☐	☐	☐	☐
	Heizungsraumtür / Feuerschutz notwendig?	☐	☐	☐	☐	☐	☐	☐	☐
Kamin	Abnahme Schornsteinfeger	☐	☐	☐	☐	☐	☐	☐	☐
	Wandanschluss / Montage	☐	☐	☐	☐	☐	☐	☐	☐
	Funktionsfähigkeit	☐	☐	☐	☐	☐	☐	☐	☐
	Zuluft	☐	☐	☐	☐	☐	☐	☐	☐
	Rauchabzug, Anschluss an Brenner	☐	☐	☐	☐	☐	☐	☐	☐
Brenner	Funktionsfähigkeit	☐	☐	☐	☐	☐	☐	☐	☐
	Laufruhe	☐	☐	☐	☐	☐	☐	☐	☐
	Steuerung / Regulierung	☐	☐	☐	☐	☐	☐	☐	☐
	Montage / Befestigung	☐	☐	☐	☐	☐	☐	☐	☐

Checkliste für die Hausabnahme – Innen

Innenbereich – Keller		Räume: z.B. Flur							
13 Heizungsanlage									
Kessel	Funktionsfähigkeit	☐	☐	☐	☐	☐	☐	☐	☐
	Laufruhe	☐	☐	☐	☐	☐	☐	☐	☐
	Steuerung / Regulierung	☐	☐	☐	☐	☐	☐	☐	☐
	Montage / Befestigung	☐	☐	☐	☐	☐	☐	☐	☐
Pumpen	Funktionsfähigkeit	☐	☐	☐	☐	☐	☐	☐	☐
	Laufruhe	☐	☐	☐	☐	☐	☐	☐	☐
	Steuerung / Regulierung	☐	☐	☐	☐	☐	☐	☐	☐
	Montage / Befestigung	☐	☐	☐	☐	☐	☐	☐	☐
Rohre / Ventile	Funktionsfähigkeit	☐	☐	☐	☐	☐	☐	☐	☐
	Dichtigkeit	☐	☐	☐	☐	☐	☐	☐	☐
	Wärmedämmung nach EnEV	☐	☐	☐	☐	☐	☐	☐	☐
	Schallisolierung der Befestigungen	☐	☐	☐	☐	☐	☐	☐	☐
	Montage / Befestigung	☐	☐	☐	☐	☐	☐	☐	☐
Ausdehnungsgefäß	Funktionsfähigkeit	☐	☐	☐	☐	☐	☐	☐	☐
	Dichtigkeit	☐	☐	☐	☐	☐	☐	☐	☐
	Sicherheitsventile	☐	☐	☐	☐	☐	☐	☐	☐
	Montage / Befestigung	☐	☐	☐	☐	☐	☐	☐	☐
Evtl. Öltank	Dichtigkeit	☐	☐	☐	☐	☐	☐	☐	☐
	Funktionsfähigkeit Öluhr	☐	☐	☐	☐	☐	☐	☐	☐
	Zulauf	☐	☐	☐	☐	☐	☐	☐	☐
	Ablauf	☐	☐	☐	☐	☐	☐	☐	☐
	Überlauf	☐	☐	☐	☐	☐	☐	☐	☐
	Montage / Befestigung	☐	☐	☐	☐	☐	☐	☐	☐
Evtl. Gasheiztherme	Funktionsfähigkeit	☐	☐	☐	☐	☐	☐	☐	☐
	Laufruhe	☐	☐	☐	☐	☐	☐	☐	☐
	Steuerung / Regulierung	☐	☐	☐	☐	☐	☐	☐	☐
	Montage / Befestigung	☐	☐	☐	☐	☐	☐	☐	☐
Evtl. Fernwärmeübergabestation	Funktionsfähigkeit	☐	☐	☐	☐	☐	☐	☐	☐
	Laufruhe	☐	☐	☐	☐	☐	☐	☐	☐
	Steuerung / Regulierung	☐	☐	☐	☐	☐	☐	☐	☐
	Montage / Befestigung	☐	☐	☐	☐	☐	☐	☐	☐

Checkliste für die Hausabnahme – Innen

Innenbereich – Keller		Räume:	z.B. Flur						
14 Hausanschluss									
Wasser-anschluss	Zulauf	☐	☐	☐	☐	☐	☐	☐	☐
	Wanddurchstoßpunkte	☐	☐	☐	☐	☐	☐	☐	☐
	Zähleruhren (Stadtwerke)	☐	☐	☐	☐	☐	☐	☐	☐
	Dichtigkeit	☐	☐	☐	☐	☐	☐	☐	☐
	Ventile / Funktionsfähigkeit	☐	☐	☐	☐	☐	☐	☐	☐
	Montage / Befestigung	☐	☐	☐	☐	☐	☐	☐	☐
Elektro-anschluss	Zuführung	☐	☐	☐	☐	☐	☐	☐	☐
	Wanddurchstoßpunkte	☐	☐	☐	☐	☐	☐	☐	☐
	Zähleruhren (Stadtwerke)	☐	☐	☐	☐	☐	☐	☐	☐
	Isolierungen	☐	☐	☐	☐	☐	☐	☐	☐
	Sicherungen / Funktionsfähigkeit	☐	☐	☐	☐	☐	☐	☐	☐
	Montage / Befestigung	☐	☐	☐	☐	☐	☐	☐	☐
Gas-anschluss	Zustrom	☐	☐	☐	☐	☐	☐	☐	☐
	Wanddurchstoßpunkte	☐	☐	☐	☐	☐	☐	☐	☐
	Zähleruhren (Stadtwerke)	☐	☐	☐	☐	☐	☐	☐	☐
	Dichtigkeit	☐	☐	☐	☐	☐	☐	☐	☐
	Ventile / Funktionsfähigkeit	☐	☐	☐	☐	☐	☐	☐	☐
	Montage / Befestigung	☐	☐	☐	☐	☐	☐	☐	☐
Fernwärme-anschluss	Zustrom	☐	☐	☐	☐	☐	☐	☐	☐
	Wanddurchstoßpunkte	☐	☐	☐	☐	☐	☐	☐	☐
	Zähleruhren (Stadtwerke)	☐	☐	☐	☐	☐	☐	☐	☐
	Dichtigkeit	☐	☐	☐	☐	☐	☐	☐	☐
	Ventile / Funktionsfähigkeit	☐	☐	☐	☐	☐	☐	☐	☐
	Montage / Befestigung	☐	☐	☐	☐	☐	☐	☐	☐

Checkliste für die Hausabnahme – Innen

Innenbereich – EG und OG	Räume:	z.B. Flur							
01 Haustür									
	Musterübereinstimmung Baubeschreibung	☐	☐	☐	☐	☐	☐	☐	☐
	Schwenkradius	☐	☐	☐	☐	☐	☐	☐	☐
	Öffnungsrichtung	☐	☐	☐	☐	☐	☐	☐	☐
	Türhöhe / Türbreite	☐	☐	☐	☐	☐	☐	☐	☐
	Schließmechanismus / Schlüssel	☐	☐	☐	☐	☐	☐	☐	☐
	Beschläge	☐	☐	☐	☐	☐	☐	☐	☐
	Wetterschenkel	☐	☐	☐	☐	☐	☐	☐	☐
	Dichtes Schließen / Türfalzdichtungen	☐	☐	☐	☐	☐	☐	☐	☐
	Türblattoberfläche	☐	☐	☐	☐	☐	☐	☐	☐
	Zargenoberfläche / Zargen-Wand-Anschluss	☐	☐	☐	☐	☐	☐	☐	☐
	Türbänder / Befestigung	☐	☐	☐	☐	☐	☐	☐	☐
	Lotrechter Einbau	☐	☐	☐	☐	☐	☐	☐	☐
02 Innentüren									
	Musterübereinstimmung Baubeschreibung	☐	☐	☐	☐	☐	☐	☐	☐
	Schwenkradius / Öffnungsrichtung	☐	☐	☐	☐	☐	☐	☐	☐
	Türhöhe / Türbreite	☐	☐	☐	☐	☐	☐	☐	☐
	Schließmechanismus / Schlüssel	☐	☐	☐	☐	☐	☐	☐	☐
	Beschläge	☐	☐	☐	☐	☐	☐	☐	☐
	Dichtes Schließen / Türfalzdichtungen	☐	☐	☐	☐	☐	☐	☐	☐
	Türblattoberfläche	☐	☐	☐	☐	☐	☐	☐	☐
	Zargenoberfläche / Zargen-Wand-Anschluss	☐	☐	☐	☐	☐	☐	☐	☐
	Türbänder / Befestigung	☐	☐	☐	☐	☐	☐	☐	☐
	Lotrechter Einbau	☐	☐	☐	☐	☐	☐	☐	☐
03 Fenster, Fenstertüren									
Auch von außen prüfen!	Schwenkradius und Öffnungsrichtung	☐	☐	☐	☐	☐	☐	☐	☐
	Schließmechanismus, Beschläge	☐	☐	☐	☐	☐	☐	☐	☐
	Dichtes Schließen	☐	☐	☐	☐	☐	☐	☐	☐
	Glasoberfläche	☐	☐	☐	☐	☐	☐	☐	☐
	Befestigung, lotrechter Einbau	☐	☐	☐	☐	☐	☐	☐	☐
	Wandanschluss innen und außen	☐	☐	☐	☐	☐	☐	☐	☐
	Anschluss Rollladenschienen, Kasten	☐	☐	☐	☐	☐	☐	☐	☐
	Bei Holzfenstern: Anstrich, Haftung, Farbton	☐	☐	☐	☐	☐	☐	☐	☐
04 Fensterbänke									
	Oberfläche (Kratzer, Risse, Sprünge)	☐	☐	☐	☐	☐	☐	☐	☐
	Waagerechter Einbau	☐	☐	☐	☐	☐	☐	☐	☐
	Wandanschluss	☐	☐	☐	☐	☐	☐	☐	☐

Checkliste für die Hausabnahme – Innen

Innenbereich – EG und OG		Räume: z.B. Flur							
05 Rollläden									
Auch von außen prüfen!	Gangbarkeit	☐	☐	☐	☐	☐	☐	☐	☐
	Rollladenband lotrecht	☐	☐	☐	☐	☐	☐	☐	☐
	Verschmutzung	☐	☐	☐	☐	☐	☐	☐	☐
	Verdunkelung	☐	☐	☐	☐	☐	☐	☐	☐
	Befestigung Rollladenklappe	☐	☐	☐	☐	☐	☐	☐	☐
06 Wandflächen									
Tapeten	Ebenheit	☐	☐	☐	☐	☐	☐	☐	☐
	Anstrich	☐	☐	☐	☐	☐	☐	☐	☐
	Nähte bei Tapeten, Anschlüsse, Stöße	☐	☐	☐	☐	☐	☐	☐	☐
Putz	Oberflächenstruktur	☐	☐	☐	☐	☐	☐	☐	☐
	Gleichmäßigkeit	☐	☐	☐	☐	☐	☐	☐	☐
	Ebenheit	☐	☐	☐	☐	☐	☐	☐	☐
	Anstrich, Anschlüsse	☐	☐	☐	☐	☐	☐	☐	☐
Wandfliesen	Musterübereinstimmung Baubeschreibung	☐	☐	☐	☐	☐	☐	☐	☐
	Ebenheit	☐	☐	☐	☐	☐	☐	☐	☐
	Fugenbreite / Fugenverlauf	☐	☐	☐	☐	☐	☐	☐	☐
	Sprünge	☐	☐	☐	☐	☐	☐	☐	☐
	Durchstoßpunkte Sanitärinstallation	☐	☐	☐	☐	☐	☐	☐	☐
	Bordüren	☐	☐	☐	☐	☐	☐	☐	☐
	Ablagen mit Gefälle zum Raum	☐	☐	☐	☐	☐	☐	☐	☐
	Übergänge zu Anschlussbauteilen (Tür etc.)	☐	☐	☐	☐	☐	☐	☐	☐
	Haftung am Untergrund (Klopftest)	☐	☐	☐	☐	☐	☐	☐	☐
Vorwand-installation	Befestigung	☐	☐	☐	☐	☐	☐	☐	☐
	Übergänge zu Anschlusswänden	☐	☐	☐	☐	☐	☐	☐	☐
	Revisionsöffnungen	☐	☐	☐	☐	☐	☐	☐	☐
Sockelleisten	Waagerechter Einbau	☐	☐	☐	☐	☐	☐	☐	☐
	Oberfläche	☐	☐	☐	☐	☐	☐	☐	☐
	Wand- / Bodenanschluss	☐	☐	☐	☐	☐	☐	☐	☐
	Stöße	☐	☐	☐	☐	☐	☐	☐	☐
07 Deckenuntersichten									
Tapeten	Ebenheit	☐	☐	☐	☐	☐	☐	☐	☐
	Anstrich	☐	☐	☐	☐	☐	☐	☐	☐
	Nähte bei Tapeten, Anschlüsse, Stöße	☐	☐	☐	☐	☐	☐	☐	☐
	Deckenauslässe (Elektro)	☐	☐	☐	☐	☐	☐	☐	☐
Putz	Oberflächenstruktur	☐	☐	☐	☐	☐	☐	☐	☐
	Gleichmäßigkeit	☐	☐	☐	☐	☐	☐	☐	☐

Checkliste für die Hausabnahme – Innen

Innenbereich – EG und OG		Räume: z.B. Flur							
07 Deckenuntersichten									
Putz	Ebenheit	☐	☐	☐	☐	☐	☐	☐	☐
	Anstrich, Anschlüsse	☐	☐	☐	☐	☐	☐	☐	☐
	Deckenauslässe (Elektro)	☐	☐	☐	☐	☐	☐	☐	☐
Holz	Musterübereinstimmung	☐	☐	☐	☐	☐	☐	☐	☐
	Montagelaufrichtung	☐	☐	☐	☐	☐	☐	☐	☐
	Stöße	☐	☐	☐	☐	☐	☐	☐	☐
	Randabschluss	☐	☐	☐	☐	☐	☐	☐	☐
	Randleisten	☐	☐	☐	☐	☐	☐	☐	☐
	Befestigung	☐	☐	☐	☐	☐	☐	☐	☐
	Deckenauslässe (Elektro)	☐	☐	☐	☐	☐	☐	☐	☐
08 Bodenbeläge									
Teppich bzw. Linoleum	Musterübereinstimmung Baubeschreibung	☐	☐	☐	☐	☐	☐	☐	☐
	Ebenheit	☐	☐	☐	☐	☐	☐	☐	☐
	Schadenfreiheit	☐	☐	☐	☐	☐	☐	☐	☐
	Fußleisten	☐	☐	☐	☐	☐	☐	☐	☐
Bodenfliesen	Musterübereinstimmung Baubeschreibung	☐	☐	☐	☐	☐	☐	☐	☐
	Ebenheit	☐	☐	☐	☐	☐	☐	☐	☐
	Fugenbreite / Fugenverlauf	☐	☐	☐	☐	☐	☐	☐	☐
	Beschädigungen	☐	☐	☐	☐	☐	☐	☐	☐
	Durchstoßpunkte Sanitärinstallation	☐	☐	☐	☐	☐	☐	☐	☐
	Falls vorhanden: Bodenabläufe	☐	☐	☐	☐	☐	☐	☐	☐
	Messingabschlussleisten	☐	☐	☐	☐	☐	☐	☐	☐
Parkett	Ebenheit / Schliffbild	☐	☐	☐	☐	☐	☐	☐	☐
	Verlegemuster / Verlegerichtung	☐	☐	☐	☐	☐	☐	☐	☐
	Riss- oder Fugenbildung	☐	☐	☐	☐	☐	☐	☐	☐
	Randabstände zur Wand	☐	☐	☐	☐	☐	☐	☐	☐
	Eingelegte Korkstreifen	☐	☐	☐	☐	☐	☐	☐	☐
	Messingabschlussleisten / Übergänge	☐	☐	☐	☐	☐	☐	☐	☐
	Befestigung	☐	☐	☐	☐	☐	☐	☐	☐
09 Elektroinstallation									
	Schalter, Anzahl und Lage	☐	☐	☐	☐	☐	☐	☐	☐
	Steckdosen, Anzahl und Lage	☐	☐	☐	☐	☐	☐	☐	☐
	Schalterprogramm	☐	☐	☐	☐	☐	☐	☐	☐
	Funktionsfähigkeit	☐	☐	☐	☐	☐	☐	☐	☐
	Lichtauslässe, Anzahl und Lage	☐	☐	☐	☐	☐	☐	☐	☐

Checkliste für die Hausabnahme – Innen

Innenbereich – EG und OG	Räume:	z.B. Flur						
09 Elektroinstallation								
Herdanschluss	☐	☐	☐	☐	☐	☐	☐	☐
Zugerscheinung an Steckdosen	☐	☐	☐	☐	☐	☐	☐	☐
10 Heizungsinstallation								
Heizkörper, Dichtigkeit	☐	☐	☐	☐	☐	☐	☐	☐
Heizkörper, Oberfläche	☐	☐	☐	☐	☐	☐	☐	☐
Funktionsfähigkeit / Dosierung / Thermostat	☐	☐	☐	☐	☐	☐	☐	☐
Falls vorhanden: Entlüftung	☐	☐	☐	☐	☐	☐	☐	☐
Befestigung	☐	☐	☐	☐	☐	☐	☐	☐
Heizkörper, Lage, Anzahl, Größe	☐	☐	☐	☐	☐	☐	☐	☐
11 Sanitärinstallation								
Armaturen, Objekte gemäß Muster	☐	☐	☐	☐	☐	☐	☐	☐
Befestigung	☐	☐	☐	☐	☐	☐	☐	☐
Einbauhöhe	☐	☐	☐	☐	☐	☐	☐	☐
Silikondichtungen	☐	☐	☐	☐	☐	☐	☐	☐
Funktionsfähigkeit	☐	☐	☐	☐	☐	☐	☐	☐
Waagerechte Montage	☐	☐	☐	☐	☐	☐	☐	☐
Duschtrennwände	☐	☐	☐	☐	☐	☐	☐	☐
Bad- / WC-Accessoires vollständig?	☐	☐	☐	☐	☐	☐	☐	☐
12 Treppen								
Musterübereinstimmung	☐	☐	☐	☐	☐	☐	☐	☐
Identische Antrittshöhen	☐	☐	☐	☐	☐	☐	☐	☐
Befestigung Geländer, Geländerhöhen	☐	☐	☐	☐	☐	☐	☐	☐
Geländerhöhen	☐	☐	☐	☐	☐	☐	☐	☐
Handläufe, Befestigung	☐	☐	☐	☐	☐	☐	☐	☐
Handläufe, Oberfläche	☐	☐	☐	☐	☐	☐	☐	☐
Kopfhöhen	☐	☐	☐	☐	☐	☐	☐	☐
13 Kamine / Öfen								
Musterübereinstimmung	☐	☐	☐	☐	☐	☐	☐	☐
Wandanschluss / Montage	☐	☐	☐	☐	☐	☐	☐	☐
Funktionsfähigkeit	☐	☐	☐	☐	☐	☐	☐	☐
Zuluft und Rauchabzug	☐	☐	☐	☐	☐	☐	☐	☐
Steuerung / Regulierung	☐	☐	☐	☐	☐	☐	☐	☐

Checkliste für die Hausabnahme – Innen

Innenbereich – EG und OG	Räume:	z.B. Flur							
14 Terrassentür									
	Musterübereinstimmung	☐	☐	☐	☐	☐	☐	☐	☐
	Schwenkradius und Öffnungsrichtung	☐	☐	☐	☐	☐	☐	☐	☐
	Glasoberfläche	☐	☐	☐	☐	☐	☐	☐	☐
	Türhöhe / Türbreite	☐	☐	☐	☐	☐	☐	☐	☐
	Schließmechanismus / Schlüssel	☐	☐	☐	☐	☐	☐	☐	☐
	Beschläge und Wetterschenkel	☐	☐	☐	☐	☐	☐	☐	☐
	Dichtes Schließen / Türfalzdichtungen	☐	☐	☐	☐	☐	☐	☐	☐
	Zargenoberfläche / Zargen-Wand-Anschluss	☐	☐	☐	☐	☐	☐	☐	☐
	Türbänder / Befestigung	☐	☐	☐	☐	☐	☐	☐	☐
	Lotrechter Einbau	☐	☐	☐	☐	☐	☐	☐	☐

Checkliste für die Hausabnahme – Innen

Innenbereich – Dachgeschoss	Räume:	z.B. Flur							
01 Innentüren									
	Musterübereinstimmung Baubeschreibung	☐	☐	☐	☐	☐	☐	☐	☐
	Schwenkradius	☐	☐	☐	☐	☐	☐	☐	☐
	Öffnungsrichtung	☐	☐	☐	☐	☐	☐	☐	☐
	Türhöhe / Türbreite	☐	☐	☐	☐	☐	☐	☐	☐
	Schließmechanismus / Schlüssel	☐	☐	☐	☐	☐	☐	☐	☐
	Beschläge	☐	☐	☐	☐	☐	☐	☐	☐
	Dichtes Schließen / Türfalzdichtungen	☐	☐	☐	☐	☐	☐	☐	☐
	Türblattoberfläche	☐	☐	☐	☐	☐	☐	☐	☐
	Zargenoberfläche / Zargen-Wand-Anschluss	☐	☐	☐	☐	☐	☐	☐	☐
	Türbänder / Befestigung	☐	☐	☐	☐	☐	☐	☐	☐
	Lotrechter Einbau	☐	☐	☐	☐	☐	☐	☐	☐
02 Balkonaußentüren									
	Musterübereinstimmung	☐	☐	☐	☐	☐	☐	☐	☐
	Schwenkradius	☐	☐	☐	☐	☐	☐	☐	☐
	Öffnungsrichtung	☐	☐	☐	☐	☐	☐	☐	☐
	Türhöhe / Türbreite	☐	☐	☐	☐	☐	☐	☐	☐

Checkliste für die Hausabnahme – Innen

Innenbereich – Dachgeschoss	Räume:	z.B. Flur							
02 Balkonaußentüren									
	Schließmechanismus / Schlüssel	☐	☐	☐	☐	☐	☐	☐	☐
	Beschläge	☐	☐	☐	☐	☐	☐	☐	☐
	Wetterschenkel	☐	☐	☐	☐	☐	☐	☐	☐
	Dichtes Schließen / Türfalzdichtungen	☐	☐	☐	☐	☐	☐	☐	☐
	Türblattoberfläche	☐	☐	☐	☐	☐	☐	☐	☐
	Zargenoberfläche / Zargen-Wand-Anschluss	☐	☐	☐	☐	☐	☐	☐	☐
	Türbänder / Befestigung	☐	☐	☐	☐	☐	☐	☐	☐
	Lotrechter Einbau	☐	☐	☐	☐	☐	☐	☐	☐
03 Fenster									
Auch von außen prüfen!	Schwenkradius und Öffnungsrichtung	☐	☐	☐	☐	☐	☐	☐	☐
	Schließmechanismus, Beschläge	☐	☐	☐	☐	☐	☐	☐	☐
	Dichtes Schließen	☐	☐	☐	☐	☐	☐	☐	☐
	Glasoberfläche	☐	☐	☐	☐	☐	☐	☐	☐
	Befestigung	☐	☐	☐	☐	☐	☐	☐	☐
	Lotrechter Einbau	☐	☐	☐	☐	☐	☐	☐	☐
	Wandanschluss innen und außen	☐	☐	☐	☐	☐	☐	☐	☐
	Anschluss Rollladenschienen, Kasten	☐	☐	☐	☐	☐	☐	☐	☐
	Bei Holzfenstern: Anstrich, Haftung, Farbton	☐	☐	☐	☐	☐	☐	☐	☐
04 Fensterbänke									
	Oberfläche (Kratzer, Risse, Sprünge)	☐	☐	☐	☐	☐	☐	☐	☐
	waagerechter Einbau	☐	☐	☐	☐	☐	☐	☐	☐
	Wandanschluss	☐	☐	☐	☐	☐	☐	☐	☐
05 Rollläden									
Auch von außen prüfen!	Gangbarkeit	☐	☐	☐	☐	☐	☐	☐	☐
	Rollladenband lotrecht	☐	☐	☐	☐	☐	☐	☐	☐
	Verschmutzung	☐	☐	☐	☐	☐	☐	☐	☐
	Verdunkelung	☐	☐	☐	☐	☐	☐	☐	☐
	Befestigung Rollladenklappe	☐	☐	☐	☐	☐	☐	☐	☐
06 Wandflächen									
Tapeten	Ebenheit	☐	☐	☐	☐	☐	☐	☐	☐
	Anstrich	☐	☐	☐	☐	☐	☐	☐	☐
	Nähte bei Tapeten, Anschlüsse, Stöße	☐	☐	☐	☐	☐	☐	☐	☐
Putz	Oberflächenstruktur	☐	☐	☐	☐	☐	☐	☐	☐
	Gleichmäßigkeit	☐	☐	☐	☐	☐	☐	☐	☐
	Ebenheit	☐	☐	☐	☐	☐	☐	☐	☐
	Anstrich, Anschlüsse	☐	☐	☐	☐	☐	☐	☐	☐

Checkliste für die Hausabnahme – Innen

Innenbereich – Dachgeschoss		Räume: z.B. Flur							
06 Wandflächen									
Wandfliesen	Musterübereinstimmung Baubeschreibung	☐	☐	☐	☐	☐	☐	☐	☐
	Ebenheit	☐	☐	☐	☐	☐	☐	☐	☐
	Fugenbreite / Fugenverlauf	☐	☐	☐	☐	☐	☐	☐	☐
	Sprünge	☐	☐	☐	☐	☐	☐	☐	☐
	Durchstoßpunkte Sanitärinstallation	☐	☐	☐	☐	☐	☐	☐	☐
	Bordüren	☐	☐	☐	☐	☐	☐	☐	☐
	Ablagen mit Gefälle zum Raum	☐	☐	☐	☐	☐	☐	☐	☐
	Übergänge zu Anschlussbauteilen (Tür etc.)	☐	☐	☐	☐	☐	☐	☐	☐
	Befestigungen (Klopftest)	☐	☐	☐	☐	☐	☐	☐	☐
Vorwand-installation	Befestigung	☐	☐	☐	☐	☐	☐	☐	☐
	Übergänge zu Anschlusswänden	☐	☐	☐	☐	☐	☐	☐	☐
	Revisionsöffnungen	☐	☐	☐	☐	☐	☐	☐	☐
Sockelleisten	Waagerechter Einbau	☐	☐	☐	☐	☐	☐	☐	☐
	Oberfläche	☐	☐	☐	☐	☐	☐	☐	☐
	Wand- / Bodenanschluss	☐	☐	☐	☐	☐	☐	☐	☐
	Stöße	☐	☐	☐	☐	☐	☐	☐	☐
07 Deckenuntersichten									
Tapeten	Ebenheit	☐	☐	☐	☐	☐	☐	☐	☐
	Anstrich	☐	☐	☐	☐	☐	☐	☐	☐
	Nähte bei Tapeten, Anschlüsse, Stöße	☐	☐	☐	☐	☐	☐	☐	☐
Putz	Oberflächenstruktur	☐	☐	☐	☐	☐	☐	☐	☐
	Gleichmäßigkeit	☐	☐	☐	☐	☐	☐	☐	☐
	Ebenheit	☐	☐	☐	☐	☐	☐	☐	☐
	Anstrich, Anschlüsse	☐	☐	☐	☐	☐	☐	☐	☐
	Deckeneinlässe (Elektro)	☐	☐	☐	☐	☐	☐	☐	☐
Holz	Musterübereinstimmung	☐	☐	☐	☐	☐	☐	☐	☐
	Montagelaufrichtung	☐	☐	☐	☐	☐	☐	☐	☐
	Stöße	☐	☐	☐	☐	☐	☐	☐	☐
	Randabschluss	☐	☐	☐	☐	☐	☐	☐	☐
	Randleisten	☐	☐	☐	☐	☐	☐	☐	☐
	Befestigung	☐	☐	☐	☐	☐	☐	☐	☐
	Deckenauslässe (Elektro)	☐	☐	☐	☐	☐	☐	☐	☐

Checkliste für die Hausabnahme – Innen

Innenbereich – Dachgeschoss	Räume:	z.B. Flur						
08 Bodenbeläge								
Teppich bzw. Linoleum	Musterübereinstimmung Baubeschreibung	☐	☐	☐	☐	☐	☐	☐	☐
	Ebenheit	☐	☐	☐	☐	☐	☐	☐	☐
	Schadenfreiheit	☐	☐	☐	☐	☐	☐	☐	☐
	Fußleisten	☐	☐	☐	☐	☐	☐	☐	☐
Bodenfliesen	Musterübereinstimmung Baubeschreibung	☐	☐	☐	☐	☐	☐	☐	☐
	Ebenheit	☐	☐	☐	☐	☐	☐	☐	☐
	Fugenbreite / Fugenverlauf	☐	☐	☐	☐	☐	☐	☐	☐
	Beschädigungen	☐	☐	☐	☐	☐	☐	☐	☐
	Durchstoßpunkte Sanitärinstallation	☐	☐	☐	☐	☐	☐	☐	☐
	Falls vorhanden: Bodenabläufe	☐	☐	☐	☐	☐	☐	☐	☐
	Messingabschlussleisten	☐	☐	☐	☐	☐	☐	☐	☐
Parkett	Ebenheit / Schliffbild	☐	☐	☐	☐	☐	☐	☐	☐
	Verlegemuster / Verlegerichtung	☐	☐	☐	☐	☐	☐	☐	☐
	Riss- oder Fugenbildung	☐	☐	☐	☐	☐	☐	☐	☐
	Randabstände zur Wand	☐	☐	☐	☐	☐	☐	☐	☐
	Eingelegte Korkstreifen	☐	☐	☐	☐	☐	☐	☐	☐
	Messingabschlussleisten / Übergänge	☐	☐	☐	☐	☐	☐	☐	☐
	Befestigung	☐	☐	☐	☐	☐	☐	☐	☐
09 Elektroinstallation								
	Schalter, Anzahl und Lage	☐	☐	☐	☐	☐	☐	☐	☐
	Steckdosen, Anzahl und Lage	☐	☐	☐	☐	☐	☐	☐	☐
	Schalterprogramm	☐	☐	☐	☐	☐	☐	☐	☐
	Funktionsfähigkeit	☐	☐	☐	☐	☐	☐	☐	☐
	Lichtauslässe, Anzahl und Lage	☐	☐	☐	☐	☐	☐	☐	☐
	Herdanschluss	☐	☐	☐	☐	☐	☐	☐	☐
	Zugerscheinung an Steckdosen	☐	☐	☐	☐	☐	☐	☐	☐
10 Heizungsinstallation								
	Heizkörper, Dichtigkeit	☐	☐	☐	☐	☐	☐	☐	☐
	Heizkörper, Oberfläche	☐	☐	☐	☐	☐	☐	☐	☐
	Funktionsfähigkeit / Dosierung / Thermostat	☐	☐	☐	☐	☐	☐	☐	☐
	Falls vorhanden: Entlüftung	☐	☐	☐	☐	☐	☐	☐	☐
	Befestigung	☐	☐	☐	☐	☐	☐	☐	☐
	Heizkörper, Lage, Anzahl, Größe	☐	☐	☐	☐	☐	☐	☐	☐
	Standrost am Kamin	☐	☐	☐	☐	☐	☐	☐	☐

Checkliste für die Hausabnahme – Innen

Innenbereich – Dachgeschoss	Räume:	z.B. Flur						
11 Sanitärinstallation								
Armaturen, Musterübereinstimmung	☐	☐	☐	☐	☐	☐	☐	☐
Objekte, Musterübereinstimmung	☐	☐	☐	☐	☐	☐	☐	☐
Befestigung	☐	☐	☐	☐	☐	☐	☐	☐
Einbauhöhe	☐	☐	☐	☐	☐	☐	☐	☐
Silikondichtungen	☐	☐	☐	☐	☐	☐	☐	☐
Funktionsfähigkeit	☐	☐	☐	☐	☐	☐	☐	☐
Waagerechte Montage	☐	☐	☐	☐	☐	☐	☐	☐
Duschtrennwände	☐	☐	☐	☐	☐	☐	☐	☐
Bad- / WC-Accessoires vollständig?	☐	☐	☐	☐	☐	☐	☐	☐
12 Treppen								
Musterübereinstimmung	☐	☐	☐	☐	☐	☐	☐	☐
Identische Antrittshöhen	☐	☐	☐	☐	☐	☐	☐	☐
Befestigung Geländer	☐	☐	☐	☐	☐	☐	☐	☐
Geländerhöhen	☐	☐	☐	☐	☐	☐	☐	☐
Handläufe, Befestigung	☐	☐	☐	☐	☐	☐	☐	☐
Handläufe, Oberfläche	☐	☐	☐	☐	☐	☐	☐	☐
Kopfhöhen	☐	☐	☐	☐	☐	☐	☐	☐
Einschubtreppe, Funktion	☐	☐	☐	☐	☐	☐	☐	☐
Einschubtreppe, Musterübereinstimmung	☐	☐	☐	☐	☐	☐	☐	☐
13 Dachfenster								
Wandanschlüsse	☐	☐	☐	☐	☐	☐	☐	☐
Funktionsfähigkeit	☐	☐	☐	☐	☐	☐	☐	☐
Musterübereinstimmung	☐	☐	☐	☐	☐	☐	☐	☐
Feststellen zum Putzen möglich	☐	☐	☐	☐	☐	☐	☐	☐
Höher als umgebende Dachfläche montiert	☐	☐	☐	☐	☐	☐	☐	☐
Falzdichtung des Fensters	☐	☐	☐	☐	☐	☐	☐	☐

Checkliste für die Hausabnahme – Außen

Außenbereich – Fassade		Fassade: z.B. Ost							
01 Dränage									
	Evtl. Kiesstreifen	☐	☐	☐	☐	☐	☐	☐	☐
	Übergang zu Haussockel	☐	☐	☐	☐	☐	☐	☐	☐
	Übergang zu Grundstück / Einfassung	☐	☐	☐	☐	☐	☐	☐	☐
	Anschüttung an Kellerlichtschächte	☐	☐	☐	☐	☐	☐	☐	☐
02 Lichtschächte									
Gitterroste	Korrosion	☐	☐	☐	☐	☐	☐	☐	☐
	Montage / Befestigung	☐	☐	☐	☐	☐	☐	☐	☐
	Öffenbarkeit / Einbruchsicherung	☐	☐	☐	☐	☐	☐	☐	☐
Kunststoff-schacht	Oberfläche	☐	☐	☐	☐	☐	☐	☐	☐
	Anarbeitung an Hauswand / Dichtigkeit	☐	☐	☐	☐	☐	☐	☐	☐
	Wasserabführung	☐	☐	☐	☐	☐	☐	☐	☐
	Zugänglichkeit	☐	☐	☐	☐	☐	☐	☐	☐
	Lotrechter Einbau	☐	☐	☐	☐	☐	☐	☐	☐
	Musterübereinstimmung	☐	☐	☐	☐	☐	☐	☐	☐
Betonschacht	Oberfläche	☐	☐	☐	☐	☐	☐	☐	☐
	Anarbeitung an Hauswand / Dichtigkeit	☐	☐	☐	☐	☐	☐	☐	☐
	Wasserabführung	☐	☐	☐	☐	☐	☐	☐	☐
	Zugänglichkeit	☐	☐	☐	☐	☐	☐	☐	☐
	Lotrechter Einbau	☐	☐	☐	☐	☐	☐	☐	☐
	Musterübereinstimmung	☐	☐	☐	☐	☐	☐	☐	☐
03 Sockel									
Beton	Oberfläche	☐	☐	☐	☐	☐	☐	☐	☐
	Ebenheit	☐	☐	☐	☐	☐	☐	☐	☐
	Gleichmäßigkeit	☐	☐	☐	☐	☐	☐	☐	☐
	Eckausführungen	☐	☐	☐	☐	☐	☐	☐	☐
	Übergang Sockelfußpunkt	☐	☐	☐	☐	☐	☐	☐	☐
	Übergang zu Hausfassade	☐	☐	☐	☐	☐	☐	☐	☐
Putz/Wärme-dämmung	Anarbeitung an Lichtschächte, Fenster, Tür	☐	☐	☐	☐	☐	☐	☐	☐
	Putzmusterung	☐	☐	☐	☐	☐	☐	☐	☐
	Ebenheit	☐	☐	☐	☐	☐	☐	☐	☐
	Gleichmäßigkeit	☐	☐	☐	☐	☐	☐	☐	☐
	Eckausführungen / Putzleisten	☐	☐	☐	☐	☐	☐	☐	☐
	Putz Übergang Sockelfußpunkt / Sockel gedämmt	☐	☐	☐	☐	☐	☐	☐	☐
	Putz Übergang zu Hausfassade	☐	☐	☐	☐	☐	☐	☐	☐
	Anarbeitung an Lichtschächte, Fenster, Tür	☐	☐	☐	☐	☐	☐	☐	☐
	Putzhaftung (Klopftest)	☐	☐	☐	☐	☐	☐	☐	☐

Checkliste für die Hausabnahme – Außen

Außenbereich – Fassade		Fassade: z.B. Ost							
03 Sockel									
Klinker / Plättchen	Sprünge	☐	☐	☐	☐	☐	☐	☐	☐
	Ebenheit	☐	☐	☐	☐	☐	☐	☐	☐
	Fugenbreite / Fugenverlauf	☐	☐	☐	☐	☐	☐	☐	☐
	Eckausführungen	☐	☐	☐	☐	☐	☐	☐	☐
	Übergang Sockelfußpunkt	☐	☐	☐	☐	☐	☐	☐	☐
	Übergang zu Hausfassade	☐	☐	☐	☐	☐	☐	☐	☐
	Anarbeitung an Lichtschächte, Fenster, Tür	☐	☐	☐	☐	☐	☐	☐	☐
	Montage / Befestigung (Klopftest)	☐	☐	☐	☐	☐	☐	☐	☐
04 Fassade									
Klinker	Bei Hinterlüftung: Lüftungsschlitze	☐	☐	☐	☐	☐	☐	☐	☐
	Risse / Sprünge	☐	☐	☐	☐	☐	☐	☐	☐
	Ebenheit	☐	☐	☐	☐	☐	☐	☐	☐
	Fugenbreite / Fugenverlauf	☐	☐	☐	☐	☐	☐	☐	☐
	Eckausführungen	☐	☐	☐	☐	☐	☐	☐	☐
	Anarbeitung an First und Ortgang	☐	☐	☐	☐	☐	☐	☐	☐
	Anarbeitung an Fenster und Türen	☐	☐	☐	☐	☐	☐	☐	☐
	Montage / Befestigung	☐	☐	☐	☐	☐	☐	☐	☐
	Fensterstürze gemäß Muster?	☐	☐	☐	☐	☐	☐	☐	☐
	Farbton	☐	☐	☐	☐	☐	☐	☐	☐
Putz/Wärmedämmverbundsystem	Absolute Dichtigkeit an Anschlusspunkten	☐	☐	☐	☐	☐	☐	☐	☐
	Absolute Dicht. des Wärmedämmverbundsystems	☐	☐	☐	☐	☐	☐	☐	☐
	Ebenheit	☐	☐	☐	☐	☐	☐	☐	☐
	Risse / Materialübergänge	☐	☐	☐	☐	☐	☐	☐	☐
	Gleichmäßigkeit / Putzstärke	☐	☐	☐	☐	☐	☐	☐	☐
	Eckausführungen / Putzleisten	☐	☐	☐	☐	☐	☐	☐	☐
	Anarbeitung an First und Ortgang	☐	☐	☐	☐	☐	☐	☐	☐
	Anarbeitung an Fenster und Türen	☐	☐	☐	☐	☐	☐	☐	☐
	Putzhaftung	☐	☐	☐	☐	☐	☐	☐	☐
	Farbton	☐	☐	☐	☐	☐	☐	☐	☐
Holz	Absolute Dichtigkeit am Sockelanschluss	☐	☐	☐	☐	☐	☐	☐	☐
	Aber: Verschalung zur Hinterlüftung offen	☐	☐	☐	☐	☐	☐	☐	☐
	Gitterschutz am Lufteintritt	☐	☐	☐	☐	☐	☐	☐	☐
	Ablaufblech mit Tropfkante unter Lufteintritt	☐	☐	☐	☐	☐	☐	☐	☐
	Verschalungsmuster	☐	☐	☐	☐	☐	☐	☐	☐
	Lattenstöße	☐	☐	☐	☐	☐	☐	☐	☐
	Eckausführungen	☐	☐	☐	☐	☐	☐	☐	☐

Checkliste für die Hausabnahme – Außen

Außenbereich – Fassade		Fassade: z.B. Ost							
04 Fassade									
Holz	Anarbeitung an First und Ortgang	☐	☐	☐	☐	☐	☐	☐	☐
	Anarbeitung an Fenster und Türen	☐	☐	☐	☐	☐	☐	☐	☐
	Montage / Befestigung	☐	☐	☐	☐	☐	☐	☐	☐
	Farbton	☐	☐	☐	☐	☐	☐	☐	☐
05 Fensterbänke									
	Oberfläche (Kratzer, Sprünge, Risse)	☐	☐	☐	☐	☐	☐	☐	☐
	Waagerechter Einbau	☐	☐	☐	☐	☐	☐	☐	☐
	Gefälle vom Haus weg	☐	☐	☐	☐	☐	☐	☐	☐
	Fassadenanschluss	☐	☐	☐	☐	☐	☐	☐	☐
	Rollladenschienenanschluss	☐	☐	☐	☐	☐	☐	☐	☐
	Seitliche Einfassung	☐	☐	☐	☐	☐	☐	☐	☐
	Ausreichender Überstand zur Fassade	☐	☐	☐	☐	☐	☐	☐	☐
	Tropfkante an Vorderseite	☐	☐	☐	☐	☐	☐	☐	☐
06 Rollläden									
	Vollständiges Aufrollen im Kasten	☐	☐	☐	☐	☐	☐	☐	☐
	Mit Stoppern versehen?	☐	☐	☐	☐	☐	☐	☐	☐
	Alle Lamellen waagerecht?	☐	☐	☐	☐	☐	☐	☐	☐
	Farbton	☐	☐	☐	☐	☐	☐	☐	☐
	Rollladenschienen lotrecht?	☐	☐	☐	☐	☐	☐	☐	☐
	Anarbeitung Rollladenschienen oben/unten	☐	☐	☐	☐	☐	☐	☐	☐
07 Außentreppen									
Treppen	Musterübereinstimmung	☐	☐	☐	☐	☐	☐	☐	☐
	Identische Antrittshöhen	☐	☐	☐	☐	☐	☐	☐	☐
	Ebenheit	☐	☐	☐	☐	☐	☐	☐	☐
	Kopfhöhen	☐	☐	☐	☐	☐	☐	☐	☐
	Entwässerung / Bodenabläufe	☐	☐	☐	☐	☐	☐	☐	☐
	Anschlüsse Fassade, Sockel, Terrasse	☐	☐	☐	☐	☐	☐	☐	☐
	Bei Kellertreppen: Umfassungsmauern	☐	☐	☐	☐	☐	☐	☐	☐
	Übergänge Bodenbeläge	☐	☐	☐	☐	☐	☐	☐	☐
	Eingelegte Gitterroste	☐	☐	☐	☐	☐	☐	☐	☐
Geländer	Korrosion Geländer	☐	☐	☐	☐	☐	☐	☐	☐
	Befestigung Geländer	☐	☐	☐	☐	☐	☐	☐	☐
	Geländerhöhen	☐	☐	☐	☐	☐	☐	☐	☐
	Handläufe, Befestigung	☐	☐	☐	☐	☐	☐	☐	☐
	Handläufe, Oberfläche	☐	☐	☐	☐	☐	☐	☐	☐

Checkliste für die Hausabnahme – Außen

Außenbereich – Fassade		Fassade: z.B. Ost							
07 Außentreppen									
Geflieste Treppen	Verlegemuster / Verlegerichtung	☐	☐	☐	☐	☐	☐	☐	☐
	Fugenausbildung und Verlauf	☐	☐	☐	☐	☐	☐	☐	☐
	Randsockel	☐	☐	☐	☐	☐	☐	☐	☐
	Riffelungen gegen Rutschgefahr	☐	☐	☐	☐	☐	☐	☐	☐
	Anarbeitungen an Bodenabläufe, Gitterroste	☐	☐	☐	☐	☐	☐	☐	☐
	Farbton / Fliesenqualität	☐	☐	☐	☐	☐	☐	☐	☐
	Montage / Befestigung (Klopftest)	☐	☐	☐	☐	☐	☐	☐	☐
08 Terrassen									
Terrassen	Ebenheit / leichtes Gefälle vom Haus weg	☐	☐	☐	☐	☐	☐	☐	☐
	Entwässerung / Bodenabläufe	☐	☐	☐	☐	☐	☐	☐	☐
	Anschlüsse Fassade, Sockel, Treppen	☐	☐	☐	☐	☐	☐	☐	☐
	Übergänge Bodenbeläge	☐	☐	☐	☐	☐	☐	☐	☐
	Anmodellierung Erdreich	☐	☐	☐	☐	☐	☐	☐	☐
	Eingelegte Gitterroste	☐	☐	☐	☐	☐	☐	☐	☐
Geländer	Befestigung Geländer	☐	☐	☐	☐	☐	☐	☐	☐
	Korrosion Geländer	☐	☐	☐	☐	☐	☐	☐	☐
	Geländerhöhen	☐	☐	☐	☐	☐	☐	☐	☐
	Handläufe, Befestigung	☐	☐	☐	☐	☐	☐	☐	☐
	Handläufe, Oberfläche	☐	☐	☐	☐	☐	☐	☐	☐
Geflieste Terrassen	Verlegemuster / Verlegerichtung	☐	☐	☐	☐	☐	☐	☐	☐
	Fugenausbildung und Verlauf	☐	☐	☐	☐	☐	☐	☐	☐
	Randsockel	☐	☐	☐	☐	☐	☐	☐	☐
	Riffelungen gegen Rutschgefahr	☐	☐	☐	☐	☐	☐	☐	☐
	Anarbeitungen an Bodenabläufe, Gitterroste	☐	☐	☐	☐	☐	☐	☐	☐
	Farbton / Fliesenqualität	☐	☐	☐	☐	☐	☐	☐	☐
	Montage / Befestigung (Klopftest)	☐	☐	☐	☐	☐	☐	☐	☐
Holzbohlen-terrasse	Bohlenstärke	☐	☐	☐	☐	☐	☐	☐	☐
	Bohlenmontage / Befestigung	☐	☐	☐	☐	☐	☐	☐	☐
	Bohlenhinterlüftung	☐	☐	☐	☐	☐	☐	☐	☐
	Bohlenverlegerichtung	☐	☐	☐	☐	☐	☐	☐	☐
	Ebenheit	☐	☐	☐	☐	☐	☐	☐	☐
	Holzschutzbehandlung	☐	☐	☐	☐	☐	☐	☐	☐
09 Balkone									
Balkone	Ebenheit / leichtes Gefälle vom Haus weg	☐	☐	☐	☐	☐	☐	☐	☐
	Entwässerung / Bodenabläufe	☐	☐	☐	☐	☐	☐	☐	☐

Checkliste für die Hausabnahme – Außen

Außenbereich – Fassade

Bereich	Fassade:	z.B. Ost							
09 Balkone									
Balkone	Anschlüsse Fassade	☐	☐	☐	☐	☐	☐	☐	☐
	Übergänge Bodenbeläge	☐	☐	☐	☐	☐	☐	☐	☐
	Eingelegte Gitterroste	☐	☐	☐	☐	☐	☐	☐	☐
Geländer	Befestigung Geländer	☐	☐	☐	☐	☐	☐	☐	☐
	Korrosion Geländer	☐	☐	☐	☐	☐	☐	☐	☐
	Verzinkungen / Farbanstriche	☐	☐	☐	☐	☐	☐	☐	☐
	Geländerhöhen	☐	☐	☐	☐	☐	☐	☐	☐
	Handläufe, Befestigung	☐	☐	☐	☐	☐	☐	☐	☐
	Handläufe, Oberfläche	☐	☐	☐	☐	☐	☐	☐	☐
Geflieste Balkone	Verlegemuster / Verlegerichtung	☐	☐	☐	☐	☐	☐	☐	☐
	Fugenausbildung und Verlauf	☐	☐	☐	☐	☐	☐	☐	☐
	Randsockel	☐	☐	☐	☐	☐	☐	☐	☐
	Riffelungen gegen Rutschgefahr	☐	☐	☐	☐	☐	☐	☐	☐
	Anarbeitungen an Bodenabläufe, Gitterroste	☐	☐	☐	☐	☐	☐	☐	☐
	Farbton / Fliesenqualität	☐	☐	☐	☐	☐	☐	☐	☐
	Montage / Befestigung (Klopftest)	☐	☐	☐	☐	☐	☐	☐	☐
Holzbohlenbalkone	Bohlenstärke	☐	☐	☐	☐	☐	☐	☐	☐
	Bohlenmontage / Befestigung	☐	☐	☐	☐	☐	☐	☐	☐
	Bohlenhinterlüftung	☐	☐	☐	☐	☐	☐	☐	☐
	Bohlenverlegerichtung	☐	☐	☐	☐	☐	☐	☐	☐
	Ebenheit	☐	☐	☐	☐	☐	☐	☐	☐
	Holzschutzbehandlung	☐	☐	☐	☐	☐	☐	☐	☐
10 Rinnen / Fallrohre									
	Leichter Gefälleverlauf der Traufrinnen	☐	☐	☐	☐	☐	☐	☐	☐
	Lotrechter Verlauf der Fallrohre	☐	☐	☐	☐	☐	☐	☐	☐
	Metall: Korrosion / Abplatzungen	☐	☐	☐	☐	☐	☐	☐	☐
	Kunststoff: Risse / Sprünge	☐	☐	☐	☐	☐	☐	☐	☐
	Montage / Befestigung (Rütteltest)	☐	☐	☐	☐	☐	☐	☐	☐
	Dehnungsausgleich der Rinnen	☐	☐	☐	☐	☐	☐	☐	☐
	Unterspannbahn / Traufblech bis in Rinne	☐	☐	☐	☐	☐	☐	☐	☐
	Montagepunkte der Rohre an Fassade	☐	☐	☐	☐	☐	☐	☐	☐
	Gute Abdichtung Montagepunkte	☐	☐	☐	☐	☐	☐	☐	☐
	Anschluss Rohre an Sockelfallrohr	☐	☐	☐	☐	☐	☐	☐	☐
	Schutz Sockelfallrohr gegen Rammung	☐	☐	☐	☐	☐	☐	☐	☐
	Rinnenvorderkante tiefer als Rückkante	☐	☐	☐	☐	☐	☐	☐	☐
	Durchgängig nur ein Metall verwandt	☐	☐	☐	☐	☐	☐	☐	☐

Checkliste für die Hausabnahme – Außen

Außenbereich – Fassade	Fassade:	z.B. Ost							
11 Steildach									
Traufkante	Falls vorhanden: Traufverschalung	☐	☐	☐	☐	☐	☐	☐	☐
	Dichtigkeit aller Anschlusspunkte	☐	☐	☐	☐	☐	☐	☐	☐
	Montage / Befestigung Traufverschalung	☐	☐	☐	☐	☐	☐	☐	☐
	Falls sichtbar: Sparrenenden (Sitz, Risse)	☐	☐	☐	☐	☐	☐	☐	☐
	Auskleidung Sparrenzwischenräume	☐	☐	☐	☐	☐	☐	☐	☐
	Montage / Befestigung Sparrenenden	☐	☐	☐	☐	☐	☐	☐	☐
	Bei hinterlüftetem Dach: Lufteintrittsöffnung	☐	☐	☐	☐	☐	☐	☐	☐
	Unterspannbahn	☐	☐	☐	☐	☐	☐	☐	☐
	Traufblech (Montage, Sitz, Korrosion)	☐	☐	☐	☐	☐	☐	☐	☐
	Dachüberstand wie geplant? (Messen!)	☐	☐	☐	☐	☐	☐	☐	☐
	Anarbeitung Hausfassade an Traufe	☐	☐	☐	☐	☐	☐	☐	☐
	Schneefanggitter (Montage, Sitz, Korrosion)	☐	☐	☐	☐	☐	☐	☐	☐
Ortgang	Falls vorhanden: Ortgangblech	☐	☐	☐	☐	☐	☐	☐	☐
	Dichtigkeit aller Anschlusspunkte	☐	☐	☐	☐	☐	☐	☐	☐
	Zustand Ortgangziegel	☐	☐	☐	☐	☐	☐	☐	☐
	Montage / Befestigung Pfettenköpfe	☐	☐	☐	☐	☐	☐	☐	☐
	Falls sichtbar: Pfettenköpfe (Sitz, Risse)	☐	☐	☐	☐	☐	☐	☐	☐
	Anarbeitung Hausfassade an Pfettenköpfe	☐	☐	☐	☐	☐	☐	☐	☐
	Dachüberstand wie geplant? (Messen!)	☐	☐	☐	☐	☐	☐	☐	☐
	Anarbeitung Hausfassade an Ortgang	☐	☐	☐	☐	☐	☐	☐	☐
First	Geradliniger Verlauf? (Kein Durchhängen)	☐	☐	☐	☐	☐	☐	☐	☐
	Bei Ziegeldeckung: Firstziegelbefestigung	☐	☐	☐	☐	☐	☐	☐	☐
	Blitzschutz montiert an höchstem Punkt?	☐	☐	☐	☐	☐	☐	☐	☐
	Bei Blechdeckung: kein Stoßpunkt am First	☐	☐	☐	☐	☐	☐	☐	☐
Dach-deckung	Musterübereinstimmung	☐	☐	☐	☐	☐	☐	☐	☐
	Gleichmäßige Verlegung	☐	☐	☐	☐	☐	☐	☐	☐
	Saubere Abschlüsse, kein Flickwerk	☐	☐	☐	☐	☐	☐	☐	☐
	Fester Sitz der Ziegel	☐	☐	☐	☐	☐	☐	☐	☐
	Trittstufen für Schornsteinfeger	☐	☐	☐	☐	☐	☐	☐	☐
	Zusätzliche Ziegel für Reparatur vorhanden	☐	☐	☐	☐	☐	☐	☐	☐
Entlüftungen	Rundum dichte Einbindung	☐	☐	☐	☐	☐	☐	☐	☐
	Rohroberfläche (Kratzer, Risse)	☐	☐	☐	☐	☐	☐	☐	☐
	Korrosion	☐	☐	☐	☐	☐	☐	☐	☐
	Durchgängig ein Metall verwandt	☐	☐	☐	☐	☐	☐	☐	☐
	Hutschutz auf dem Rohrkopf	☐	☐	☐	☐	☐	☐	☐	☐
	Montage stabil	☐	☐	☐	☐	☐	☐	☐	☐

Checkliste für die Hausabnahme – Außen

Außenbereich – Fassade	Fassade:	z.B. Ost							
11 Steildach									
Schornstein	Anarbeitung an Dachfläche	☐	☐	☐	☐	☐	☐	☐	☐
	Bei Mauerung: Fugenstärke und -verlauf	☐	☐	☐	☐	☐	☐	☐	☐
	Bei hohen Schornsteinen: Sicherungsanker	☐	☐	☐	☐	☐	☐	☐	☐
	Falls vorhanden: Schutzdach Schornstein	☐	☐	☐	☐	☐	☐	☐	☐
	Lotrechter Verlauf	☐	☐	☐	☐	☐	☐	☐	☐
12 Flachdach									
Attika	Oberfläche (Kratzer, Risse)	☐	☐	☐	☐	☐	☐	☐	☐
	Korrosion	☐	☐	☐	☐	☐	☐	☐	☐
	Durchgängig ein Metall verwandt	☐	☐	☐	☐	☐	☐	☐	☐
	Blechverkleidung mit Abstand zu Hauswand	☐	☐	☐	☐	☐	☐	☐	☐
	Verkleidung außen mit Tropfkante	☐	☐	☐	☐	☐	☐	☐	☐
	Verkleidung mit Gefälle zum Flachdach	☐	☐	☐	☐	☐	☐	☐	☐
	Dichter Anschluss an Dachbahnen innen	☐	☐	☐	☐	☐	☐	☐	☐
	Vorstoß- u. Abdeckblech fest ineinander	☐	☐	☐	☐	☐	☐	☐	☐
	Montage stabil gegen Wind etc.	☐	☐	☐	☐	☐	☐	☐	☐
	Ecken und Kanten dicht u. überlappt	☐	☐	☐	☐	☐	☐	☐	☐
	Stöße dicht	☐	☐	☐	☐	☐	☐	☐	☐
	Attikahöhe innen ausreichend (15–20 cm)	☐	☐	☐	☐	☐	☐	☐	☐
	Durchstoßpunkte Rinnen absolut dicht	☐	☐	☐	☐	☐	☐	☐	☐
Dachbelag	Kiesschüttung Kieselmaterial	☐	☐	☐	☐	☐	☐	☐	☐
	Kiesschüttung Kieselgröße	☐	☐	☐	☐	☐	☐	☐	☐
	Kiesschüttung Höhe	☐	☐	☐	☐	☐	☐	☐	☐
	Kiesschüttung gleichmäßige Verteilung	☐	☐	☐	☐	☐	☐	☐	☐
	Bei Substratschüttung Kornsubstanz	☐	☐	☐	☐	☐	☐	☐	☐
	Bei Substratschüttung Korngröße	☐	☐	☐	☐	☐	☐	☐	☐
	Bei Substratschüttung Höhe	☐	☐	☐	☐	☐	☐	☐	☐
	Bei Substratschüttung gleichmäßige Verteilung	☐	☐	☐	☐	☐	☐	☐	☐
	Substratsubstanz	☐	☐	☐	☐	☐	☐	☐	☐
Dacheinläufe	Rundum dichte Einbindung	☐	☐	☐	☐	☐	☐	☐	☐
	Frei von Schmutz	☐	☐	☐	☐	☐	☐	☐	☐
	Ohne Beschädigungen	☐	☐	☐	☐	☐	☐	☐	☐
	Montage stabil	☐	☐	☐	☐	☐	☐	☐	☐
	Gefälleausbildung rundum	☐	☐	☐	☐	☐	☐	☐	☐
Entlüftungen	Rundum dichte Einbindung	☐	☐	☐	☐	☐	☐	☐	☐
	Rohroberfläche (Kratzer, Risse)	☐	☐	☐	☐	☐	☐	☐	☐
	Korrosion	☐	☐	☐	☐	☐	☐	☐	☐

Checkliste für die Hausabnahme – Außen

Außenbereich – Fassade		Fassade:	z.B. Ost						
12 Flachdach									
Entlüftungen	Durchgängig ein Metall verwandt	☐	☐	☐	☐	☐	☐	☐	☐
	Hutschutz auf dem Rohrkopf	☐	☐	☐	☐	☐	☐	☐	☐
	Montage stabil	☐	☐	☐	☐	☐	☐	☐	☐
Schornstein	Anarbeitung an Dachfläche	☐	☐	☐	☐	☐	☐	☐	☐
	Bei Mauerung: Fugenstärke und -verlauf	☐	☐	☐	☐	☐	☐	☐	☐
	Bei hohen Schornsteinen: Sicherungsanker	☐	☐	☐	☐	☐	☐	☐	☐
	Falls vorhanden: Schutzdach Schornstei	☐	☐	☐	☐	☐	☐	☐	☐
	Lotrechter Verlauf	☐	☐	☐	☐	☐	☐	☐	☐
	Evtl. Kamindurchmesser	☐	☐	☐	☐	☐	☐	☐	☐
Oberlichter	Rundum dichte Einbindung	☐	☐	☐	☐	☐	☐	☐	☐
	Höher als umgebende Dachfläche montiert	☐	☐	☐	☐	☐	☐	☐	☐
	Öffnungsmechanismus	☐	☐	☐	☐	☐	☐	☐	☐
	Oberfläche (Kratzer)	☐	☐	☐	☐	☐	☐	☐	☐
	Glaseinfassung	☐	☐	☐	☐	☐	☐	☐	☐
	Falzdichtung bei beweglichem Oberlicht	☐	☐	☐	☐	☐	☐	☐	☐
	Feststellungsmechanismus	☐	☐	☐	☐	☐	☐	☐	☐
Dach-terrassen	Keine Durchstoßpunkte durch Dachhaut	☐	☐	☐	☐	☐	☐	☐	☐
	Dachhaut an allen Anschlusspunkten dicht	☐	☐	☐	☐	☐	☐	☐	☐
	Boden mit Gefälle mit Wasserabläufen	☐	☐	☐	☐	☐	☐	☐	☐
	Notablauf	☐	☐	☐	☐	☐	☐	☐	☐
	Dachterrassenbelag Musterübereinstimmung	☐	☐	☐	☐	☐	☐	☐	☐
	Dachterrassenbelag (Sprünge, Korrosion)	☐	☐	☐	☐	☐	☐	☐	☐
	Geländermontage nicht durch Dachhaut	☐	☐	☐	☐	☐	☐	☐	☐
	Geländermontage stabil	☐	☐	☐	☐	☐	☐	☐	☐
	Geländer, Korrosion	☐	☐	☐	☐	☐	☐	☐	☐

Anhang

Wichtige Adressen

Verbände und Gütegemeinschaften

Bundesverband Deutscher Fertigbau e.V. (BDF)
Qualitätsgemeinschaft Deutscher Fertigbau (QDF)
Bundes-Gütegemeinschaft Montagebau und Fertighäuser e.V.
Gütegemeinschaft Fertigkeller e.V.
Flutgraben 2, 53604 Bad Honnef
Telefon 0 22 24/93 77-0, Fax 0 22 24/93 77-77
www.bdf-ev.de
www.bdf-ev.de/german/qualitaetsgemeinschaft/index.html
www.guetesicherung-bau.de
www.kellerbau.info

DHV – Deutscher Holzfertigbauverband e.V.
Gütegemeinschaft Deutscher Fertigbau e.V.
Geschäftsstelle
Hellmuth-Hirth-Straße 7, 73760 Ostfildern
Telefon 07 11/2 39 96-50, Fax 07 11/2 39 96-60
www.holzfertigbauverband.de
www.guete-gemeinschaft.de

ZimmerMeisterHaus®
Service&Dienstleistungs GmbH
Stauffenbergstraße 20, 74523 Schwäbisch Hall
Telefon 07 91/94 94 74-0, Fax 07 91/94 94 74-22
Telefon 08 00/9 64 02 66 (Gebührenfrei)
www.zmh.com

Gütegemeinschaft energieeffiziente Gebäude e.V.
Am Schnellbäumle 16, 88400 Biberach
Telefon 0 73 51/57 89-4 88, Fax 0 73 51/57 89-4 89
www.effiziente-gebaude.de

Gütegemeinschaft Holzbau – Ausbau – Dachbau e.V.
Kronenstraße 55–58, 10117 Berlin
Telefon 0 30/20 31 40, Fax 0 30/20 31 45 61
www.ghad.de

Deutscher Massivholz- und Blockhausverband e.V.
Gütegemeinschaft Blockhausbau e.V.
Briennerstraße 54b, 80333 München
Telefon 0 89/45 20 91 37, Fax 0 89/45 20 91 36
www.dmbv.de

Bauberatung und -information

Bauherren-Schutzbund e. V.
Kleine Alexanderstraße 9–10, 10178 Berlin
Telefon 0 30/3 12 80 01, Fax 0 30/31 50 72 11
www.bsb-ev.de

Institut Bauen und Wohnen
Wippertstraße 2, 79100 Freiburg
Telefon 07 61/1 56 24 00, Fax 07 61/15 62 47 90
www.institut-bauen-und-wohnen.de
Das Institut bietet bundesweit die Prüfung von Baubeschreibungen an.

Verband privater Bauherren e. V.
Chausseestraße 8, 10115 Berlin
Telefon 0 30/2 78 90 10, Fax 0 30/27 89 01 11
www.vpb.de

Bundesamt für Wirtschaft und Ausfuhrkontrolle (BAFA)
Frankfurter Straße 29–35, 65760 Eschborn
Telefon 0 61 96/9 08-0, Fax 0 61 96/9 08-8 00
www.bafa.de

Wohnen im Eigentum. Die Wohneigentümer e. V.
Thomas-Mann-Straße 5, 53111 Bonn
Telefon 02 28/30 41 26 70, Fax 02 28/7 21 58 73
www.wohnen-im-eigentum.de
Der Verein bietet die Prüfung von Baubeschreibungen, baubegleitende Qualitätskontrollen und Vor-Ort-Bauberatungen an.

Energieberatung/Energieberater/-innen

Adressen zur bundesweiten Energieberatung der Verbraucherzentralen finden Sie im Internet unter www.verbraucherzentrale-energieberatung.de.

Adressen der Verbraucherzentrale

Verbraucherzentrale Baden-Württemberg e. V.
Paulinenstraße 47, 70178 Stuttgart
Telefon 0 18 05/50 59 99 (0,14 €/min., Mobilfunkpreis maximal 0,42 €/min.)
Fax 07 11/66 91-50
www.vz-bawue.de

Verbraucherzentrale Bayern e. V.
Mozartstraße 9, 80336 München
Telefon 0 89/5 39 87-0, Fax 0 89/53 75 53
www.verbraucherzentrale-bayern.de

Verbraucherzentrale Berlin e. V.
Hardenbergplatz 2, 10623 Berlin
Telefon 0 30/2 14 85-0, Fax 0 30/2 11 72 01
www.vz-berlin.de

Verbraucherzentrale Brandenburg e. V.
Templiner Straße 21, 14473 Potsdam
Telefon 03 31/2 98 71-0, Fax 03 31/2 98 71-77
www.vzb.de

Verbraucherzentrale Bremen e. V.
Altenweg 4, 28195 Bremen
Telefon 04 21/1 60 77-7, Fax 04 21/1 60 77 80
www.verbraucherzentrale-bremen.de

Verbraucherzentrale Hamburg e. V.
Kirchenallee 22, 20099 Hamburg
Telefon 0 40/2 48 32-0, Fax 0 40/2 48 32-290
www.vzhh.de

Verbraucherzentrale Hessen e. V.
Große Friedberger Straße 13–17, 60313 Frankfurt/Main
Telefon 0 18 05/97 20 10 (0,14 €/min., Mobilfunkpreis maximal 0,42 €/min.)
Fax 0 69/97 20 10-40
www.verbraucher.de

Verbraucherzentrale Mecklenburg-Vorpommern e. V.
Strandstraße 98, 18055 Rostock
Telefon 03 81/2 08 70 50, Fax 03 81/2 08 70 30
www.nvzmv.de

Verbraucherzentrale Niedersachsen e. V.
Herrenstraße 14, 30159 Hannover
Telefon 05 11/9 11 96-0, Fax 05 11/9 11 96-10
www.verbraucherzentrale-niedersachsen.de

Verbraucherzentrale Nordrhein-Westfalen e. V.
Mintropstraße 27, 40215 Düsseldorf
Telefon 02 11/38 09-0, Fax 02 11/38 09-216
www.vz-nrw.de

Verbraucherzentrale Rheinland-Pfalz e. V.
Seppel-Glückert-Passage 10, 55116 Mainz
Telefon 0 61 31/28 48-0, Fax 0 61 31/28 48-66
www.verbraucherzentrale-rlp.de

Verbraucherzentrale des Saarlandes e. V.
Trierer Straße 22, 66111 Saarbrücken
Telefon 06 81/5 00 89-0, Fax 06 81/5 00 89-22
www.vz-saar.de

Verbraucherzentrale Sachsen e. V.
Katharinenstraße 17, 04109 Leipzig
Telefon 03 41/69 62 90, Fax 03 41/6 89 28 26
www.verbraucherzentrale-sachsen.de

Verbraucherzentrale Sachsen-Anhalt e. V.
Steinbockgasse 1, 06108 Halle
Telefon 03 45/2 98 03-29, Fax 03 45/2 98 03-26
www.vzsa.de

Verbraucherzentrale Schleswig-Holstein e. V.
Andreas-Gayk-Straße 15, 24103 Kiel
Telefon 04 31/5 90 99-0, Fax 04 31/5 90 99-77
www.verbraucherzentrale-sh.de

Verbraucherzentrale Thüringen e. V.
Eugen-Richter-Straße 45, 99085 Erfurt
Telefon 03 61/5 55 14-0, Fax 03 61/5 55 14-40
www.vzth.de

Verbraucherzentrale Bundesverband e. V.
Markgrafenstraße 66, 10969 Berlin
Telefon 0 30/2 58 00-0, Fax 0 30/2 58 00-518
www.vzbv.de

Stichwortverzeichnis

Impressum

Herausgeber

Verbraucherzentrale Nordrhein-Westfalen e. V.
Mintropstraße 27, 40215 Düsseldorf
Telefon 02 11/38 09555, Fax 02 11/38 092
ratgeber@vznrw.de
www.vznrw.de

Mitherausgeber

Verbraucherzentrale Bundesverband e. V. (vzbv)
Markgrafenstraße 66, 10969 Berlin
Telefon 0 30/2 58 00-0, Fax 0 30/2 58 00-518
www.vzbv.de

Verbraucherzentrale Hamburg e. V.
Kirchenallee 22, 20099 Hamburg
Telefon 0 40/2 48 32-0, Fax 0 40/2 48 32-290
www.vzhh.de

Autoren
Dipl.-Ing. Peter Burk
Institut Bauen und Wohnen, Freiburg
www.institut-bauen-und-wohnen.de

Fachliche Betreuung
RA Claus Mundorf, Erkrath
Beate Uhr, Düsseldorf

Lektorat
Dr. Diethelm Krull, Monheim

Umschlaggestaltung
Ute Lübbeke, www.LNT-design.de

Gestaltungskonzept
Kommunikationsdesign Petra Soeltzer, Düsseldorf

Layout und Produktion
Kommunikationsdesign Petra Soeltzer, Düsseldorf

Titelfoto
Fotolia.com: Franz Pfluegl

Fotos (Innenteil)
Institut Bauen und Wohnen, Freiburg: S. 4, 5, 6-12, 16-23, 31, 43, 44, 122-131, 138
Klaus Noichl: S. 14, 120
Fotolia.com: Moreno Soppelsa S. 4, 36; Franz Pfluegl S. 5, 134; RioPatuca Images S. 24; anyaberkut S. 54; jamesharrison75 S. 150; Alberto Masnovo S. 178
WeberHaus GmbH & Co.KG, Rheinau: S. 139, 140

Druck
Stürtz GmbH, Würzburg
Gedruckt auf 100 % Recyclingpapier

Redaktionsschluss: April 2014